力学·记忆

中国科学院力学研究所院士遗稿集萃

中国科学院力学研究所　编

科学出版社

北　京

内 容 简 介

本书系中国科学院力学研究所组织编写，选取中国科学院力学研究所逝世的 9 位院士的照片及手稿，很多珍贵资料都是首次出版。本书展现了以钱学森、郭永怀等为代表的力学大家爱国奉献、开拓奋进的理想信念，勇于创新、不懈探索的科学精神，严谨求实、淡泊名利的高尚品德，甘为人梯、提携后学的大家风范，激励和引导广大科技工作者继承和发扬老一辈科学家的优良传统，积极投身到科技创新实践中，为实现中华民族伟大复兴的中国梦贡献力量。

本书既可作为科研机构和高等院校开展学习教育，以及弘扬科学家精神教育的参考书，也可作为青少年爱国教育读本。

图书在版编目（CIP）数据

力学·记忆：中国科学院力学研究所院士遗稿集萃 /中国科学院力学研究所编. — 北京：科学出版社，2024.3

ISBN 978-7-03-077706-5

Ⅰ. ①力… Ⅱ. ①中… Ⅲ. ①力学—文集 Ⅳ. ①O3-53

中国国家版本馆CIP数据核字（2024）第018562号

责任编辑：刘信力 / 责任校对：彭珍珍

责任印制：张 伟 / 封面设计：楠竹文化

科学出版社 出版

北京东黄城根北街 16 号

邮政编码：100717

http://www.sciencep.com

河北鑫玉鸿程印刷有限公司印刷

科学出版社发行 各地新华书店经销

*

2024年3月第 一 版 开本：889 × 1194 1/16

2024年3月第一次印刷 印张：21

字数：670 000

定价：298.00 元

（如有印装质量问题，我社负责调换）

编　委　会

主编　刘桂菊　罗喜胜

编委　叶海华　朱国立　卢哲猛

宋金颖　王　洁　肖荣梅

王　艺

序言

中国科学院力学研究所自1956年成立以来，以院士为代表的科学家们为我国航空航天事业及国家经济社会发展做出了重要贡献。他们为我们指明前路，让图纸落地生根，让梦想照进现实，“工程科学”思想植根于这片土壤，推动中国力学事业发展迈出坚实的步伐。回望每一个辉煌成就，都离不开科学家们矢志报国、服务人民的高尚情怀和优秀品质。

“字，心画也。”老科学家们留下的手稿工整精细，不仅记录了力学发展路上的很多平凡和闪亮的瞬间，也反映出了老一辈科学家们严谨的治学态度和求实的科学精神。通过遗稿等史料，我们仿佛能穿越时空与老科学家们对话，感受科学精神的迷人光辉。科学家遗稿资料既是传承家国情怀的信物，也记录着科学技术进步的足迹。

本书精选力学研究所9位已故院士学习笔记、科研手迹、书信手稿等珍贵资料进行展示。通过遗稿所展现的科学家精神，对于新时代的科技工作者和青年学子来说都是宝贵的精神财富。科学充满未知，探索永无止境。在科研道路上，既要练就“板凳坐得十年冷”的定力，还需要“不破楼兰终不还”的执着和“功成不必在我”的胸怀。

当前，科技创新已成为大国博弈和争夺主导权的前沿阵地，更要传承弘扬老一辈科学家精神，攻坚克难、勇攀高峰，勇当高水平科技自立自强的排头兵，全力做好科技创新这件关乎国运兴衰的大事，为建设世界科技强国不懈奋斗！

刘桂菊

2023 年 11 月

目 录

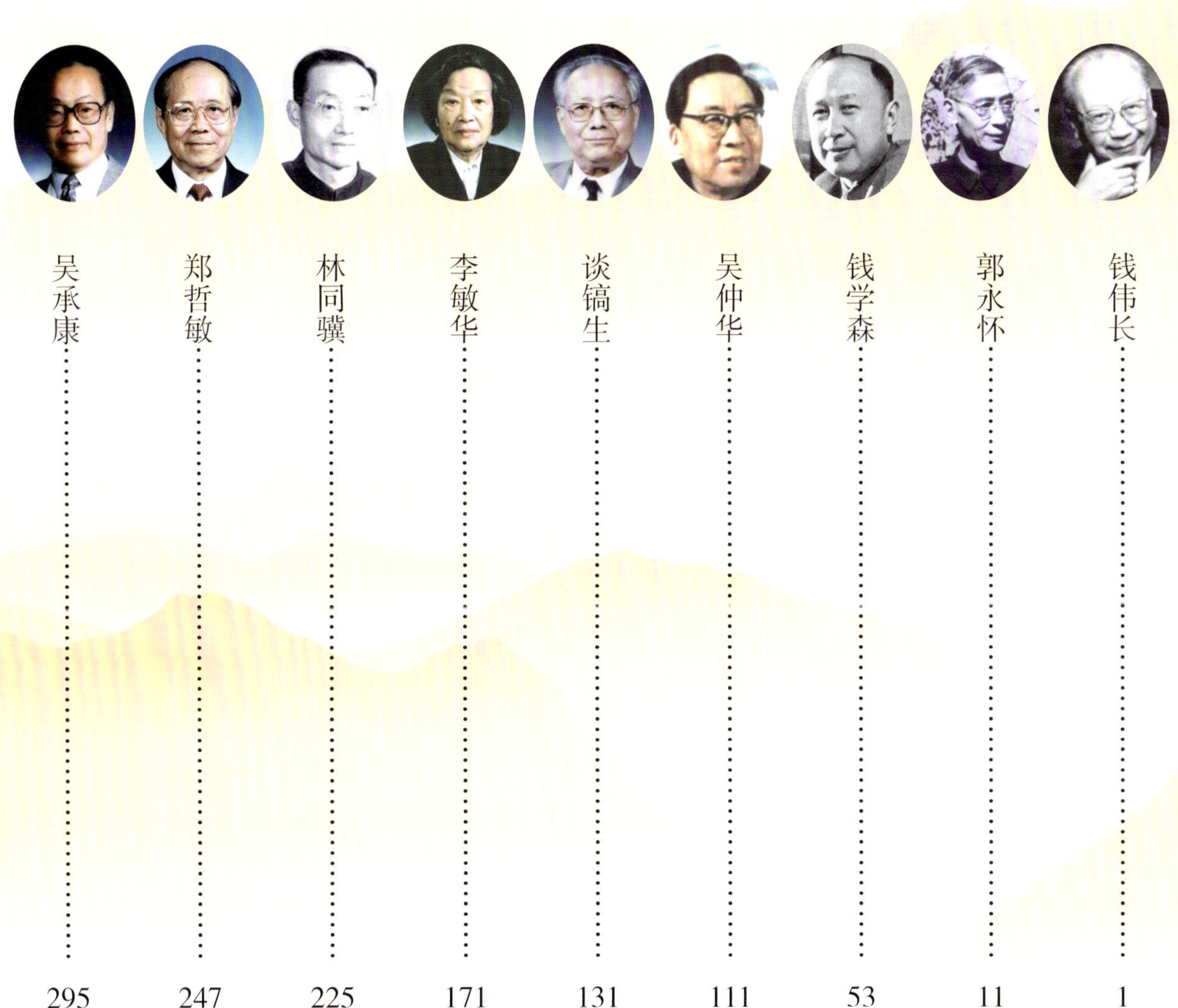

我没有专业，国家的需要就是我的专业。

——钱伟长

钱伟长

(1912.10.09—2010.07.30)

力学家、数学家。江苏无锡人。1935年清华大学物理系毕业后，考入清华大学研究生院。1942年获加拿大多伦多大学数学博士学位。1946年回国。上海大学教授。中国科学院力学研究所主要创建人。1956年9月—1957年5月，任力学研究所副所长。1955年被选聘为中国科学院学部委员（院士）。1956年当选波兰科学院外籍院士。1986年被选为加拿大多伦多赖尔逊学院院士。

注：据钱伟长家属钱元凯回忆，钱伟长出生年份应为1913年。

苏联皇后号邮轮合影（1940 年）（前排右四：钱伟长）

清华大学工学院机械系毕业照（1947 年）（二排左四：钱伟长；三排右一：郑哲敏）

赴布鲁塞尔参加第九届国际应用力学会议合影（1956 年）
（一排左一：周培源，左二：冯·卡门；二排左三：钱伟长，右二：郑哲敏）

在中国科学院力学研究所（右一：郑哲敏）

科学研究

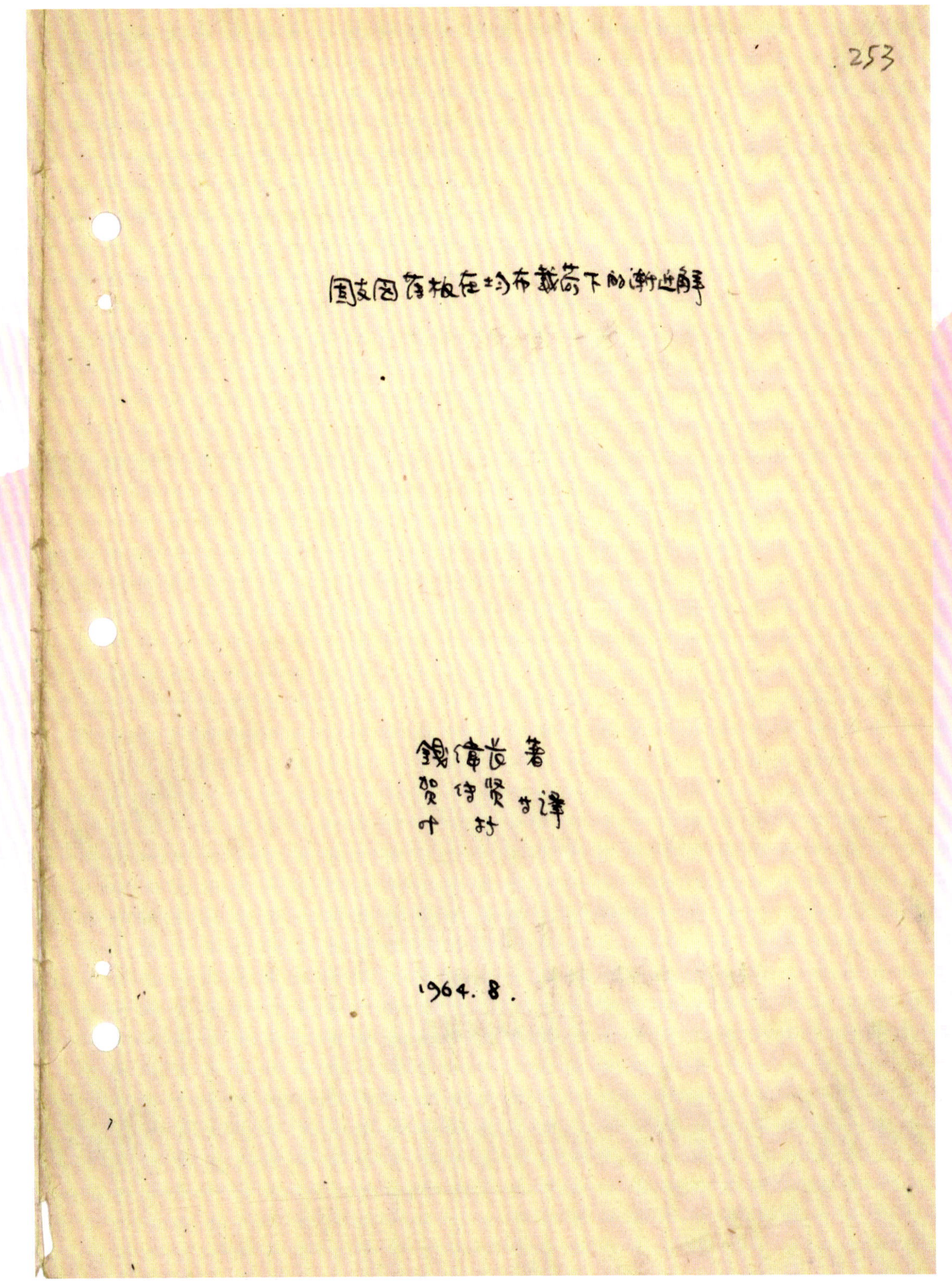
253

固支圆薄板在均布载荷下的渐近解

錢偉長 著
贺传贤
叶 封 节译

1964. 8.

《固支圆薄板在均布载荷下的渐近解》（1964 年）（节选）

255

第 1 页共 页

大挠度固支圆薄板在均布法向压力作用下的渐近解

摘要

研究了固支圆薄板在均布法向载荷作用下问题的渐近解，这个问题是在多年前汗蓋得出的薄膜解基础上作的。理论值与被Mcpherson, Ramberg和Levy所作的实验结果得到较好的一致。并发现汗蓋最初的结果有约4%的数值误差。

1. 序言

过去[1]用摄动法研究均布法向压力作用下的固支圆薄膜，是用小挠度理论。这个方法是由展开用小参数表示的基本方程式及解由Von Karman方程式来的线性微分方程组的关系而组成。在展开的过程中使用的小参数是w_m，表示中心挠度与厚度之比，这个方法对于小的w_m范围是合适的，如$0<w_m<2$，在这个范围之外，这项工作所包含的数值计算工作量是很大的。

本文将要研究表示极限情况即w_m趋于无穷大时的渐近情况。这个问题用公式表示是基于圆薄膜解之上（Hencky[2]）同时用渐近形式的边界效

20×20=400 (京文—人民)

《固支圆薄板在均布载荷下的渐近解》(1964年)(节选)

268

第 12 页共 页

边界层公式。(54abc)的积分是简单的，结果是

$$\frac{dG_0}{d\beta}=-h(c)e^{-\lambda\beta} \qquad G_0=\frac{h(c)}{\lambda}(e^{-\lambda\beta}-1) \qquad (56a)$$

$$H_0(\beta)=0 \qquad I_0(\beta)=0 \qquad (56b)$$

其中 λ 是一个常数因子，即

$$\lambda^2=\frac{3}{2c}(1-\mu^2)f(c) \qquad (57)$$

一次的方程式可由(32ab)中 ξ^2 和(32c)中 ξ 的系数得到.

$$\frac{d^2H_1}{d\beta^2}+h(c)\frac{dG_0}{d\beta}+\frac{1}{2}\frac{dG_0}{d\beta}\frac{dG_0}{d\beta}=0 \qquad (58a)$$

$$-\frac{d^3G_1}{d\beta^3}+\frac{d^2}{d\beta^2}\left(\beta\frac{dG_0}{d\beta}\right)+3(1-\mu^2)\left[S_0(1)\frac{dG_1}{d\beta}+S_1(1)\frac{dG_0}{d\beta}\right]=0 \qquad (58b)$$

$$I_1=-2\frac{dH_1}{d\beta} \qquad (58c)$$

用(37)(42)(56)式，这些方程可简化为下面形式

$$\frac{d^2H_1}{d\beta^2}=h^2(c)e^{-\lambda\beta}-\frac{1}{2}h^2(c)e^{-2\lambda\beta} \qquad (59a)$$

$$\frac{d^3G_1}{d\beta^3}-\lambda^2\frac{dG_1}{d\beta}=2\lambda h(c)e^{-\lambda\beta}-\lambda^2h(c)\beta e^{-\lambda\beta}-3(1-\mu^2)\beta h(c)f_1(c)e^{-\lambda\beta} \qquad (59b)$$

$$I_1=-2\frac{dH_1}{d\beta} \qquad (59c)$$

相应的边界条件由(33)得到

$$G_1(0)=0 \qquad -G_1'(0)+2c\beta h_1(c)=0 \qquad (60ab)$$

$$I_1(0)+[(1+\mu)f_1(c)+2cf_1'(c)]\beta=0 \qquad (60c)$$

$$G_1'(\infty)=0 \qquad H_1(\infty)=0 \qquad (60de)$$

(59)式在条件(60)之下积分，得出下面结果

$$\frac{dG_1}{d\beta}=\frac{\lambda}{4}h(c)\beta^2e^{-\lambda\beta}+\left[\frac{3}{2}ch^4(c)\gamma(c)f_1(c)-\frac{3}{4}h(c)\right]\beta e^{-\lambda\beta}$$

20×20=400 (京文一人民)

《固支圆薄板在均布载荷下的渐近解》(1964年)(节选)

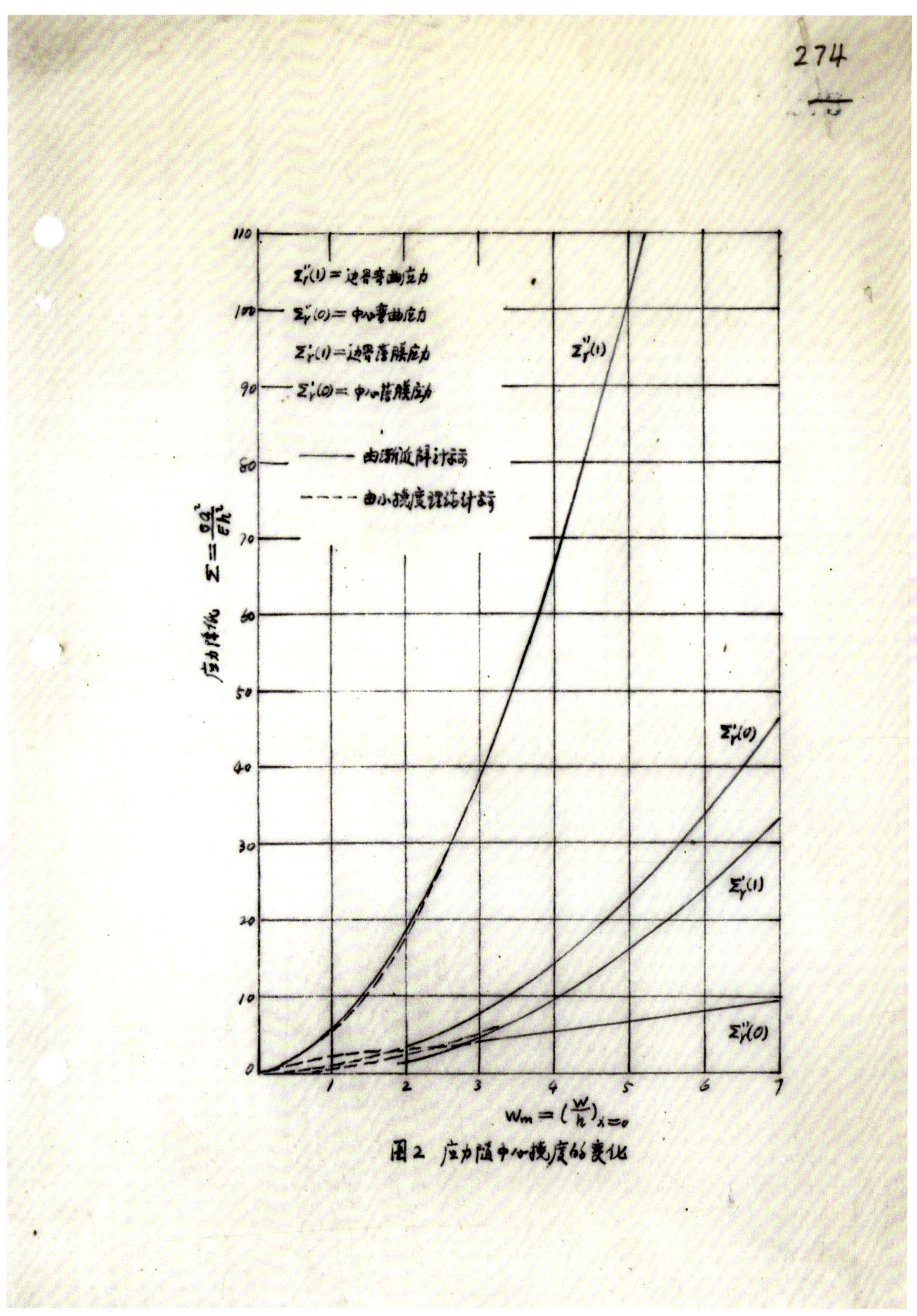

《固支圆薄板在均布载荷下的渐近解》(1964 年)(节选)

书 信

世强同志：　家中正在搬迁中，搬到木樨地区24号楼，国务院宿舍。请你有便到旧居去看一看孔老师。

来沪后，即交涉您的调沪事。现悉一切关口都已通过，只差上海市人事局一道关口。人事局现在认为您的级别只是助研，不合上海调入户口的规定，只要是付研就一切不成问题。我现在正直接和汪道涵市长商量用特批的办法调。

迟迟办不通，就为了这个小原因。请您把这情况告诉郑所长。我不知道您的升级手续是否办了，听说七八月要解冻，如果已经办了升级手续，则一解冻就能升级，升级后上海人事局的规定就不成问题了。如果郑所长能写封证明信，证明您的升级问题，所内已经同意，只待解冻后正式批准，我们用这个证明和上海人事局商量交涉，也可能提前完成。

现在经国家科委批准，成立"上海市应用数学力学研究所"，直属上海市科协，为了行政方便，委托上海工大代管。现正研究基建等问题。暂时由工大拨原招待所小楼一所，作为办公用。潘立宙

钱伟长写给戴世强的信（1984年）

任付所长，卢文达管计算力学(有VAX一台微型机两台)，潘[illegible]管弹塑性，原清华水力实验室主任钱厚钧同志管流体力学，建立物理流体力学实验室。[illegible]本人长期在沪，但合肥科大不放，暂算兼任。应用数学还没有人，天津大学李骊和复旦江福汝想来，正在交涉中。您来不是正好么？

今年招了硕士生7人，拟招博士生3人，但报名的人中，已有四人很不差(一名交大的，一名清华的，两名华中的，都已见过面)，所以可能要招收5名。上海也已同意。

在工作上，拟分担理论和应用两方面的工作。流体力学方面将在非线性波和潜水分层流，以及泥沙问题上为重点。固体方面将重视应用方面，也已和兵器工业部和水利电力部订了合同，现正和石油工业部协商中。

《应用数学和力学》的英文版从明年起准备移到上海出版。为此上海工业大学将成立出版社，印刷厂比较有基础。这对我们的出版将有推动作用。

现在组织翻译"非线性板壳理论和计算"作为参考用书，其内容为Koiter，和Atluri诸人的最近论文

祝研安

钱伟长 1984,6,14

钱伟长写给戴世强的信（1984年）

我作为一个中国人，有责任回到祖国，和人民一道，共同建设我们美丽的山河。

——郭永怀

郭永怀

(1909.04.04—1968.12.05)

力学家、应用数学家。山东荣成人。先后就读于南开大学、北京大学、西南联合大学。1940 年赴加拿大多伦多大学应用数学系学习。1945 年获美国加州理工学院航空与数学博士学位。中国科学院力学研究所研究员。1956 年 11 月回国。1958 年 3 月—1968 年 12 月任力学研究所常务副所长。1957 年被选聘为中国科学院学部委员（院士）。1968 年因飞机失事不幸牺牲。

在 Langley 实验室（1947 年）
（一排右四：冯·卡门，左三：钱学森；二排左一：林家翘；三排左二：郭永怀）

W. R. Sears 送别郭永怀的野餐会上（1956 年）

中国科学院力学研究所召开座谈会，畅谈苏联巨型宇宙飞船上天（1960 年）
（右前一：钱学森；右前二：郭永怀）

赴罗马尼亚参加国际学术会议（1959 年）

钱学森（前排左）、郭永怀（前排右）查看爆炸成型实验结果（1960 年）

与苏联院士拉甫连捷夫、晋曾毅副所长在中国科学院力学研究所大楼前合照

给力学研究班第一班学员讲课

证　书

郭永怀同志为我国研制“两弹一星”作出突出贡献，特授予两弹一星功勋奖章。

江澤民

一九九九年九月十八日

“两弹一星功勋奖章”证书

因战因公牺牲人員家属光荣纪念证

北京字第 0085 号

查郭永怀同志在革命斗争中光荣牺牲，他的英勇事蹟将永垂不朽，家属应当受到社会上的尊敬。除按照规定享受抚邮和优待以外，并发给此证以資纪念。

中华人民共和国内务部

1968年12月13日

光荣纪念证

入党材料

中国共产党中央国家机关委員会(　　)

发文(64)組字第 5 号　机密程度

主送机关：中国科学院机关党委

抄送机关：

事　由：如文　附件：材料3份

同意你們，关于郭永怀同志按期轉为中共正式党員的意見。

中央国家机关党委

1964年3月2日

第　頁

入党转正文件（1964年）

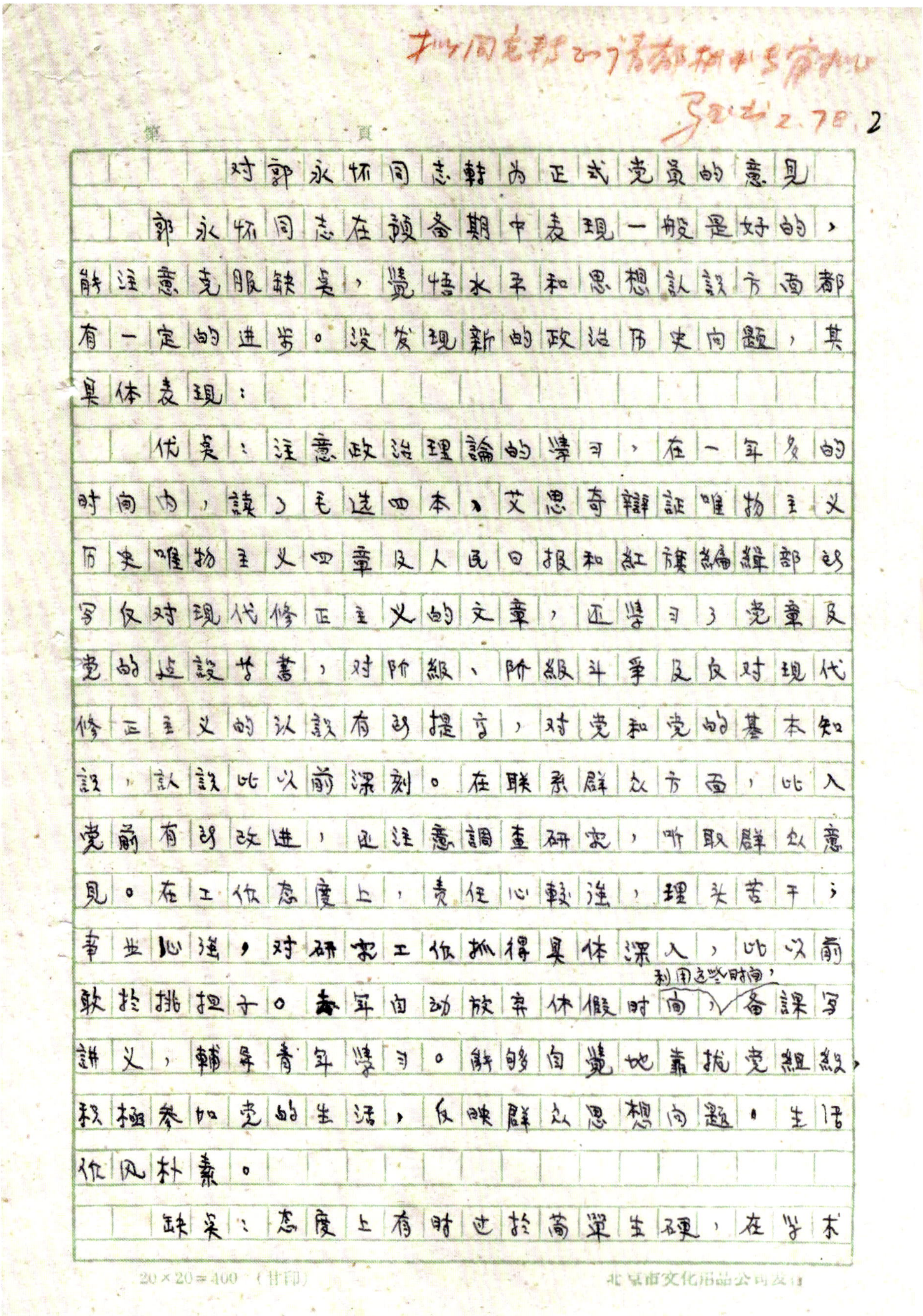

第　　頁　　2

对郭永怀同志轉为正式党员的意见

郭永怀同志在預备期中表現一般是好的，能注意克服缺点，覺悟水平和思想認識方面都有一定的进步。没发现新的政治历史问题，其具体表现：

优点：注意政治理論的学习，在一年多的时间内，讀了毛选四本、艾思奇辯証唯物主义历史唯物主义四章及人民日报和紅旗編輯部所写反对现代修正主义的文章，还学习了党章及党的建設等書，对阶級、阶級斗爭及反对现代修正主义的认識有所提高，对党和党的基本知識，認識比以前深刻。在联系群众方面，比入党前有所改进，还注意調查研究，听取群众意见。在工作态度上，责任心較強，埋头苦干，事业心强，对研究工作抓得具体深入，比以前敢於挑担子。每年自动放弃休假时间，利用这些时间，备課写讲义，輔导青年学习。能够自覺地靠拢党組織，积極参加党的生活，反映群众思想问题。生活作风朴素。

缺点：态度上有时过於简單生硬，在学术

20×20=400（甘印）　　北京市文化用品公司发行

入党转正意见（1964年）

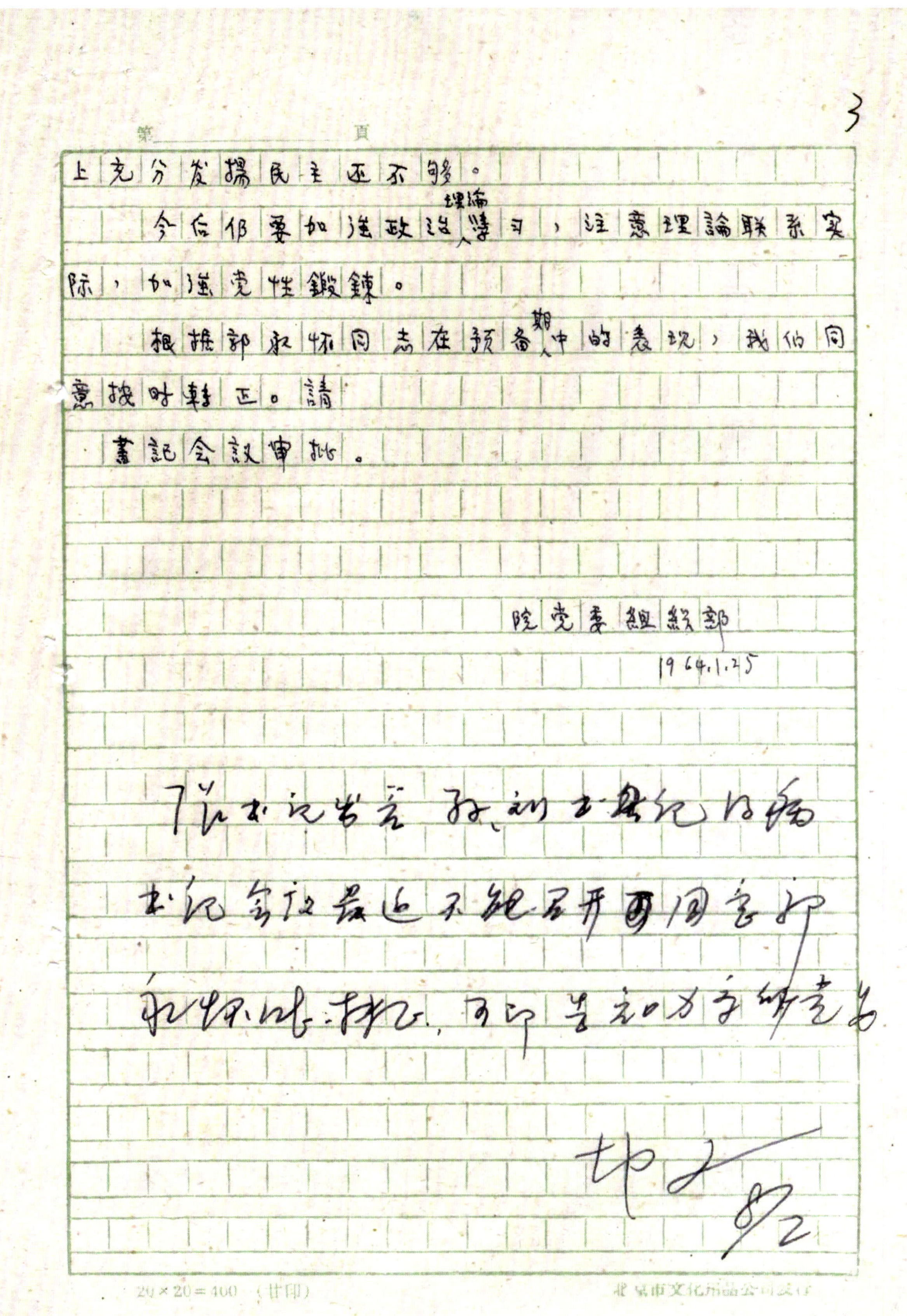

上充分发揚民主还不够。

今后仍要加强政治理論学习，注意理論联系实际，加强党性鍛鍊。

根据郭永怀同志在预备期中的表现，我们同意按时转正。請

書記会議审批。

院党委組織部

1964.1.25

入党转正意见 (1964 年)

自 传

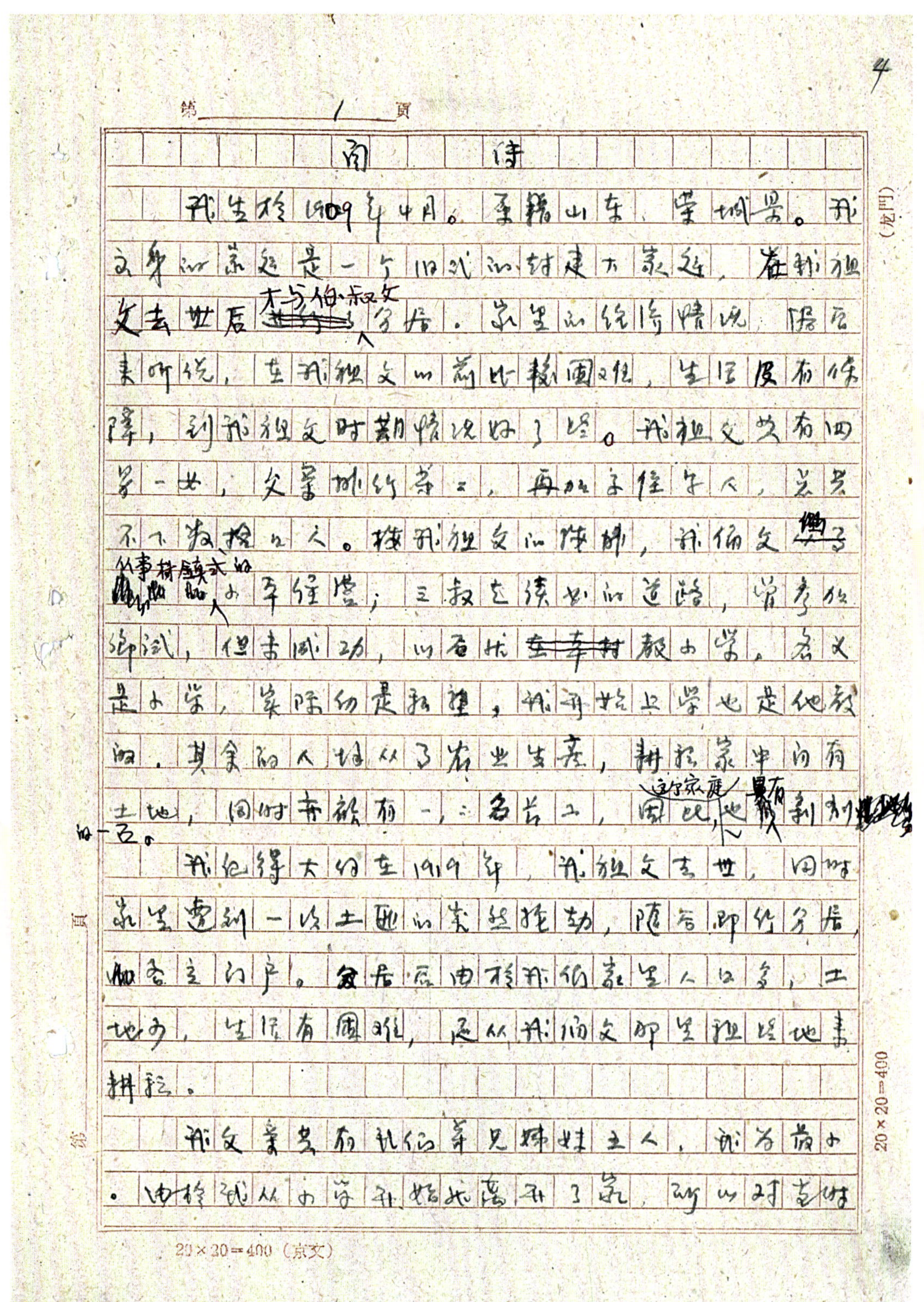

第 1 页

自传

我生于1909年4月。原籍山东，荣成县。我父亲的家庭是一个旧式的封建大家庭，在我祖父去世后才与伯叔父分居。家里的经济情况，据后来所说，在我祖父以前比较困难，生活没有保障，到我祖父时期情况好了些。我祖父共有四男一女，父辈排行第二，再加子侄等人，总共不下数十人。按我祖父的安排，我伯父从事村镇式的小本经营；三叔走读书的道路，曾参加乡试，但未成功，以后就教小学。名义是小学，实际就是私塾，我开始上学也是他教的。其余的人都从事农业生产，耕种家中所有土地，同时还雇有一、二名长工，因此，这个家庭也是最有剥削的一户。

我记得大约在1919年，我祖父去世，同时家里遭到一次土匪的突然抢劫，随后即分居，各立门户。分居后由于我们家里人口多，土地少，生活有困难，全靠我们父亲自己租地来耕种。

我父亲共有我们弟兄姊妹五人，我为最小。由于我从小学开始就离开了家，所以对当时

20×20=400（京文）

自传（节选）

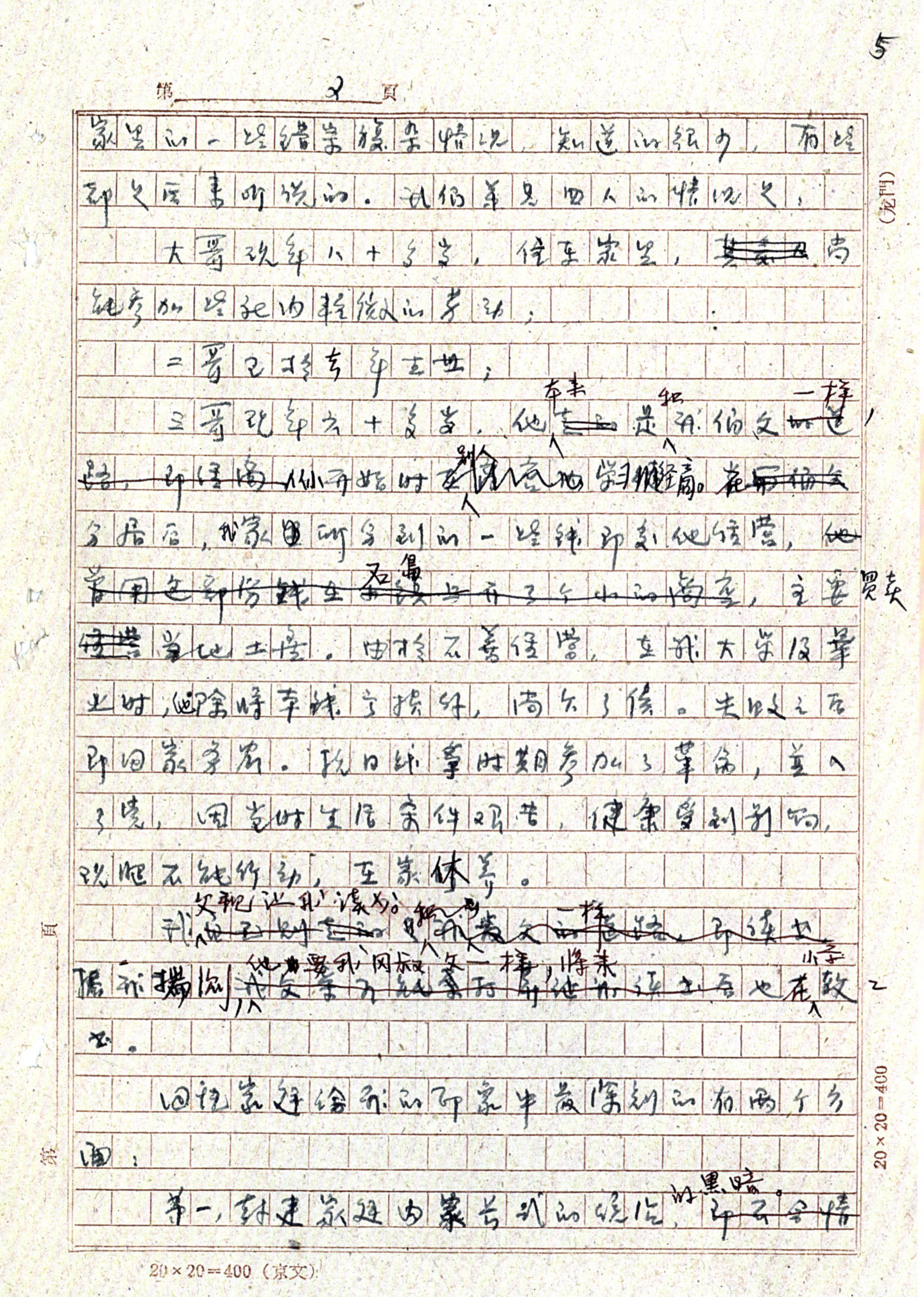

5

第 3 頁

家里的一些错综复杂情况，知道的很少，有些是后来听说的。试将弟兄四人的情况说说。

大哥现年八十多岁，住在家里，尚能参加些轻微的劳动；

二哥已于去年去世；

三哥现年六十多岁，他本来和我们父亲一样，分居后，将家里所分到的一些钱交他经营，他用这部分钱在石岛开了个小的商店，主要买卖当地土产。由于不善经营，在我大学将毕业时，即把本钱亏损净尽，尚欠了债。失败之后即回家务农。抗日战争时期参加了革命，并入了党，因当时生活条件艰苦，健康受到影响，现在不能行动，在家休养。

父亲让我读书，他要我同叔父一样，将来在小学教书。

回想家庭给我的印象中最深刻的有两个方面：

第一，封建家庭内蒙昧式的统治的黑暗，

20×20=400（京文）

自传（节选）

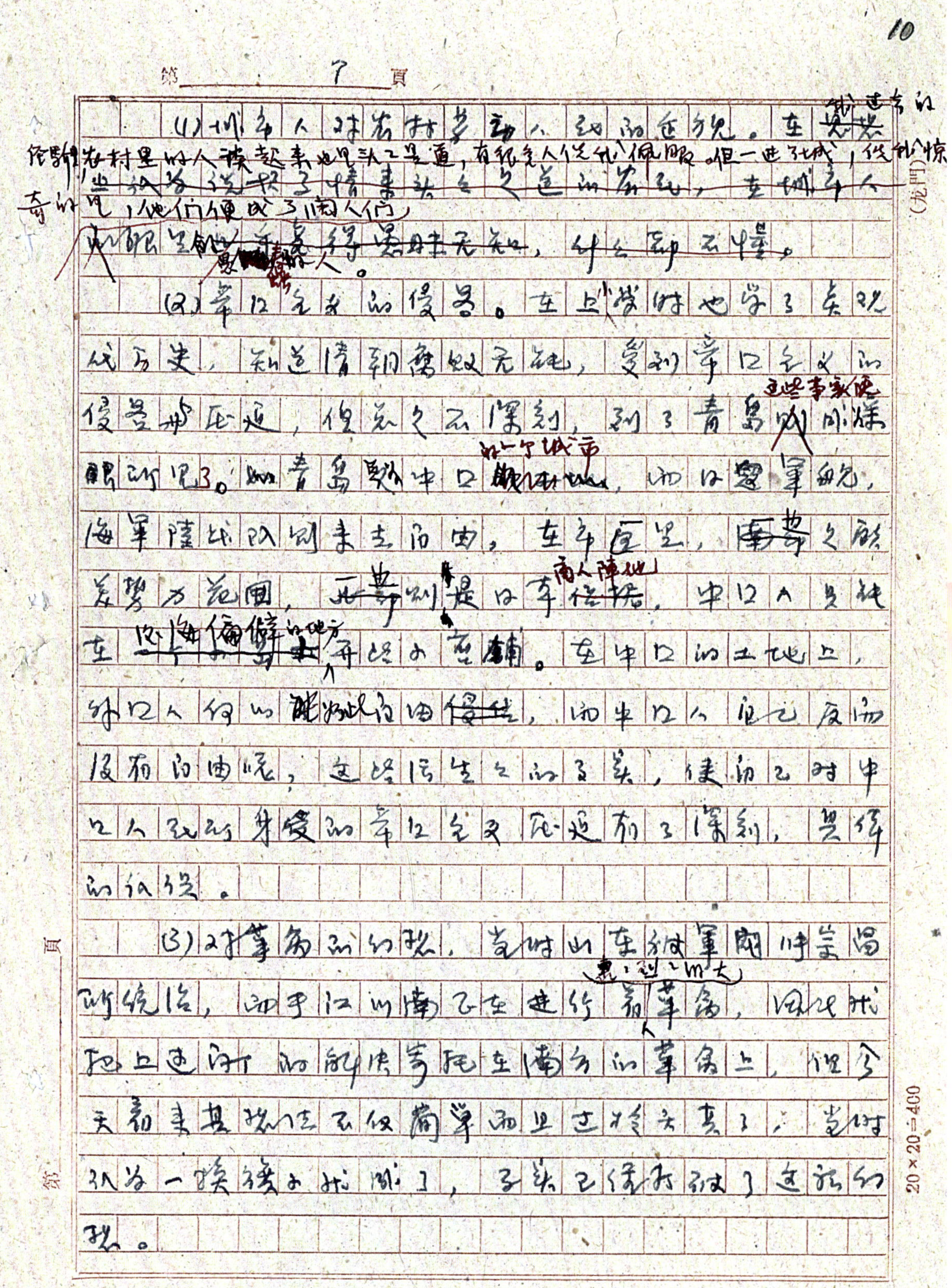

10

第 7 頁

(1) 城市人对农村劳动人民的歧视。在我进城前，农村里的人谈起来也只认为是通，有很多人说他们佩服。但一进了城，他们惊奇地发现，他们便成了城里人们眼里是愚昧落后的人。

(2) 帝国主义的侵略。在上小学时也学了点近代历史，知道清朝腐败无能，受到帝国主义的侵略和压迫，但总之不深刻，到了青岛这些事实使人眼前见了。青岛是中国的一个城市，而日本军舰、海军陆战队则来去自由，在市区里，某些区域是势力范围，某些则是日本商人聚住，中国人只能在较偏僻的地方开设小店铺。在中国的土地上，外国人何以能如此自由，而中国人自己反而没有自由呢，这些活生生的事实，使自己对中国人民所身受的帝国主义压迫有了深刻、具体的认识。

(3) 对革命的认识。当时山东被军阀张宗昌所统治，而长江以南正在进行着轰轰烈烈的大革命，因此我把自己的解放寄托在南方的革命上。但今天看来其想法不仅简单而且过于天真了，当时认为一换旗子就行了，事实已经打破了这种幻想。

20×20=400（京文）

自传（节选）

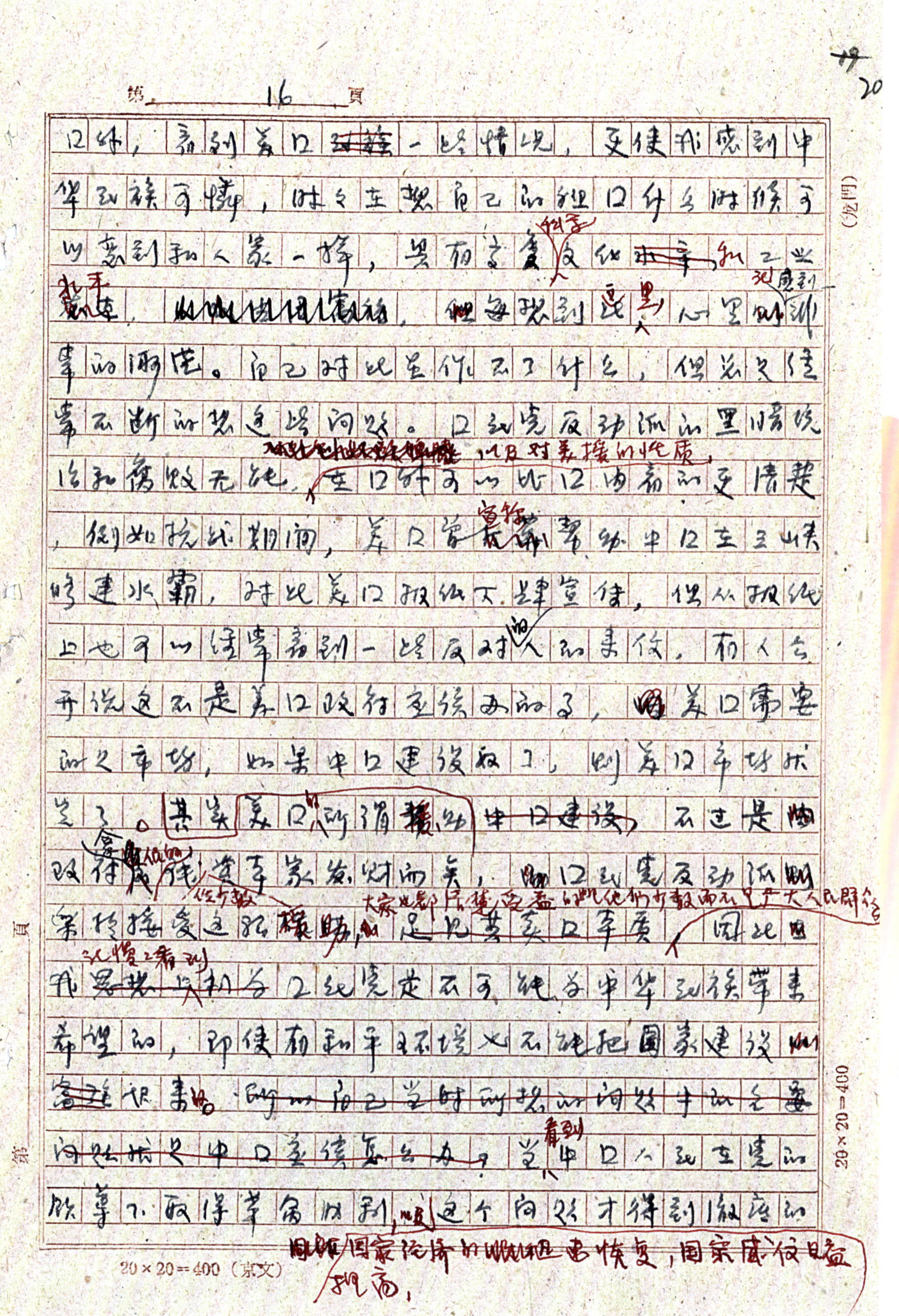

第 16 頁

国外，看到美国一些情况，更使我感到中华民族可怜，时时在想自己的祖国什么时候才能赶上人家一样，只有这[illegible]及化工[illegible]，但每想到这些，心里[illegible]非常的惆怅。自己对此虽作不了什么，但总是经常不断的想这些问题。国民党反动派的黑暗统治和腐败无能[illegible]在国外可以比国内看的更清楚，例如抗战期间，美国[illegible]帮助中国在三峡修建水坝，对此美国报纸大肆宣传，但从报纸上也可以经常看到一些反对的来信。有人公开说这不是美国政府应该做的了，因美国需要的是市场，如果中国建设好了，则美国市场就完了。其实美国所谓援助中国建设，不过是为[illegible]资本家发财而矣，[illegible]国民党反动派[illegible]接受这种援助，[illegible]足见美国本质。因此我[illegible]认为国民党是不能给中华民族带来希望的，即使有和平环境也不能把国家建设好[illegible]。[illegible]直到中国人民在党的领导下取得革命胜利，这个问题才得到彻底的[illegible]

[illegible]国家经济[illegible]迅速恢复，国家威信日益提高，

20×20=400（京文）

自传（节选）

中科院1959年所长会议发言

3

研究工作与工程技術工作如何銜接

力学所副所長 郭永怀

执行了党的任务帶学科这一正确方針，到现在虽然才只有半年，但是收穫已經很丰富。这表現在許多方面，最主要的，是研究脫离实际的現象，已經徹底扭轉了，使科学研究走向社会主义的道路，永远为社会主义建設服务。这是党領導科学的勝利。

在执行这个方針的过程中，由于經驗不夠，对研究工作与工程技術工作的关系問題，認識是不一致的。这类問題如不及时解决，它可能使研究在生產中不能充分發揮作用，也可能影响研究工作的安排。現在借这个机会把这些意見提出來，請大家討論并加以澄清，这將有助于1959年工作的开展。

这些意見如下：

1.从工作的性質來說，生產任务的工作大体可以分为兩部分：理論工作及設計、加工等技術工作。一个研究所如力学所的任务，是進行理論研究，它在完成前一階段的工作以后，就可以結束，而把研究的成果交到設計部門，再由那个部門，像接力似的展开第二階段的工作。

2.根据研究为生產服务的方針，研究的目的在于实現一具体任务。因此，研究工作不能停留在理論階段，而是应該一竿子到底，从理論研究到設計以至生產。

按照前一种說法，一項任务的理論研究和設計工作，是可以分开的，做理論研究的人員和工程技術人員，也可以独立、分段地進行工作。如果研究所只進行理論工作，而不密切联系工程技術工作，其結果必將又是脫离实际。

按照后一种說法，一个研究机構不僅要進行理論研究，同时又要設計及生產。在个别的情况下，这是很必要的，譬如技術性單純的任务如設計效率較高的小型水輪机。但是一般說來，这是行不通的。就力学研究來說，与力学有关的任务，都是具有高度的綜合性，例如制造一架現代式飛机，它涉及的面很广。完成这样的任务，就要联合許多个所、設計院和加工厂。顯然，一个研究机構对于一項复雜任务从头到尾，一包到底的作

— 1 —

《研究工作与工程技术工作如何衔接》（1959年）

4

法是不现实的。

理論研究和工程技術工作有区别，也应有交叉。一个研究机構不能是設計院，然而在一定范圍內又要执行設計院的任务；它离不开設計院，但不能包括設計院。如果这样做，研究机構势必十分龐大；那是既沒有必要，也不可能。

正确地执行科学为建設服务的方針，应該貫徹所与所之間的协作和研究所与設計院的并肩作战的方針。在解决一項生產任务的过程中，理論研究和工程技術工作是互相銜接的。一个时期內可能把重点放在理論研究上，另一时期重点則是設計、試制等技術工作。在進行技術工作中可能又提出新問題，那么理論工作便提到日程上來。这样反复推动，以至工作完全告成。这是説明，理論工作与工程技術工作，各有不同階段，但是它們也是互相滲透的。因此，研究机構必須緊密与設計院协作。

为了充分發揮科学研究在生產中的作用，研究机構必須具备一支强大的科学研究的隊伍，同时也要有一支强大的技術力量。技術系統的任务是配合研究作战，它要設計和制造实驗設备，試制为試驗用的產品或模型，以及負責解决实驗的技術問題。这些工作的目的是使理論变为現实。只有在这样的基礎上，才能把工作逐步移交到設計院，做到这一階段，密切协作才能正式开始。

—2—

《研究工作与工程技术工作如何衔接》（1959 年）

郭永怀讲课讲义

—— 1 ——

第一章 陳致英

液体和气体的平衡

1. 液体的特性

液体之所以異于固体，是因为液体的質点比較容易移动。要想改变固体的形状必须使用一定的力（有时可能很大）。可是要改变液体的形状，衹要给充分的时间让变形就会发生，用不着施加外力。液体和固体一样，都抗拒速度大的变形，但是这种抵抗力在流动一旦停止便迅速消逝。液体的这种抗拒变形的特性就叫做粘性。在第三章第一节中我们将仔细地討論粘性。除了普通液体之外，还有粘性很大的液体，它们对于变形的抗拒力是很大的（但是当液体运动一停止，这抗拒力也等于零）。介于这种液体和固体（不定形的）之间存在着各种不同程度的流动性：例如，玻璃在热了之后就具有这种不同程度的流动性。

实験：把一桶沥青倒置，在不同的温度下它須要几天或者几个礼拜才能完全流出来。流出来以后的沥青形成一个餅，虽然它继续在流，要是人们在上面走，却看不出痕跡；但是如果在那里站久了，会留下很清楚的脚印。要是用锤子猛敲，它会同玻璃一样地破碎。

在研究液体的平衡时，我们衹講液体处在静止的状态，或者流动得很慢，把它当作静止的状态。因此我们可以忽略抗拒变形的阻力，这並不損害准确性。所以对于液体状态我们立刻就有以下的定义：液体在平衡时对于变形没有抗拒力。

《液体和气体的平衡》讲义（节选）

—— 2 ——

根据物质运动的观念，物体的微小质点不断地在运动；这种运动的动能以热的形式表现出来。从这个观点出发，液体和固体的区别，在于液体的质点不和固体的一样绕着固定点摆动，而是经常地交换位置。假設在液体里有了应力，在向应力差的那个方向，而能夠引起屈伏（yielding）的那些位置交换，就容易发生。当液体在静止时，这种屈伏就足以使应力差很快地消灭；但是当液体的形状在改变的时候就产生应力，应力越大形状的改变越快。随着温度上升，不定形固体会逐渐軟化，它可以想像是这样发生的：假設把固体加热，也就是說，如果增加分子运动的能量，最初仅少数質点碰巧在那个时候有特别大的振幅而交换了位置，继续加热，位置交换更多了。最后在固体里面交换位置成为普遍的现象。对于结晶体来說，从固体经过熔化到液体状态的过程，往々是不連续的。

液体的另外一个特性是它们对容積有着极大的抗拒力。要想把一公升的水压进半公升的水桶里是很不可能的一件事。如果把它放进一个两公升的水桶里，該水桶祇能半满，即使把里面的空气抽出去仍是如此。但是水並不是絕对不能压缩的，在施加高压下它可以压缩到可以看得出的地步（一千个大气压可以使它的容积减少百分之五）。相同的关係也适用于其他液体。

2 应力的理論

我们现在进一步考虑在平衡状态下液体内部的应力性质。在这里值得提一下，固体平衡时所受的力普遍定理，也可以应用到液体上去。为了証明这点，往々利用一个特殊的“刚化原理”。这个原理是根据以下的考虑：“任何能自由移动的体系

《液体和气体的平衡》讲义（节选）

— 3 —

其平衡不会因为任一可移动部份的刚化而受到影响；这就是說可以想像是把平衡的液体的任何部份刚化起来，並不扰动平衡。于是刚体平衡的定理，就可以应用到已经刚化了的那部份液体上去了。”（当然不是真正的刚化，如包括凝固、结晶等等）。但是这种利用刚体的办法倒並不是绝对必要的。力学上的平衡定理常々是藉“刚体”推导而得。而这些定理也可以应用到“一个静止的质点系”上去，系中每个质点都可以自由运动（由于整个的体系是在平衡中，这个自由度都没有利用）。祇要我们討論真正的静止的情况，这两种观点都同样可以自圆其說。要是我们討論有运动的情况，那么刚化原理就容易使我们遭到困难，因为实际上没有刚硬的東西。为了以后应用到流体力学上，我们現在继续把另外一个方法和主要的原理簡單的叙述一下，这个方法通常在弹性力学里也被採用。

我们开始就假說所有的力都是质量间的交互作用。譬如，如果质量 m_1 用力 F 吸引另一质量 m_2，m_2 就用同样的力 F 吸引 m_1；换句話說，这两个力是作用在相反的方向（牛頓的作用和反作用定理）。在一质点系里（它们是从整体里任意选出来的），我们要区别两种力：内力和外力。内力是作用于一个体系内的两质点之间，所以它们总是成对地出現，而方向相反；外力是作用于此体系的一质点和外界的一质点之间，它在这个体系内仅出現一次。假設我们把所有作用在这个体系的一切质点的力合成起来，内力总是成对地消去，这样最终祇有外力出現。要使这个体系平衡，这些作用在每个质点上的力的总和必須等于零。假設我们把体系内所有质点上的力总和起来，正如前面所說，祇有外力的合力存在。为了平衡的关係，每个质点上的合力等于零，所以作用于这个体系上的外力的合力等于零。这个定理祇假定此质点系是处在平衡状态，此外未作任

《液体和气体的平衡》讲义（节选）

— 4 —

何假定。此定理在各种应用中极其有用。假設我们用笛卡兒直角座标，这个定理就有三个方程式：

$$\sum X=0,\quad \sum Y=0,\quad \sum Z=0.$$

这里X、Y、Z是外力在x、y、z軸方向的分力。

对于外力所形成的力矩也有一个完全相似的定理。在平衡时这些力矩也必須等于零。

在弹性的固体和流体里，我们要討論体内的应用。它们很明显地包括作用在体内小质点间的内力。通常对于有大量质点的区域，我们祗要求該处的平均状态；要把质点间一切的力都描述出来就未免太煩杂了，何况这些质点还不断地在作强烈的热运动。因为我们的定理仅涉及外力，我们如何来处理内力？回答是：“我们必須把内力变作外力！”这可以用以下的办法作到：我们想像一个物体被切成两块，我们可以选其中的一块（圖1.1的I）作为我们的质点系，于是II上的质点作用在I上各质点的力原来是内力，现在变成外力。假設在整个物

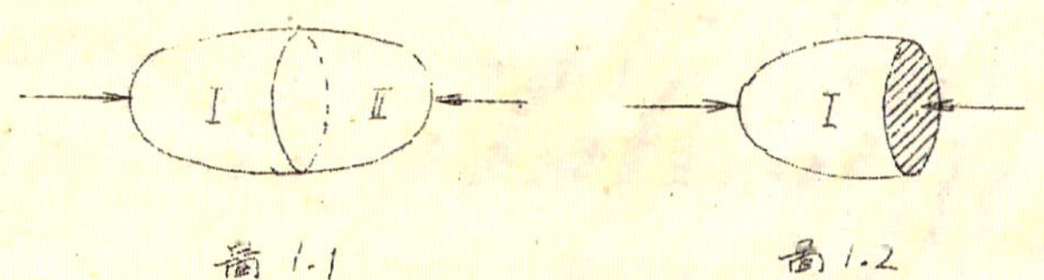

圖1.1　　圖1.2

体上外加压缩应力（圖1.1两个箭头所表示的），也产生内应力；如果我们想像一个完整的截面，右边各质点的力就通过截面作用到左边的质点上。如果我们把这些力加在一起（就是合併成合力），这个合力便与作用在I上的力平衡。圖1.2给出通过截面所作用的合力的单独圖示（当然我们也可以考慮II，结果是一样的，祗是力的方向相反）。

《液体和气体的平衡》讲义（节选）

“应力”的意义是作用在單位截面々积上的力。在前例中如果我们把总的力用截面积来除，很明显我们就得到平均应力。所以一个面积上的应力就同力一样也是一个向量。

这种利用一个想像的截面把内力变作外力的原理（以下简称为截面原理），可以推广应用；要想研究物体内部的应力，我们可以用几个这样的面把一块小质量（長方形、菱形、四面体等々）分隔出来研究其平衡。最简單的情形，是所有作用在一块质量上的力为压缩力。根据这些小块々的平衡，我们可以导出关于应力的各种重要定理。现在把其中之一当作一個例子，提出来并予証明：“設有三个平面共同形成一个立体角。如果那三个面上的应力向量给定，其他各截面上的应力就可以知道”。証明：我们把这个立体角用第四个面横截之，使它形成一个四面体，如图1.3所示，要求第四个截面上的应力。1，2和3諸力可以根据给定的应力乘上相应的三角形面积得到。第四个力仅能有一个方向和一定的数量才能和1、2及3諸力平衡；这个力被相应的三角形面积除就是所要求的应力。为了計标方便，我们选1、2、3諸面为座标图（图1.3）。

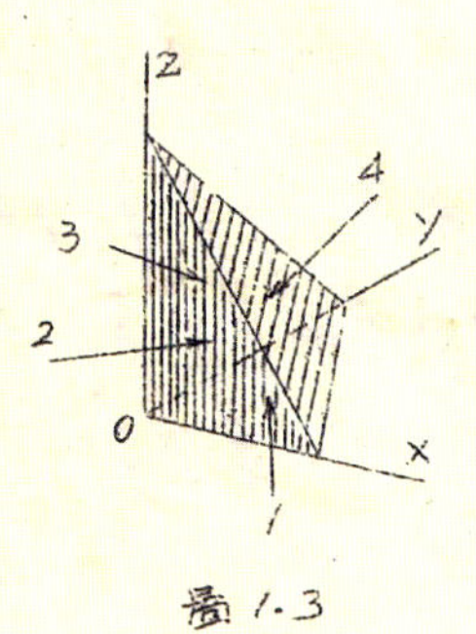

图1.3

关于应力理論的詳细討論可以在彈性力学教科书上找到。这里我们仅々提一下。“应力”可以与椭球联系起来：椭球是代表通过一点所有截面上的应力向量的总体；应力的分量于是就可以用“張量”的形式表示出来。根据前面的定理，当形成一个立体角的三个截面上的应力向量给定时，任何一点的应力（和相应的椭球）就能确定。对应于椭球的三个主軸对每个应力而言都可以找到三个相互垂直的面，

《液体和气体的平衡》讲义（节选）

— 6 —

并且这些面上的应力向量是与各该面垂直的。这样区分出来的三个应力叫做主应力，其对应的方向叫做主方向。

3. 液体里的压力

平衡时液体内的应力特别简单。抗拒变形（就是阻碍小质点彼此相对移动）与摩擦有关。假设两块固体接触面之间没有摩擦，在接触点的压力就必定和接触面垂直（这样当任一物体沿接触面滑过去时并不作功）。同样的，液体内不抗拒变形是由于：在液体内应力到处与它所作用的面垂直。我们立刻可以利用这个事实，当作液体状态的定义，这个定义和本章第一节里所给的定义完全相当。

根据液体里的压力的特性，在考虑一个简单的平衡情况，我们就立刻能推导出关于压力的另外一个特性。我们设想在液体内分隔出一个小三角形棱柱体。设其顶、底面与各边缘垂直（当然我们也可以设想棱柱体在液体中就地刚化，而研究其他的液体施加于棱柱体上的力的平衡）。两端面上的压力数值相等而方向相反，所以彼此平衡，故勿须再予讨论。因而侧向各面上的力是与各该面垂直的，它们就必须在与各缘垂直的平面内。图 1.4 就是棱柱体的横截面和侧面上所作用的力。在平衡

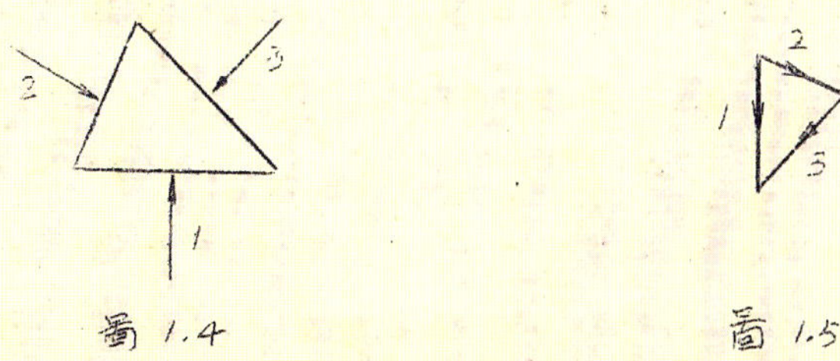

图 1.4　　图 1.5

时这些力就形成图 1.5 所示的三角形。因而图 1.5 内三角形的

《液体和气体的平衡》讲义（节选）

陈毅英

—— 3.1 ——

第三章

粘性流体的运动

1. 粘性（内摩擦）。

自然界里所有的流体都具有一定的“粘性”，它可以借着它的抵抗形变的内摩擦而显示出来。蜂蜜，甘油和重油可以称是大粘性流体的例子。为了瞭解粘性的实质，我们将从考虑以下的简单例子开始。两个被流体分开的平行平板，设其中的一个在它自己的平面内以等速V运动，而另一个则静止不动（图3.1）。由于摩擦的作用两板间的流，可以想像是许多流层所组成的，毗邻平板的流层和平板的速度一样（“附着”到平板上），而中间的流层则以速度（u）相互滑过，这个速度是与流层到静止平板的距离成正比：

$$u = V\frac{y}{d}.$$

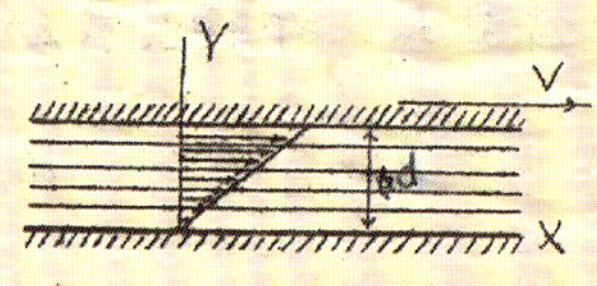

图3.1

流体的有摩擦是通过力的存在所证明的，它抗拒上面平板的运动，并且在单位平板面积上的数值等于 $\tau = \mu\frac{V}{d}$。用一个较广泛的表达式，相互滑动的流层所产生的切应力是

$$\tau = X_y = \mu\frac{du}{dy}. \qquad (1)$$

（X_y 表示沿着 x 轴方向，作用在垂直 y 轴的面积素上的单位面积上的力。）μ 叫做粘性系数或简称粘性［表示粘性在流体力学界通常採用字母 μ，而在物理学中一般则用

《黏性流体的运动》讲义（节选）

由(3)式求管流截面上之平均速度

$$\bar{u}=\frac{1}{A}\int_0^r u\,2\pi y\,dy=\frac{\pi}{A}\frac{p_1-p_2}{4\mu l}\int_0^r (r^2-y^2)\,2y\,dy=-\frac{\pi(p_1-p_2)}{A\,8\mu l}(r^2-y^2)^2\Big|_0^r$$

$$=\frac{\pi(p_1-p_2)}{8\mu A l}r^4=\frac{p_1-p_2}{8\mu l}r^2$$

$\frac{g}{cm\,sec}$?

—— 3.2 ——

η。它在 C.g.S.单位制中的因次是 $cm^{-1}\ sec^{-1}$.]。方程式(1)是根据牛頓的实験结果而得出，所以常称之为牛頓定律。

有了这些事实，我们就可以进一步讨论一些别的简单运动，如果这个运动也是由相互滑动的流层所构成的（所谓层流）。在直圆管里，粘性流体的运动便是一个例子。由压力差 p_1-p_2 所引起而作用在半径为 y 的柱形流体质量上的力是 $(p_1-p_2)\pi y^2$（图3.2）。在相反方向的力，是由作用在圆柱面 $2\pi y l$ 上而每单位面积为 τ 的摩阻所组成，因而其总力为 $2\pi y l\tau$。这两个力相等，我们便得到

$$-\tau=\frac{p_1-p_2}{l}\,\frac{y}{2}。\tag{2}$$

[符号是负的，因为这里 τ 与第一例里的方向相反。] 由方程式(1)，$\frac{du}{dy}=\frac{\tau}{\mu}$；积分並决定积分常数使最外面的流层附着在管壁上，即静止不动我们有

$$u=\frac{p_1-p_2}{4\mu l}(r^2-y^2)，\tag{3}$$

其中 r 是管的半径；速度分佈是一个旋转抛物面（见图3.13）。我们现在就可以计算流量或单位时间内流过的流体容量；这便是

$$Q=\int_0^r 2\pi y\,dy\cdot u=\frac{\pi r^4}{8\mu}\,\frac{p_1-p_2}{l}。\tag{4}$$

这个公式在研究摩阻的规律时具有基本的重要性，因为它与实験结果异常符合；它还提供了决定粘性系数 μ 的最好方法。流量与单位长度上的压力降和管子半径的四次方成正比的结果，曾被哈根*（G. Hagen，1839）的实験所证实，后来又为泊阿則叶+（Poiseuille）重新独立地发现。哈根（它是一个工程

《黏性流体的运动》讲义（节选）

师）的论文显然曾被物理学家所忽视，而用这个定律的第二个发现者——泊阿则叶来命名，虽然更恰当地应该称之为哈根——泊阿则叶定律‡。在现阶段我们必须强调指出，只有在细管中哈根——泊阿则叶定律在所有实际上可能达到的速度才是正确的。在粗管的情形它是不适用的。这种偏差决不是由于摩擦定律有任何不精确的地方，相反，这个定理，如同流层附着在壁上的事实一样，曾被在细管中用很多种流体所进行的实验精确地证实。

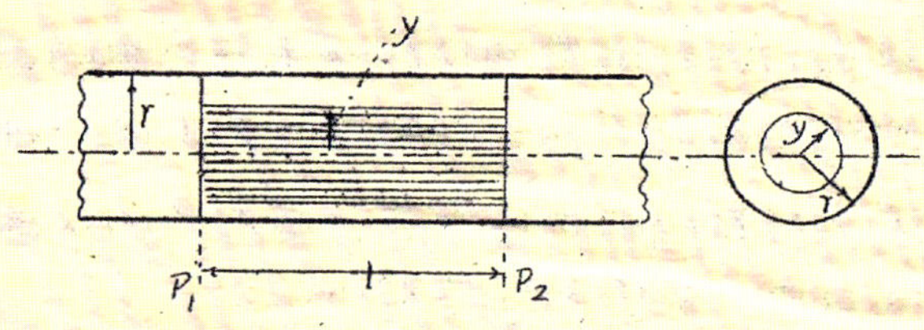

图 3.2

* G. Hagen, Poggendorffs Annalen, vol. 46 (1839) 423.

† Poiseuille, Comptes Rendus, vol 11 (1840); vol 12 (1841); Mém. des Savants Etrangers, vol 9 (1846).

‡ 参見 W. Ostwald, Kolliod-Zeitschr, vol. 36 (1925) 99.

注．——从分子运动论的观点看来，粘性乃是不同速度的流层间发生动量交换过程的结果，这种过程是分子运动本身所引起的。根据这个理论，相邻流层间速度的均衡可以认为是一种扩散过程（动量的扩散），而且可以用第四节（d）中所推导的关系处理。这里切应力仍旧是 $\rho(u'v')_m$，但是速度 u'，v' 不再是因湍流而引起的脉动，而是由分子运动所引起的。在高度的稀薄气体中，（“平均自由程”与贮藏器的尺度相比

——3.4——

不是小得以至可以忽略）曾经发现在器壁上有滑动发生。这是由于入射到壁上的分子，平均起来，在壁面平行的方向有一定的速度，而自壁上反射出来的分子却呈现出一种不规则的分布，因而切向的平均分速就等于零。结果全部分子在切向的速度的平均值就不等于零。在正常的压力下，气体的平均自由程非常之短，所以这种现象并不显著。

在液体中粘性是由于另外的方式引起的。这里分子紧密地挤在一起，以致他们只能够在许可的小空间里来往振动，偶而调换一下位置。这种位置调换的发生毫无规则。在切应力的影响下（可以认为是由于分子间的力而产生的一种弹性应力）位置的调换容易沿着切应力线发生，因而总的效果是一种滑动。位置调换愈自由，液体的粘性愈小。

应当指出，在普通液体里滑动$\frac{\partial u}{\partial y}$严格地与切应力$\tau$成正比，此外还有一种非正常的液体，对于它们这种关系并不存在。

首先，我们有一种介乎固体和液体之间的中间状态，其中位置调换的次数受到严格地限制。对于这一类液体，馬克斯威尔（Maxwell）在参照了弹性体中的应力关系就建立了一组方程式，其中包括"弛豫"（relaxation）一项；即任意瞬时所有应力均随时间而减低，但是任何形状的改变将引起新的弹性应力。[在图3.1所示的简单情形中，限于一级微量且假定下$\frac{du}{dy}$相当小，我们有微分方程式

$$\frac{\partial\tau}{\partial t}=G\frac{du}{dy}-\frac{\tau}{T},$$

那里G为切变模数，T为弛豫的时间常数。由于$\frac{du}{dy}=con$外，而且$t=0$时$\tau=0$，这就给出

《黏性流体的运动》讲义（节选）

—— 3.5 ——

$$\tau = GT\frac{du}{dy}(1-e^{-t/T})。$$

当 $t\to\infty$，就又回到牛顿定律（1），其中 $\mu = GT$。要考虑 $T\frac{du}{dy}$ 中高级量的影响，请参看 H. Formm，ZAMM，25/27（1947）146。在该文里的一些结果中间可以找到一个渐近公式

$$\tau \sim GT\frac{du}{dy} \Big/ \left\{1+\left(T\frac{du}{dy}\right)^2\right\}。$$

一个更详细的计标，请参同一期刊 28（1948）43。]

与馬克斯威尔流体不同的还有另一种类型，例如浆糊和塑性物質等々，在这种物質里在某一定的"屈服点" τ_0 未到达以前，並无运动发生；在最简单的情形 $\tau = \tau_0 + \mu\frac{du}{dy}$。[参見 L. Prandtl，ZAMM，8（1928）85。在这篇文章里根据原子热运动的观点，对弹性滞后，弛豫和后效（after-effect），以及在等形变率 $\frac{du}{dy} = C$ 时力的定律，在各个软化阶段中进行了解释（見该文第101頁圖19）。其中一个近似公式是 $\tau = G\log\left[CT+\sqrt{\{1+(CT)^2\}}\right]$，这里 T 为时间常数（该文中圖18曲线4）。在 CT 很大时它就给出塑性金属的定律（$\tau = a + b\log C$），而且与实驗甚为符合；当 CT 小时就给出粘性液体的定律。]

曾经广泛地研究过的，第三类是属于"胶状液体"（colloidal liquids）。它们主要的是含有微小的线状或网状结构的溶液。大部份的胶状液体具有所谓"触变现象"（thixotropy）；这就是说，在静止时它们是粘的，甚至是坚固的，但是在搅动了之后就变得容易流动了，这就表示线状或网状结构遭到了破坏，当液体达到静止时线状和网状的结构就又形成了。而

《黏性流体的运动》讲义（节选）

—— 3-6 ——

有这类性质的研究是属于流变学（Rheology）。的范畴。这个物质的特性的研究在工业化学中是很重要的。

根据粘性流体一般理论，流体素的变形所引起的应力和弹性体中所发生的应力相似，所不同的是，在粘性流体的情形应力不是与变形成正比，而是与变形率成正比。根据弹性理论的结果，九个应力分量（与座标轴垂直的三个平面中，每一个面上皆有三个应力分量）的公式结果便可以写作是

$$X_x = 2\mu\frac{\partial u}{\partial x} \qquad X_y = Y_x = \mu\left(\frac{\partial u}{\partial y} + \frac{\partial v}{\partial x}\right)$$

$$Y_y = 2\mu\frac{\partial v}{\partial y} \qquad Y_z = Z_y = \mu\left(\frac{\partial v}{\partial z} + \frac{\partial w}{\partial y}\right) \qquad (5)$$

$$Z_z = 2\mu\frac{\partial w}{\partial z} \qquad Z_x = X_z = \mu\left(\frac{\partial w}{\partial x} + \frac{\partial u}{\partial z}\right)。$$

如果这些应力在一个区域的各点有相同的数值（像在均匀应变的状态），他们就相互平衡。然而，在更普遍的变形状态中，如果应力各点不同，由于应力在空间里的变化，一般地说来，就引起力的作用，设这种力的分量为X'，Y'，Z'（单位容积）。根据弹性力学的理论

$$X' = \frac{\partial X_x}{\partial x} + \frac{\partial X_y}{\partial y} + \frac{\partial X_z}{\partial z}, \qquad (6)$$

对于Y'和Z'我们可以得类似的方程式。

将方程（5）中X_x等代入方程（6），我们得到

$$X' = \mu\left(\frac{\partial^2 u}{\partial x^2} + \frac{\partial^2 u}{\partial y^2} + \frac{\partial^2 u}{\partial z^2}\right) + \mu\frac{\partial}{\partial x}\left(\frac{\partial u}{\partial x} + \frac{\partial v}{\partial y} + \frac{\partial w}{\partial z}\right) \qquad (7)$$

当流中无体积变化时这个表达式的第二部份等于零。对于Y'和Z'类似的表达式也成立。

《黏性流体的运动》讲义（节选）

—— 3.7 ——

在粘性流体中，除了像 X 等々这些力之外，还必须加上由于压力差（可能还有体积力）所产生的力（参看第二章第三节）；它们一起决定了流体质点的加速度。

像在第一节所討論的情形中，u 分量占决定性的地位而且在 y 方向变化极快，应力中的最主要的是 X_y〔在式(1) 中的 τ〕，因此力 X' 中的主要部份是 $\frac{\partial X_y}{\partial y}$。由方程(5)它便可以写作 $\mu\frac{\partial^2 u}{\partial y^2}$，因此它便是主要项目，和压力降 $(-\frac{\partial p}{\partial x})$ 以及惯性力 $-\rho\frac{Du}{Dt}$ 一起出现在方程式中。我们将不作进一步的詳細研究，因为在进行这样的工作时一般地将会遭到巨大的困难。我们现在将討論动力相似的问题，为了得到关于粘性流体力学的一个普遍的了解，动力相似是非常有用的。

2. 动力相似：雷諾数。

这里我们所要討論的问题是这样。如果外部条件是几何的相似的（几何相似的管子，被流体绕过的几何相似的物体等々），在什么条件下，这两种情况的流也是几何相似的？开始我们可以这样回答：在比較的两种情形，由于压力降，摩擦和惯性而引起的三个力之比在对应点必须一样。因为这三个力是处在平衡状态，只需考虑其中的两个就够了。于是，我们选择摩擦力和惯性，因为压力降本身——至少在容积不变的流中——並没有什么特性。各种几何相似的流可以用特徵长度 l_1，l_2 等（例如直径或物体的长度，管的内部尺寸），和特徵速度 v_1，v_2 等（例如物体运动的速度或者流过固定截面管子的平均速度）来区别。密度和粘性可以是不同的（分别为 ρ_1，ρ_2 和 μ_1，μ_2，等々）如果在两种情形下流是相似的，惯性力的分量之一：

《黏性流体的运动》讲义（节选）

战略规划

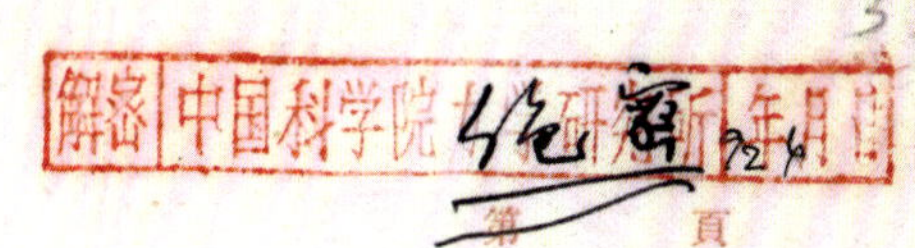

秦秘书长并党组，

根据秦秘书长的指示，自动化、光机、化物、应化、有机、金属、力学等所的有关同志对如何承担541任务事座谈一次。大家一致认为：任务是很巨的，也是紧迫的，必须在院党组的坚强领导下，贯彻又集中又分散的原则，将有关所的力量组织起来，与院外各单位，大力协同，才能顺利地完成任务。建议：

1. 成立设计单位（名称待研究），承担541、料-1、料-2的研制任务。下设设计部、化工部、制导部。

2. 设计单位设三个部，分别承担：

(1) 火箭（包括发动机）、发射架的研制，试验靶场，

(2) 推进剂的研制，

(3) 制导系统的研制。

3. 设计、化工、制导各部分别组织院内外有关各单位解决力学、推进剂、材料、元件、电子元件、测试仪器等的研究及试制任务。

有关“541”任务（1965年）

4

高速度问题完成任务以

3. 为了紧密配合、加强协作，设计部成立一总体设计室，负责全面工作的安排和协调；在技术上将起作战部司令部的作用。总体设计室的业务将由党领导下的九位总工程师、工程师（或付工程师）集体负责。这九位同志将由五机部机械研究院，力学所，自动化所，光机所，化学物理所，应用化学所，有机所，金属所、化学所提名，报院批准。

4. 设计部力学所负责组织，化工部化学物理所、应化所负责组织，制导部自动化所负责组织。

5. 由于联系紧密和安全考虑，设计部和化工部设在力学所和化学所在怀柔的基地。制导部设在自动化所或其它地点，请自动化所考虑。

6. 总体设计室的负责人提出总方案供大连会议商讨。请批示。

郭永怀 15/5/65

打印 6 份：

给以川同志一份。 张劲夫 15/5.

（京文） 北京市……印刷厂印制

有关“541”任务（1965年）

科学家精神

中国科学院力学研究所

(6) 字第 号

張付院长，

奉看总理的节衣缩食、勤俭建国的指示，现将早年在国外的一点积蓄和几年前认购的经济建设公债共48,460余元奉上，请转给国家。这本是人民的财产，再回到人民手中也是理所当然的。

敬礼

李佩
郭永怀
11/1/65

地址：北京市西郊中关村 ． 电話28.2431 (第 頁)

捐赠积蓄（1965年）

书信

镐生学兄：

接到你给老潘的信，知道你的归期已定，不日见面，至以为慰。我对寿华兄仍担心，他的顾虑甚多，前晚劝你们从欧洲走，就是为此。盼兄你特给他多打打气，一同走。

我们现在想请你代图书馆补几份杂志和几本书，开列如下：(1) 1956年以前的Jet Propulsion (2) 已装订的NACA reports 1940-1949, 1954-1956 (1950-1953我买到了，'54以后的如未装订，单行本的亦可)。(3) Handbook of supersonic aerodynamics vol. 3, §6, 7, 8; vol. 4, §9, 10, 11, 12; vol. 5, 13, 14, 16; vol. 6, 17, 18, 19A, 19B, 20, 21 (Government Printing Office) (4) Unsteady supersonic flow, by John Miles (Dept. Commerce PB 111 993)
(5) 请郑向Abe要他所做的那些报告。

你亦盼能多买些书，范围不妨广些，凡是气体流体方面的新书，带回来都会有用。所有的工具像具衣服（可以增加些）都可带回来，国内运费很低，在出境之前请将船期示知及抵港日期，届时当设法派人照料。（海关对于搬家行李，并无限制）

看见Al请转告他一声，我的一切情形，我曾寄一函，恐怕他没有收到。得空时我当再写信给他，他对我们的情况太隔膜，有机会多寄些印刷品去。

遇到程毓淮否？此人亦可劝之，数学所很希望他能来参加。附函请转P. Morrison，康大物理系。专此

即颂 教安

钱先生和我请F. E. Marble买了几本书，请带归。
他通讯：Caltech.

永怀 4/21/57

写给谈镐生的信（1957年）

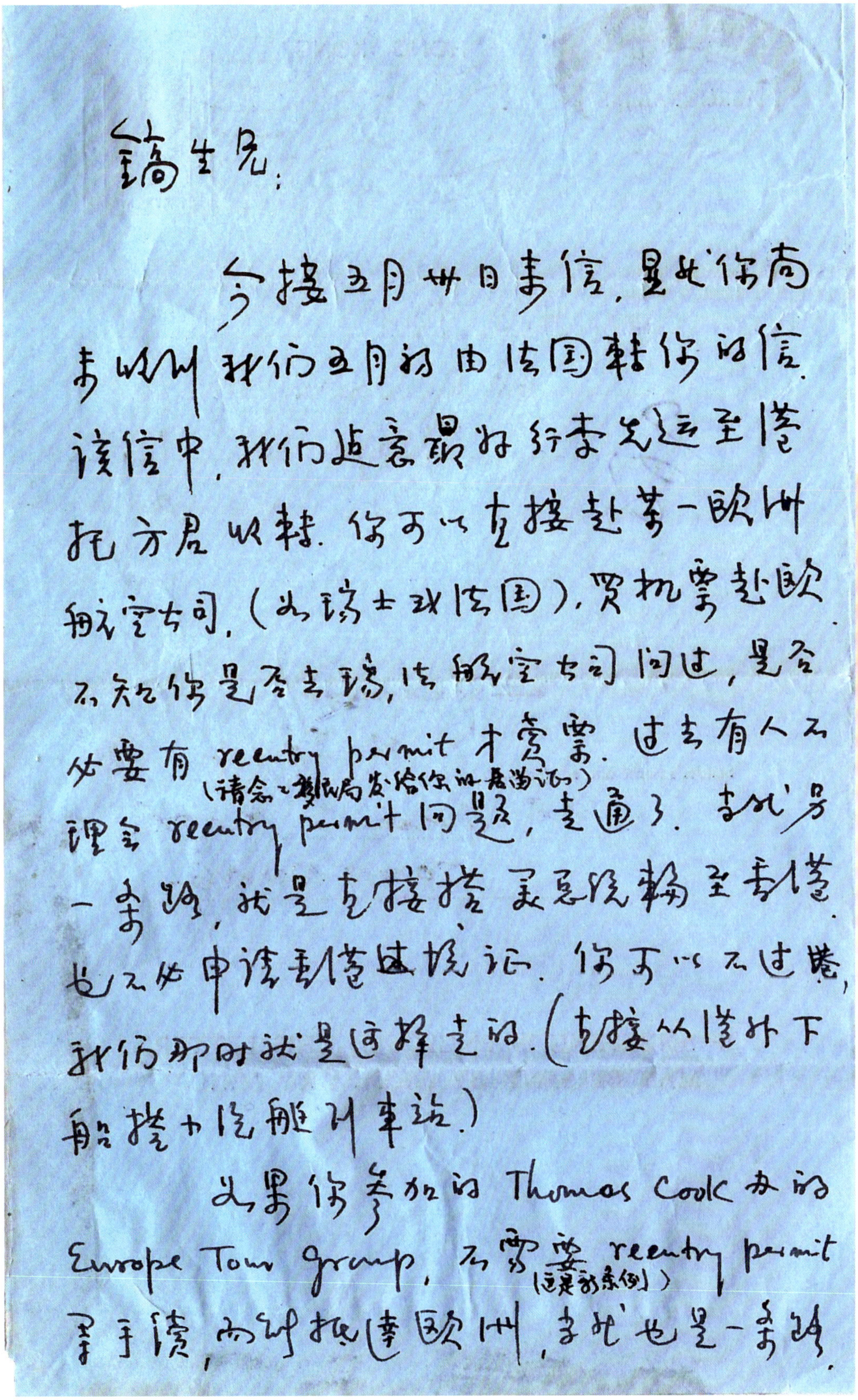

镐生兄：

今接五月卅日来信，是此你尚未收到我们五月初由法国转你的信。该信中，我们建议最好行李先运至港托方君收转。你可以直接赴某一欧洲航空公司，（如瑞士或法国），买机票赴欧。不知你是否去瑞、法航空公司问过，是否必要有 reentry permit 才需要。过去有人不理会 reentry permit（请台湾警民局发给你的出境证）问题，走通了。此外另一条路，就是直接搭美总统轮至香港，也不必申请到港入境证。你可以不过港，我们那时就是这样走的。（直接从港外下船搭小汽艇到车站）

如果你参加的 Thomas Cook 办的 Europe Tour group，不需要 reentry permit（这是新条例）等手续，而能抵达欧洲，这也是一条路。

写给谈镐生的信（1965 年）

但要得 reentry permit 是不可靠的.

我们由法转给你的信上，将有在法友人附注的意见，最好参考他们的意见。我们对旅行问题的事务手续等等，于办各些搞不清情况，他们会比我们清楚。前来那封信你现在应已收到.

如果需要走接总领馆的路，过港时，方君我可以协助。你将那一次船，何时抵港的日期事先通知他那里就行了.

Moore 的书，我已有.

京中友人，知你决定回国都十分高兴。盼你及时，顺利地办好旅行事宜。并将有关这事的新进展随时告诉我们.

郭永怀 9/6/15

附注

谈先生：

接郭先生来信，说您已有信和我们联系，但我们查记录，至今尚未收到过您的来信，因此对您需要我们办的事项尚不甚了解，除另函告一般过境情况外，盼来信告知要求。 Y. M. Fang

写给谈镐生的信（1965年）

Prof. H. S. Tan
Department of Aero. Eng'g
University of Detroit
4001 W. McNichols Rd.
Detroit 21, Mich.
U.S.A.

镐生兄：

去年十月间一函，谅已收到。天侨日前来京，旅行经验可供参考，兹简述如下：

他是取道欧洲返国。据说签证可先在西德领馆，再向他国等等。筹划此行有戒心，经欧洲或可使其安心。到达瑞士后，可向我领馆报到，一切即可解决。

如决心六月间走，可尽量买书，尤其关于将来发展的一门，务必齐全。例如水表面波或机翼理论，国内无人，甚盼两位回来，大大发展此科。

目前正百废俱兴，急盼国外朋友归来，共襄盛举。如稍事延搁，错过良机，国家固受损失，个人亦实无益。希望你早筹划，多多考虑。

我们或有些东西拜托，乞覆一信。即

祝

教安

永怀

12/14/57

与谈镐生通信一

镐生兄，

圣诞前寄来的卡片收到，至感。近来稍忙了些，未能常写信，歉甚，歉歉。

过去一年国家各方情况都很好，除农业以天灾未能完成计划外，工业、文化、科学等等都取得很大成绩。一两年内我国的钢产量就能跃居世界第三位，这是前几年所不能想像的。

在京的朋友依旧，仅潘公以闪电方式结了婚。夏间吴德骅要来京，届时诸友借机聚餐一次。前在康大土木系李君近返国，得知一些彼岸情况。

过去一年Princeton Series又出了几本，请代买几本，可以请书店直寄。所用之款John Wall可还你。我所没有的是4,5,8,10,11,12等卷。请你查一查出哪几本，根据需要款项寄一支票去（扣除40%）。多谢了。

祝 愉快

永怀 4/1

与谈镐生通信二

镐生兄，

接到四月廿八来信，知你将于秋间归国，我们北京的朋友都非常高兴，我们都准备在京欢迎你。

据我了解，你现在应着手办以下手续：

1. 接洽装运公司（Transfer Co.，像Ithaca的Student Transfer）。这种公司负责包装并代你联系运输公司（Shipping Co.，例如Maron Shipping Agency, 11 Broadway, New York 4, N.Y.）。所有这些手续，装运公司都可办，并不麻烦。

2. 行李可以先运香港，再转运国内*。香港的地址是：

Prof. H. S. Tan
c/o Mr. Fong Yuen-Mow,
6, Queen's Rd. C., 1st. Floor,
Hong Kong.

3. 订票。请立即向Travellers' Agency订船票或飞机票。在你订票的时候，他们就会告诉

与谈镐生通信三

* 此处“国内”应为“内地”。

你应办的旅行手续。我估计不外：(1)到有关国家的领馆办过境签证，(2)当地税关的市政府办事文件，(3)填报U.S. departing Alien income Tax return。至于走那条路的问题，请你斟酌情况决定，如方便，可以取道欧洲，这样就可顺便多看几个国家。

4. 在旅费、运行李费开支之外，需要买一部份旅行支票作为旅途之用，余额可以买一张Cashiers' check, drawn on New York者。若一下不便，暂不提取也可以，等将来回国后再说。在任何情况下，银行的存款最好保留，这样以后有些零星余额就有地方代收了。

不到一个月就要放假了，希望立即行动起来。其他朋友也希望动员他们，争取寄人篱下终非善策，莫若集体归来，与祖国同胞共同建设自己国家，实现我们大家梦寐以求的理想。

关于托运行李的问题我已托在港朋友方远谋同志帮忙，倘有问题请直接与方君联系。余再谈。

永怀 17/5/64

与谈镐生通信三

镐生兄：

日前刚给你和绍文寄去一份有关旅行的一些手续问题，想不日可以收到。至于办理出境的手续，就我所知，有以下几个步骤：1、到Cook那里订船票，2、去City Hall领一份Travelling paper的Form（一般是轮船公司印的），3、填写好以后再notorized就行了，（这就是你的旅行证件），4、将船票订单和旅行证件寄到纽约香港领事馆签证（地址可问Cook公司）。此外还需到所得税办事处（邮局楼下）办出境预交所得税的手续，离境前两礼拜内办理最后手续。关于出境手续，不过如此。

旅行手续据我的经验，最好全部装箱海运香港转国内*。1、可与Student transfer联系，2、纽约至香港一段可托纽约一转运公司*，（请Student transfer介绍），3、函香港中国旅行社（皇后大道中六号）告知将有行李请他们代转，并且请他们把收行李人**的姓名地址告诉你，这样你才能办理纽约到香港运输的手续。书籍一类的东西邮寄也可以。凡是自用的东西普通都不收税。

你的行期排定了以后，请即来一函，以便早作安排。秉华如已办好手续，东行亦可，否则一起走，倒也方便。关于带款问题，最好是买一汇票，（Banker's draft drawn on New York），其次是买旅行支票。

我要代绍文买的书、杂志，都是有价值的，但是有收到了请续订JAS（15册到期），请订Jet Prop.从一月起。Frenkiel主编的Phys. of Fluids

与谈镐生通信四

* 此处“国内”应为“内地”。

亦请代订（从今年起）。很想看看 aviation week 一类刊物，你可以带回来几种（本年的）。关于这几种杂志，最好代找一个人代办十年，每年按时付款。Tony 不能办，能否请 Joyce？要不然年年写信，真是麻烦。

你们几位现在回来正是时候，每人都能发挥个人的才能。我们国家现在进展的太快了，今年钢铁是几乎增加一倍，已超过小日本。我们准备再奋斗一年，就可以达到丰衣足食，我们的前景实在是太好了。在美国客居的同学希望每人都能看到这点，早点回来，及时地贡献个人一臂之力，否则坐失良机，实在太可惜了。这点请多与朋友谈谈，特别是欧基，等。

详情容后函告，请代候 Sears family, Tony, Resler, Rott, Mccune, O'rdway, etc.

代谢 Mccune 寄来的论文。

在 AVCO 的几位发表论文希代索一份。此外请告知，Princeton series vol. III 已出否，来买即代寄。

永怀
8/16

* 我找的是 Maron shipping Agency, Inc. 1 Broadway, New York 4, N.Y.

** 给运输公司的收货人地址：Consignee: Mr. S. H. Tan
c/o Mr. Fung-Yuen Mow
6 Queen's Rd. C., 1st Floor
Hongkong

与谈镐生通信四

我的事业在中国，
我的成就在中国，
我的归宿在中国。

——钱学森

钱学森

(1911.12.11—2009.10.31)

应用力学、航天与系统工程科学家。浙江杭州人。1934 年毕业于交通大学。1939 年获美国加州理工学院航空与数学博士学位。1955 年回国。中国科学院力学研究所主要创建人。1956 年 1 月—1984 年 2 月，任力学研究所第一任所长。1957 年被选聘为中国科学院学部委员（院士）。1994 年被选聘为中国工程院院士。1957 年获中国科学院科学基金一等奖。1999 年被授予“两弹一星功勋奖章”。

全家乘“克莱夫兰总统号”轮船回国（1955 年）

拿着力学研究所首次爆炸成形的样品为科技人员分析讲解

钱学森（左一）陪同张劲夫（左二）莅临上海南汇简易的发射试验场，
视察探空火箭发射情况（1960 年）

20 世纪 70 年代后期（1977、1978 年）第一代战略导弹落地（新疆）现场
（前排左五：钱学森）

钱学森与 F. Marbel 夫妇亲切交谈（1991 年）

证书

钱学森同志为我国研制“两弹一星”作出突出贡献，特授予两弹一星功勋奖章。

江澤民

一九九九年九月十八日

“两弹一星功勋奖章”证书

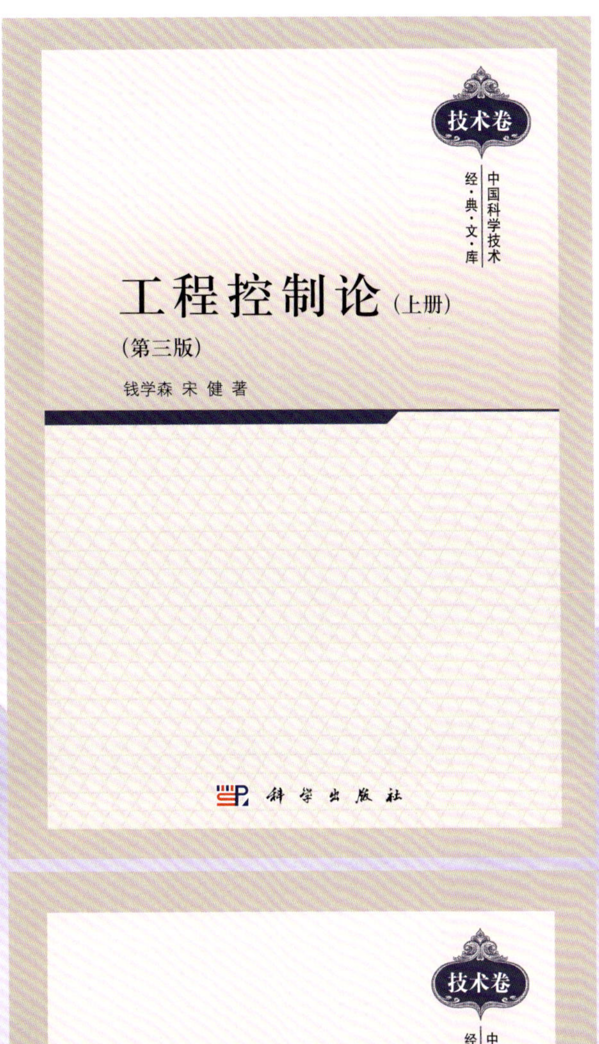
技术卷
中国科学技术
经·典·文·库
工程控制论（上册）
（第三版）
钱学森 宋 健 著
科学出版社

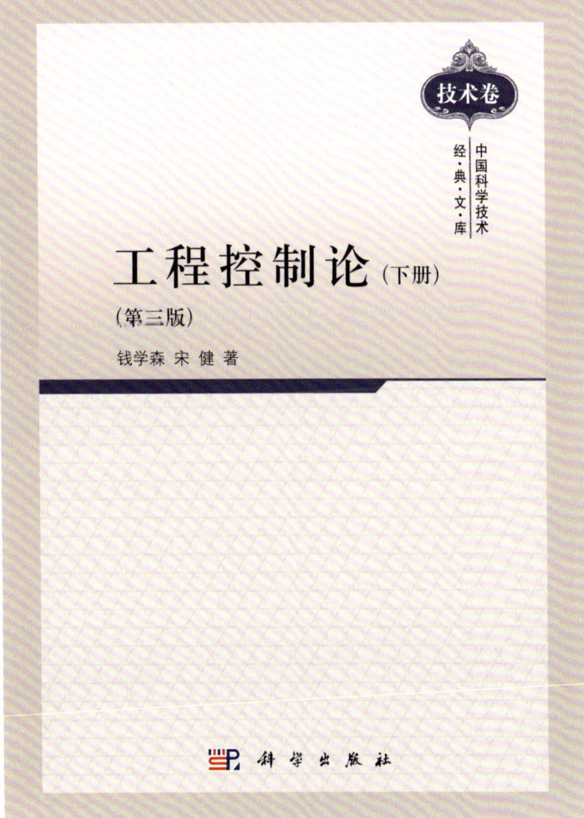
技术卷
中国科学技术
经·典·文·库
工程控制论（下册）
（第三版）
钱学森 宋 健 著
科学出版社

《工程控制论》封面

入党材料

中国科学院力学研究所党总支书记同志：

我回国这三年来受到党的教育，特别是整风运动中的教育，使我体会到党的伟大，党为实现共产主义社会这一目标的伟大。我愿为这一目标奋斗并忠诚于党的事业。

我谨申请入党。

钱学森

1958年9月24日

入党申请书（1958年）

战略规划

关于力学所長远规划问　　　　钱学森

院里决定在我所开现场会议，力学所的同志都很兴奋，感到很光荣。当然，我们知道在跃进方面还没有作出成绩，比起兄弟所来还差得很远，需要向兄弟所学习，我们在党的领导下，鼓足干劲，力争上游，一定做到跃进再跃进。

今天主要談一下力学所的長远规划，也就是说上天、入地、下海三個问题。在談这以前，首先談一下，大中小相结合、高中初相结合的原则。过去力学所的工作是不能让人满意的，力学本来是一门与生产密切联系的科学，但是所内長期受资产阶级思想的影响，研究题目大部脱离实际，总是在学科中绕圈子，談起来就是研究基本规律，这就使工作内容空洞，下不着地，同志们都感到使不上劲，压力很大。经过整風以后認识到我们的主要问题就是脱离实际。目前工农业生产中有很多力学问题迫切要求解决，这些问题

第 1 頁

《关于力学所长远规划》（节选）

对力学工作者来说并不是特别複雜的．我们可以选定些小型问题，这樣的问题很多．解决以后能对工农业生产起很大作用，例如低水头发电问题．现在农村搞电气化，这就成了重要问题，世界上的"常规"是研究高水头发电而我们的天津窪地水头仅1公尺左右．最低的只有30公分．洋人没搞过．农村的同志劲头都很大．他们搞了而且有创造．不用铁用木头，但是效率低，提高效率就是力学工作者的问题．这问题不算太难，因为力学中的风洞技术可以搬过来应用．这问题的意义也是很大的．以天津窪地专区就需要1万多个低水头发电站，发电总量計是15000仟瓦．全国各地的需要就更可观了．再从风力发电来说．在农具展览会上可以看到群众的創造．能不能进一步改进呢，从力学眼光来说应该是可以的．因为根据空气动力学结果，叶片少转速就快．所以这些群众創造的风车可能叶片太多了．如果我们能减少叶片，甚至减少到一個叶片，就能减少传动装置．直接带

第 2 頁

《关于力学所长远规划》(节选)

最后谈一个目标与措施问题：

目标——今后9年内，力学研究在各方面赶上美国，部分超美。今后六、七年打开星际航行——运载宇宙间的航行。用最新技术用到工农业中，开发地壳、水运大革新、中小问题今年就要解决。

措施——苦干一年，打下实现目标的基础。

①总结前人在这些方面的研究成就，要找理论根据，肯定应走的步骤

②培养研究和设计人员

③大力建立实验设备

④迅速合组织建立研究和设计单位

⑤建立辅助设备如工厂

● 培干方面三管齐下：

①在清华设工程力学研究班，这是短期训练班，每班150人，现在正在提高质量的同时把学习期限由二年多改成一年半。

第 9 页

《关于力学所长远规划》（节选）

② 中国科学技术大学的力学系和化学物理系是我们负责的。有几个专业——高速空气动力学、高温固体力学、高速反应动力学、物理力学、化学流体力学。

③ 力学所开办星际航行学院，今年准备，明年招一千人，高、初中毕业的都要。高中毕业的培养成星际航行設計師、工程師，初中毕业的培养成技术员。

設備情况：

59年根本改变力学所面貌，有2倍声速的风洞、6倍声速的风洞、稀薄气体风洞、跨声速风洞、10倍声速的激波管风洞、1万5千度的高温激波管、化学激波管、燃烧风洞、冶金炉、疲劳、全能测量仪表共20個大項目，搞好以后我们就有了基础。

健全组织方面：

成立按任务划分的研究组，每组有政治委员，加强党的领导

《关于力学所长远规划》(节选)

谢副秘书長：

根据院党組指示，由我所組織有关“上天”技术办公室，直属专門委員会。关于技术办公室的組織方案已上报，現就有关人員抽調办公室的解决提出我們的初步意見：

根据技术办公室的任务和要求，初步計划需５０人。其中：技术人員３０人；行政人員２０人。为了及时的开展工作，第一步要求先解决２１人。其中：技术和研究人員１１人；行政人員１０人。人員来源的問題，除力学所已抽調研究人員２名，行政人員３名外，其余人員建议从下列各单位抽調：

矿冶学校２人（技术或研究人員）；

力学所第一研究室１人（技术或研究人員）；

上海电机設計院２人（技术或研究人員）；

自动化所　２人　（技术或研究人員）；

地球物理所２人　（技术或研究人員）。

另外请院部从其他单位解决七名行政人員，其中要求有三名做情报資料工作的。

人員条件：在政治上要求絕对可靠，要党团員，（行政干部全部是党員）。关于技术或研究人員的水平要求最好是相当工程师或副研的水平；最起碼也得有大学毕业和有两年以上实际工作經驗的人員。

以上人員要求能在２月底前調齐。

技术办公室目前还沒有办公的地方，因力学所这里，一方面挤不下，

－１－

关于成立“上天”技术办公室（1959 年）

另一方面也不适合保密的条件，因此急需要求解决办公的地方。根据办公室的人員编制需要1，000平方米的办公室（内包括会议室）。假如技术办公室是独立存在的話，还需解决其他一系列的問題：如食堂等。办公室条件的要求，主要适合于保密条件，同时要求环境比较严紧，以便管理。

此外力学研究所第一研究室的办公室亦需設法解决。目前約有70人左右。但根据任务的需要还将增加一部分人員。同时与力学所在一起除工作中不方便外，同时也容纳不下。現需办公室1，200平方米。

錢学森 

1959年2月12日

抄送：谷雨同志。

－2－

关于成立“上天”技术办公室（1959年）

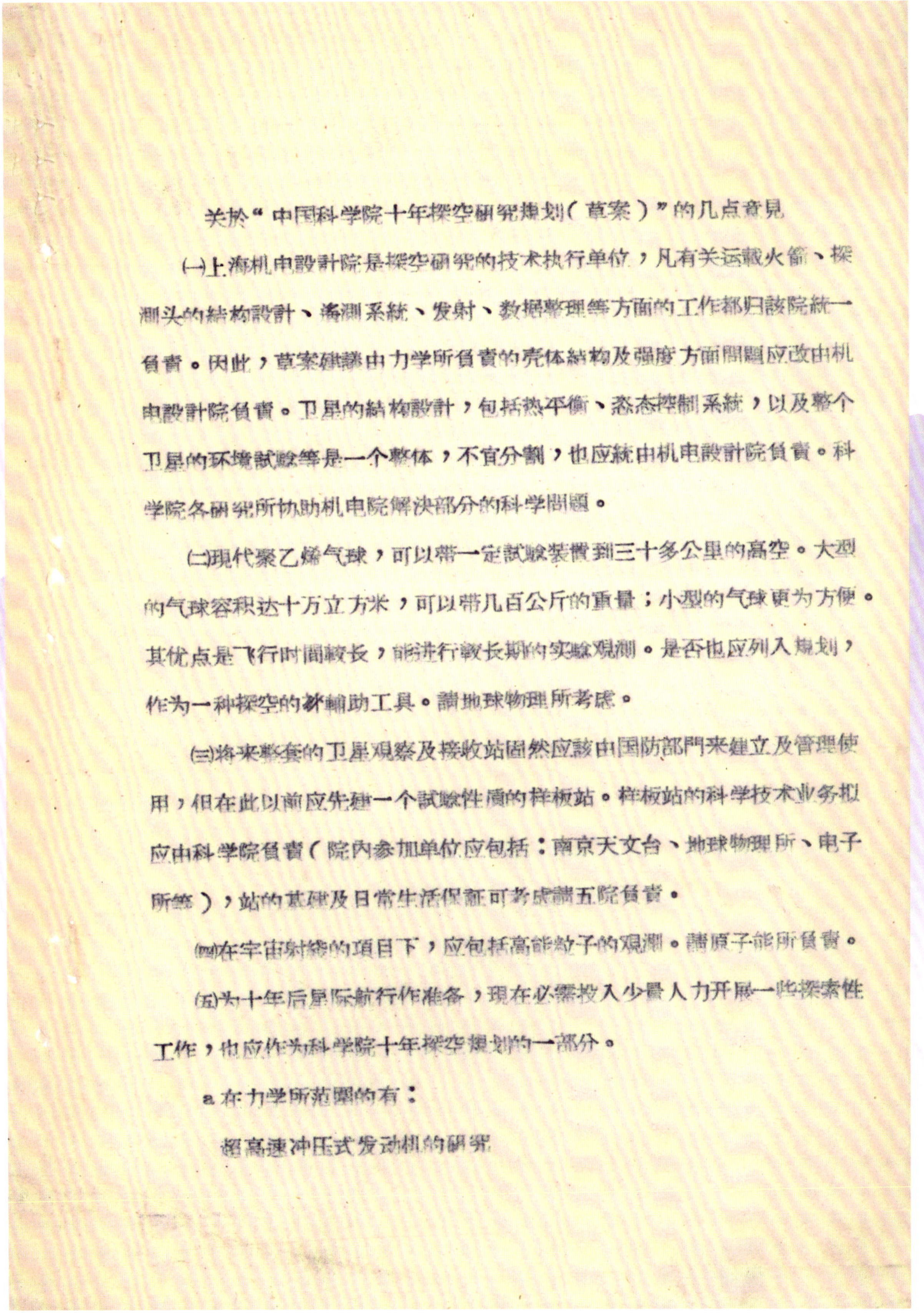

关於"中国科学院十年探空研究規划（草案）"的几点意見

(一)上海机电設計院是探空研究的技术执行单位，凡有关运载火箭、探测头的結构設計、遥测系統、发射、数据整理等方面的工作都归該院統一負責。因此，草案建議由力学所負責的壳体結构及强度方面問題应改由机电設計院負責。卫星的結构設計，包括热平衡、姿态控制系統，以及整个卫星的环境試驗等是一个整体，不宜分割，也应統由机电設計院負責。科学院各研究所协助机电院解决部分的科学問題。

(二)现代聚乙烯气球，可以带一定試驗裝置到三十多公里的高空。大型的气球容积达十万立方米，可以带几百公斤的重量；小型的气球更为方便。其优点是飞行时間較长，能进行較长期的实驗观测。是否也应列入規划，作为一种探空的新輔助工具。請地球物理所考慮。

(三)将来整套的卫星观察及接收站固然应該由国防部門来建立及管理使用，但在此以前应先建一个試驗性质的样板站。样板站的科学技术业务拟应由科学院負責（院内参加单位应包括：南京天文台、地球物理所、电子所等），站的基建及日常生活保証可考虑請五院負責。

(四)在宇宙射綫的項目下，应包括高能粒子的观测。請原子能所負責。

(五)为十年后星际航行作准备，现在必需投入少量人力开展一些探索性工作，也应作为科学院十年探空規划的一部分。

a.在力学所范圍的有：

超高速冲压式发动机的研究

《关于"中国科学院十年探空研究规划（草案）"的几点意见》（1963年）

核火箭傳热問題的研究

电磁流体力学的研究

稀薄气体动力学的研究

充气体薄壳結构的研究

高溫及超高溫气体力学及热力学性質的研究

超临界态物質性質的研究

b 在物理所范圍的有：

高溫及超高溫气体光譜的研究

c 在数学所范圍的有：

星际航行动力学的研究

控制論的研究

d 在半导体所范圍的有：

日光电池的研究及試制

e 在生物物理所范圍的有：

空間生物学的研究

放射生物学的研究

f 在天文台范圍的有：

太阳系行星表面条件的研究

流星的研究

小行星的研究

g 在电工所范圍的有：

·7·

《关于“中国科学院十年探空研究规划（草案）”的几点意见》（1963 年）

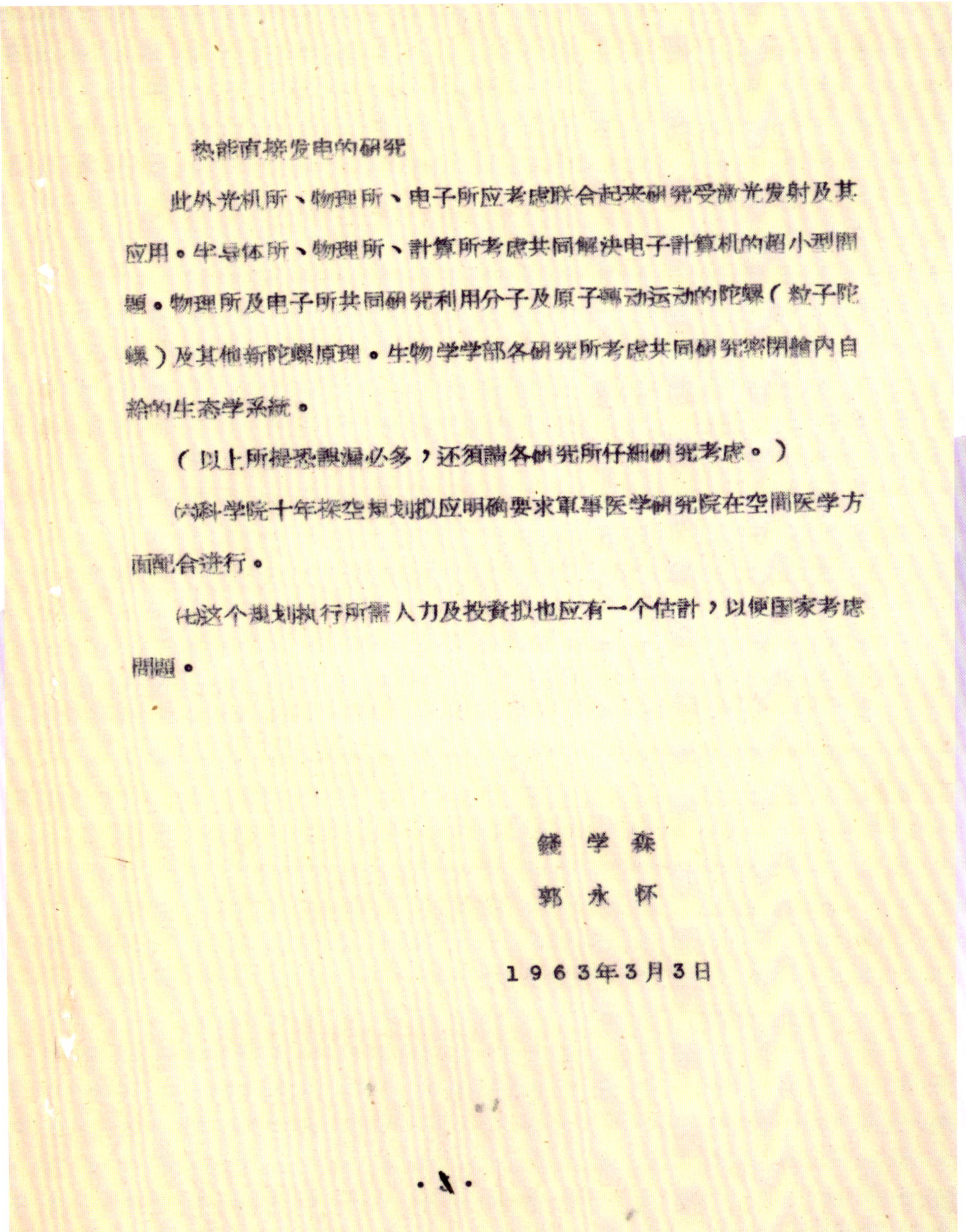

热能直接发电的研究

此外光机所、物理所、电子所应考虑联合起来研究受激光发射及其应用。半导体所、物理所、計算所考虑共同解决电子計算机的超小型問題。物理所及电子所共同研究利用分子及原子轉动运动的陀螺（粒子陀螺）及其他新陀螺原理。生物学学部各研究所考虑共同研究密閉艙內自給的生态学系統。

（以上所提恐誤漏必多，还須請各研究所仔細研究考虑。）

㈥科学院十年探空規划拟应明确要求軍事医学研究院在空間医学方面配合进行。

㈦这个規划执行所需人力及投資拟也应有一个估計，以便国家考虑問題。

錢学森

郭永怀

1963年3月3日

《关于“中国科学院十年探空研究规划（草案）”的几点意见》（1963年）

1

Rocket Engine —— E. Sänger (66, Penzigerstrasse, Vienna, Austria)

British Patent Specification, July 19th, 1935
No. 459,924 ("The Engineer", p. 377, March 27, 1937)

In this specification it is said that for a rocket engine with continuous combustion to have a good efficiency there must be from 50 to 5000 c.cm. of combustion space per cm.² of cross section of the exhaust outlet, & that the larger ratio is preferable. Oxygen should be used to support combustion & as a consequence very high temperatures are attained. So the combustion chamber is jacketed by coils of piping through which the fuel & oxygen are passed. This results in a preheating of the gases & a cooling of the chamber walls.

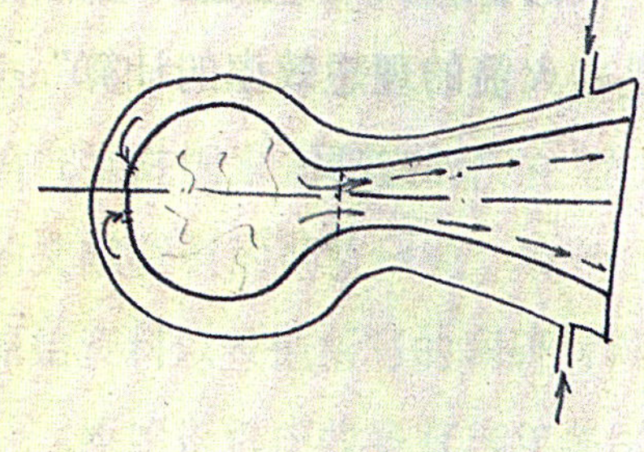

《有关火箭研究的文献调研和分析计算》(节选)

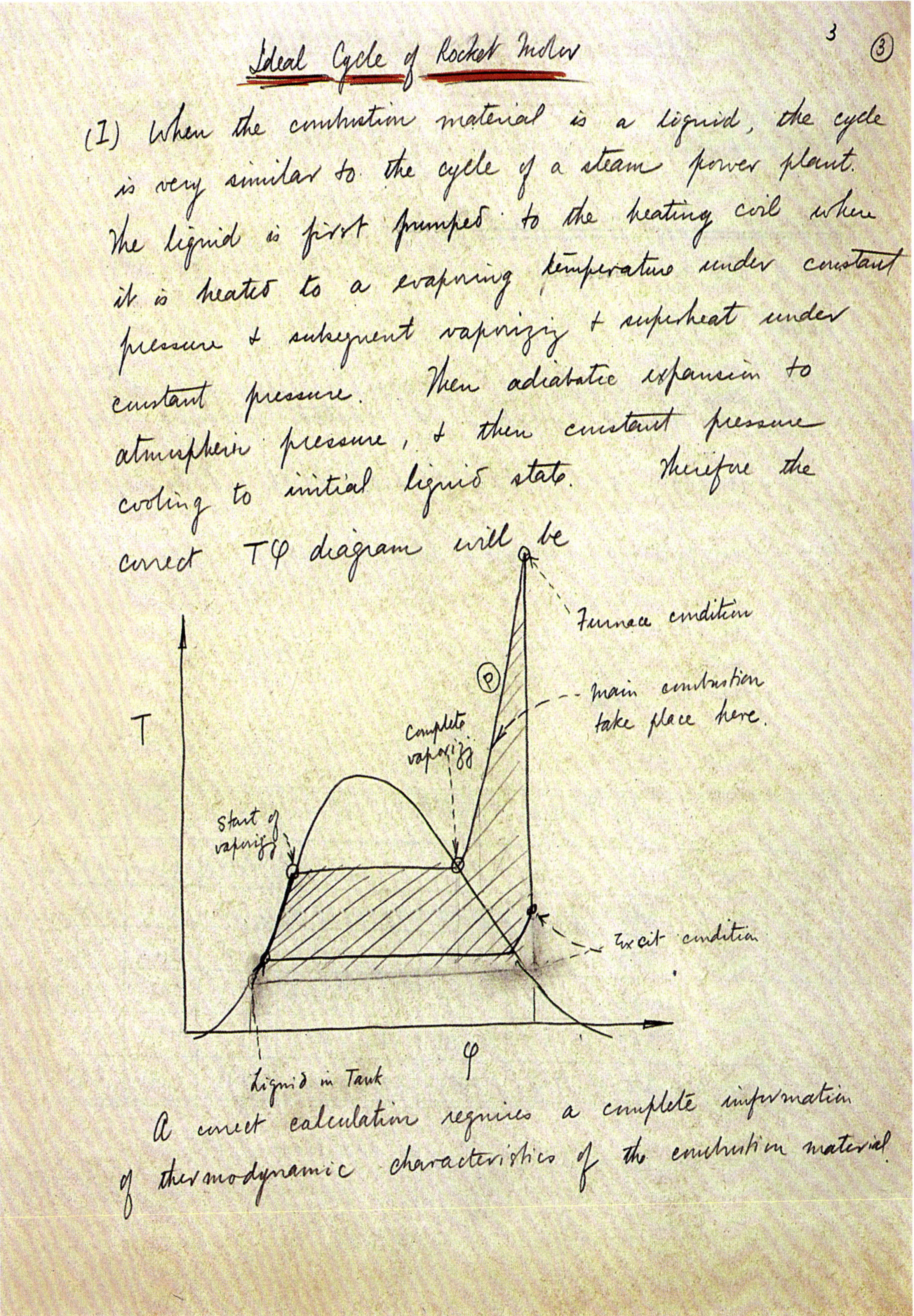

Ideal Cycle of Rocket Motor 3 ③

(I) When the combustion material is a liquid, the cycle is very similar to the cycle of a steam power plant. The liquid is first pumped to the heating coil where it is heated to a evaporing temperature under constant pressure & subsequent vaporizing & superheat under constant pressure. Then adiabatic expansion to atmospheric pressure, & then constant pressure cooling to initial liquid state. Therefore the correct Tφ diagram will be

A correct calculation requires a complete information of thermodynamic characteristics of the combustion material.

《有关火箭研究的文献调研和分析计算》(节选)

16 ①

Calculation of the Chamber Temperature of a Rocket Motor

Ref: Bulletin No. 139 of Illinois Eng. Exp. Station.

Combustion with Gasoline as Fuel (C_8H_{18})

If there is no preheating of the fuel, then we can take of initial temperature to be the standard temp. of 60°F. or 519.6° F. ab. = T_1.

Then the heat of combustion at constant pressure, H_p

$$= 2,145,610 + 519.6\left(-7.218 + 0.8140 \times 0.5196 + 0.1170 \times 0.5196^2\right)$$

$$= 2,145,610 + 519.6\left(-7.218 + 0.423 + 0.0316\right)$$

$$= 2,145,610 - 519.6 \times 6.763 = 2,145,610 - 3,512$$

$$= 2,142,100 \text{ B.T.U. per mol. of } C_8H_{18}.$$

Consider the reaction

$$C_8H_{18} + 12\tfrac{1}{2}O_2 = 8CO_2 + 9H_2O$$

Therefore if $(1-x_0)$ part of CO_2 is dissociated to $CO + O_2$, $(1-y_0)$ part of H_2O to $H_2 + O_2$, then for $T_1 = 519.6$°F, ab.,

$$H'_{P_{CO}} = 120,930 + 519.6\left(3.245 - 1.95 \times 0.5196 + 0.2600 \times 0.5196^2\right)$$

$$= 120,930 + 519.6\left(3.245 - 1.012 + 0.0703\right)$$

$$= 120,930 + 519.6 \times 2.303 = 120,930 + 1,195$$

$$= 122,125 \text{ BTU/mol.}$$

《有关火箭研究的文献调研和分析计算》（节选）

39 (1)

Calculation of Ideal Rocket Efficiency

Assumptions:

(1) The oxygen & fuel are injected at 60°F. or 519.6°F.abs.

(2) The combustion is at constant pressure

(3) There is no dissociation

(4) There is no heat loss through conduction & radiation

(5.) There is no loss by friction

Then the heat content, I, of combustion product

$$= \underset{H_p}{2,142,100} + \underset{H_{oil}}{37,400} + 12.5 \times \underset{I_{O_2}}{3,606}$$

$$= 2,142,100 + 37,400 + 45,100 = 2,224,600 \text{ BTU.} \quad ; \quad T_1 = 8,450\,°\text{F.abs.}$$

$$C_8H_{18} + 12.5\,O_2 \longrightarrow 8CO_2 + 9H_2O \qquad \phi_1 = 1,137.5$$

(I) Chamber pressure = 3000 #/□"

V_2/V_1	$77.75 \log_{10} V_2/V_1$	ϕ_2	T_2	P_2	I_2	$\frac{I_1-I_2}{I_1}$, %	η_R %	C_i, ft/sec		
500	209.8	927.7	4,120	2.925	750,000	66.3	68.9	11,960		
400	202.2	935.3	4,230	3.754	775,000	65.2	67.8	11,870		
300	192.5	945.0	4,440	5.250	823,000	63.0	65.5	11,660		
200	178.8	958.7	4,740	8.41	900,000	59.6	62.0	11,350		
150	169.2	968.3	4,940	11.69	955,000	57.1	59.3	11,100		
100	155.3	982.2	5,220	18.53	1,038,000	53.4	55.5	10,740		

《有关火箭研究的文献调研和分析计算》(节选)

①

General Discussion on the Flow of Compressible Fluid

By Prandtl.

[1] Preliminary Considerations

The problem of fluid motion is already very complicated even with the assumption that it is incompressible. So with the introduction of compressibility, we must obtain a simplification on the other direction, i.e., we assume that the fluid is nonviscous. Therefore we generally neglect the viscosity and will treat the nonviscous compressible fluid. Furthermore, we assume that the density only dependents on the pressure. The case of inhomogenities arised from such factors as heat introduced by conduction and heat developed by combustion in the fluid, must be excluded. Therefore we assume that the relation between the pressure p and the density ρ is definite & single-valued.

In such a nonviscous homogenous compressible fluid, the Lagrange's theorem, i.e., the fluid without rotation is always without rotation, also hold as in the nonviscous homogenous incompressible fluid. However this theorem only holds when the flow is continuous. In flow with supersonic velocity, there is discontinuous motion with irreversible process of deffinite raise in entropy. Here the homogenity is disturbed, & the

《可压缩流体的二维亚声速流动》(节选)

③

behind this discontinuity cannot obey the Lagrange's theorem.

Since the rest condition is a special case of irrotational motion, so if we exclude the cases mentioned before, the motion produced from a rest state, either steady or unsteady must be also irrotational. Irrotational motion can always be expressed through velocity potential, so the velocity can be expressed as gradient of the potential, or

(I) $\qquad W = \text{grad}\,\phi.$

In its components, we have

(Ia) $\qquad u = \frac{\partial\phi}{\partial x}, \quad v = \frac{\partial\phi}{\partial y}, \quad w = \frac{\partial\phi}{\partial z}.$

For each potential motion of homogeneous nonviscous fluid, the Bernoulli's equation holds,

(2) $\qquad \frac{\partial\phi}{\partial t} + \frac{W^2}{2} + P - U = f(t),$

where $P = \int\frac{dp}{\rho}$, the pressure function

$U =$ the force function, in case of gravitational force $U = -gz$;

$f(t) =$ any function of time.

The second equation is the equation of continuity, which expresses the constancy of mass. We can express it as either for a fluid element bounded by the elementary volume, the mass of this fluid element is constant; or

《可压缩流体的二维亚声速流动》(节选)

③

for a fixed volume element in the space, there is as much fluid mass flows in per unit time as there is fluid mass flows out per unit time. Either consideration leads to the equation

(3). $$\frac{\partial \rho}{\partial t} + div(\rho \overline{w}) = 0$$

We can also put $div(\rho \overline{w}) = \rho \, div \, \overline{w} + \overline{w} \cdot grad \, \rho$.

Equation (2) & (3) together define our problem.

If we exclude the cases of applications to meteology, then the rolle played by gravity is always of second order, so the term U in the equation is always neglected. In the cases ~~treated~~ in acustik, for the small but rapidly changing velocity the squared power term [$\frac{\overline{w}^2}{2}$ in eqn. (2) & $\overline{w} \cdot grad \, \rho$ in Eqn. (3)] can be neglected.

By consideration of Eq. (1), & since $div. grad \phi = \Delta \phi$, we have from Eq. (3)

(3a) $$\frac{\partial \rho}{\partial t} + \rho \Delta \phi = 0$$

We have then differentiate Eq. (2) with respect to the time.

We have (2a) $$\frac{\partial P}{\partial t} = \frac{1}{\rho} \cdot \frac{dp}{d\rho} \cdot \frac{\partial \rho}{\partial t} = \frac{c^2}{\rho} \frac{\partial \rho}{\partial t}.$$

$\frac{dp}{d\rho}$ has the dimension of square of velocity, & so we put it $= c^2$, where c is a function of ρ. $f(t)$ is ~~constant~~ when we consider the fluid is at rest at infinity. Therefore the differentiation of Eq. (2) gives

《可压缩流体的二维亚声速流动》(节选)

①

Taylor's Electrical Analogy

The relations for a compressible fluid are

$$\frac{\partial\varphi}{\partial x}=-u,\quad \frac{\partial\varphi}{\partial y}=-v,\quad \frac{\partial\psi}{\partial x}=\rho v,\quad \frac{\partial\psi}{\partial y}=-\rho u \qquad (5)$$

The relations for a electrical field is

$$\frac{\partial V}{\partial x}=-f\sigma,\quad \frac{\partial V}{\partial y}=-g\sigma,\quad \frac{\partial W}{\partial x}=tg,\quad \frac{\partial W}{\partial y}=-tf \qquad (6)$$

where V is the electrical potential, W = electrical stream function, f, g = components of current density, σ = specific resistance, t = depth of electrolyte.

There are two possible analogy between (5) & (6),

(A) $V=\varphi,\ W=\psi,\ u=f\sigma,\ \rho v=tg;\ v=g\sigma,\ \rho u=tf$ (7)

so $t=\rho\sigma$; Or

(B) $W=\varphi,\ V=\psi,\ -u=tg;\ \rho v=f\sigma;\ v=tf,\ \rho u=-g\sigma$ (8)

so $t=\sigma/\rho$.

In the first analogy (A), the depth of electrolyte is proportional to the density of the fluid flow, and the direction of flow is same as the max. current density. Since the velocity normal to any solid body is zero on the surface, so the body must be represented by a non-conductor in the electrical field. In analogy (B), the depth of electrolyte is inversely proportional to ρ, and

《可压缩流体的二维亚声速流动》(节选)

②

the velocity is perpendicular to the direction of maximum current density. Therefore the solid body must be represented by a perfect conductor in the electrolyte.

The procedure used in this instrument, is first make a electrolyte bath of constant depth, & after finding out the values of $\theta = q/v$, where $q^2 = \left(\frac{\partial\varphi}{\partial x}\right)^2 + \left(\frac{\partial\varphi}{\partial y}\right)^2$ we can use the Bernoulli's equation to find out the ρ/ρ_0 when ρ_0 = density at infinity;

$$\frac{\rho}{\rho_0} = \left[1 - \frac{1}{2}(\gamma-1)n^2(\theta^2-1)\right]^{\frac{1}{\gamma-1}} \tag{9}$$

where $v = na$, & $\gamma = 1.40$. Knowing this ratio we can remodel the bath to corresponding variable depth, and a second approximation can be made.

The equation of Rayleigh's first approximation is

$$\frac{\partial^2\varphi}{\partial x^2} + \frac{\partial^2\varphi}{\partial y^2} = -\frac{1}{\rho}\left(\frac{\partial\rho_1}{\partial x}\frac{\partial\varphi_1}{\partial x} + \frac{\partial\rho_1}{\partial y}\frac{\partial\varphi_1}{\partial y}\right) \tag{10}$$

The equation of Electric analogy is

$$\frac{\partial^2\varphi}{\partial x^2} + \frac{\partial^2\varphi}{\partial y^2} = -\frac{1}{\rho}\left(\frac{\partial\rho_1}{\partial x}\frac{\partial\varphi}{\partial x} + \frac{\partial\rho_1}{\partial y}\frac{\partial\varphi}{\partial y}\right) \tag{11}$$

So the difference is only in the value of φ in the right hand side of the equations.

《可压缩流体的二维亚声速流动》(节选)

Due to the fact that electrical potential is single valued function, so when the flow to be approximated involves circulation as the flow over a airfoil, only analogy (B) can be used. Then the electrical stream function will be multi-valued one. ⑤

The result of investigation of flow around a cylinder by analogy (A) shows that the process is convergent for $v/a_0 < 0.45$. & divergent when $v/a_0 > 0.4$[illegible] In case of airfoil by analogy (B), the process is convergent for $v/a_0 < 0.58$, & divergent for $v/a_0 > 0.58$. However both cases shows the fact that the critical condition is that the highest velocity in the field exceeds the local sound velocity.

《可压缩流体的二维亚声速流动》（节选）

PRELIMINARY DESIGN

1

(I) If the air in entrance cone is under following conditions:

pressure ~ p_1

density ~ ρ_1

temperature ~ 580° F. Abs.

and the air in test section is under the following conditions:

pressure ~ p_t

density ~ ρ_t

temperature ~ T_t,

the following relation exists (neglecting velocity in the entrance cone)

$$\frac{p_1}{p_t} = \left\{1 + \frac{\gamma-1}{2}\left(\frac{v_t}{a_t}\right)^2\right\}^{\frac{\gamma}{\gamma-1}}$$

$$\frac{T_1}{T_t} = \left(\frac{p_1}{p_t}\right)^{\frac{\gamma-1}{\gamma}} = 1 + \frac{\gamma-1}{2}\left(\frac{v_t}{a_t}\right)^2$$

$$\frac{\rho_1}{\rho_t} = \frac{p_1}{p_t}\cdot\frac{T_t}{T_1} = \left\{1 + \frac{\gamma-1}{2}\left(\frac{v_t}{a_t}\right)^2\right\}^{\frac{1}{\gamma-1}}$$

Therefore if we put $\frac{v_t}{a_t} = M_t$, and $\gamma = 1.405$,

$$\frac{p_1}{p_t} = (1 + 0.2025 M_t^2)^{3.470}, \qquad \frac{T_1}{T_t} = 1 + 0.2025 M_t^2$$

$$\frac{\rho_1}{\rho_t} = (1 + 0.2025 M_t^2)^{2.470}$$

《弹道试验用超声速风洞设计》（节选）

2

$$\boxed{a = 49.1\sqrt{T}} \quad \text{ft./sec.}$$

$$\boxed{\text{Horsepower} = \frac{\frac{\rho_t}{2} v_t^3 A_t}{550 \times \text{Energy Ratio}}} = 3000\ \text{H.P.}$$

Let λ = compression ratio,

$$\boxed{\lambda = \left(\frac{T_1}{T_t}\right)^{\frac{\gamma}{\gamma-1}(1-\eta_D)} = \left(1 + 0.2025\,M_t^2\right)^{3.470(1-\eta_D)}}$$

M_t	$1+0.2025M_t^2$	T_t, Abs.	a_t	v_t	Energy Ratio *	$\rho_t A_t$	η_D †
1.20	1.2914	449	1039	1247	2.60	0.00443	0.750
1.[illegible]	1.3968	415	1000	1400	2.49	0.002995	0.748
1.60	1.518	382	959	1534	2.34	0.002140	0.745
1.80	1.656	350	917	1650	2.15	0.001578	0.740
2.00	1.810	320.4	875	1750	1.92	0.001180	0.730
2.20	1.980	292.8	838	1845	1.70	0.000883	0.715
2.40	2.165	268.0	804	1929	1.47	0.000675	0.693
2.60	2.368	244.8	769	1998	1.26	0.000521	0.668
2.80	2.587	224.2	735	2058	1.11	0.000420	0.643
3.00	2.821	205.5	703	2108	0.99	0.000348	0.625
3.20	3.072	188.7	674	2154	0.90	0.000297	0.613

$$\rho_t A_t = \frac{\text{Energy Ratio} \times 3{,}000 \times 1{,}100}{v_t^3}$$

* L. Crocco: p. 71. † L. Crocco: p.

《弹道试验用超声速风洞设计》（节选）

3

M_t	$3.470(1-\eta_0)$	λ	$\frac{1}{\gamma-1}-\frac{\gamma(1-\eta_0)}{\gamma-1}$	$\frac{\rho_0}{\rho_t}$	$\rho_t A_t v_t$		
1.20	0.867	1.248	1.603	1.507	5.53		
1.40	0.874	1.339	1.596	1.704	4.19		
1.60	0.885	1.446	1.585	1.938	3.282		
1.80	0.902	1.576	1.568	2.207	2.605		
2.00	0.937	1.743	1.533	2.483	2.065		
2.20	0.988	1.964	1.472	2.732	1.627		
2.40	1.064	2.275	1.406	2.962	1.301		
2.60	1.150	2.695	1.320	3.120	1.040		
2.80	1.237	3.240	1.233	3.224	0.863		
3.	1.300	3.850	1.170	3.366	0.734		
3.20	1.341	4.510	1.129	3.550	0.640		

Let the density, pressure, temperature at inlet to the compressor be ρ_0, p_0, T_0.

$$\text{Mass flow} = \rho_t A_t v_t = \rho_0 A_0 v_0$$

$$A_0 v_0 = V_0 = \frac{\rho_t A_t v_t}{\rho_0} = \left(\frac{\rho_t A_t v_t}{\rho_t}\right)\frac{\rho_t}{\rho_0}$$

But $$\frac{\rho_t}{\rho_0} = \frac{p_t}{p_0}\cdot\frac{T_0}{T_t} = \left(\frac{p_t}{p_0}\right)^{-\frac{\gamma-1}{\gamma\eta_0}+1} = \left(\frac{p_t}{p_0}\right)^{\frac{1-\gamma(1-\eta_0)}{\gamma\eta_0}}$$

But $\frac{p_t}{p_0} = \left(\frac{p_t}{p_1}\right)^{\eta_0}$, $\therefore$ $$\frac{\rho_0}{\rho_t} = \left(1+0.2025 M_t^2\right)^{\frac{1}{\gamma-1}-\frac{\gamma(1-\eta_0)}{\gamma-1}}$$

《弹道试验用超声速风洞设计》(节选)

4

$A_t = 1\ ft^2$

M_t	ρ_t	$V_0\ ft^3/MIN$	p_t, ATM.	p_1/p_t	p_0/p_t	p_0, ATM.	
1.20	0.00443	49,700	1.611	2.430	1.947	3.140	
1.40	0.002995	49,300	1.107	3.188	2.380	2.635	
1.60	0.002140	47,500	0.662	4.26	2.945	1.947	
1.80	0.001578	44,900	0.448	5.76	3.655	1.637	
2.00	0.001180	42,300	0.3064	7.84	4.500	1.378	
2.2	0.000883	40,500	0.2095	10.72	5.46	1.143	
2.4	0.000675	39,100	0.1466	14.60	6.42	0.941	
2.6	0.000521	38,400	0.1033	19.90	7.40	0.765	
2.8	0.000420	38,000	0.0763	27.1	8.36	0.638	
3.0	0.000348	37,600	0.0580	36.7	9.53	0.553	
3.[illegible]	0.000297	36,400	0.0455	49.3	10.93	0.497	

$$\frac{p_1}{p_t} = (1 + 0.2025\, M_t^2)^{3.440}$$

$$\frac{p_0}{p_t} = \frac{1}{\lambda}(1 + 0.2025\, M_t^2)^{3.440}$$

$$p_0 = \frac{p_t}{\lambda}(1 + 0.2025\, M_t^2)^{3.440}$$

《弹道试验用超声速风洞设计》(节选)

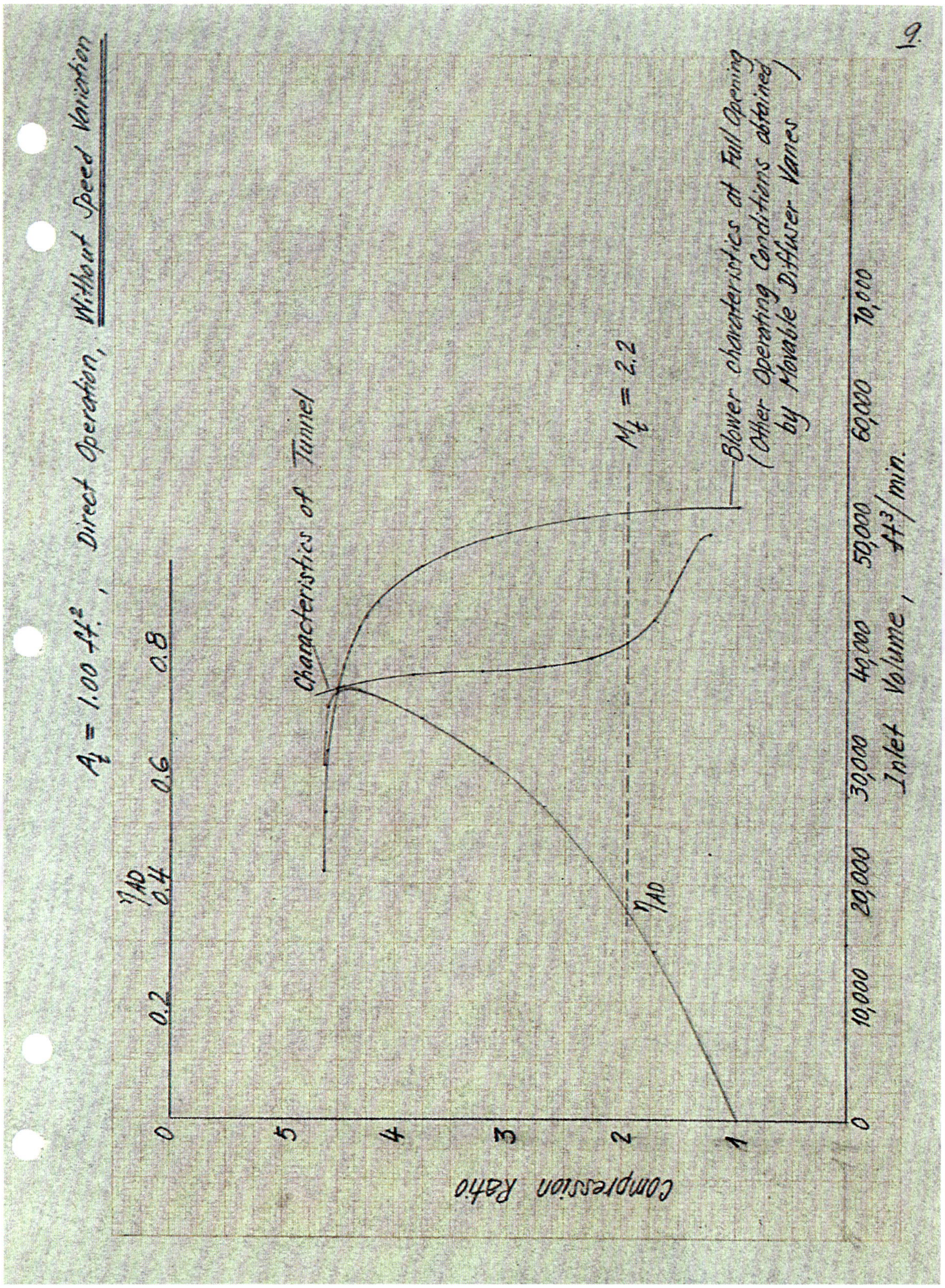

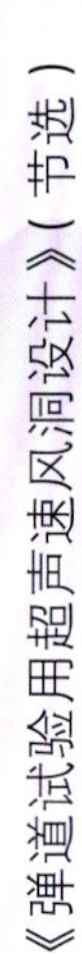

《弹道试验用超声速风洞设计》（节选）

1

Variational Problem of Sounding Rocket

M = instantaneous mass at t

c = constant exhaust velocity of rocket motor

s = height at t

$\dot{s} = ds/dt$ = velocity at t.

$W(s, \dot{s})$ = drag of rocket at height s and velocity $\dot{s}$

Then the equation of motion gives

$$\frac{dM}{dt} + \frac{1}{c}\left(\frac{d\dot{s}}{dt} + g\right) M = -\frac{W(s, \dot{s})}{c} \qquad (1)$$

The initial and final conditions are

$$\left.\begin{array}{llll} t = 0, & M = M^0, & s = 0, & \dot{s} = \dot{s}_0 \\ t = t_1, & M = M_1, & s = s_1, & \dot{s} = \dot{s}_1 \end{array}\right\} \qquad (2)$$

(1) and (2) gives

$$M^0 = e^{-\frac{\dot{s}_0}{c}} \left\{ \int_0^{t_1} \frac{W(s, \dot{s})}{c} e^{\frac{1}{c}(\dot{s} + gt)} dt + M_1 e^{\frac{1}{c}(\dot{s}_1 + gt_1)} \right\} \qquad (3)$$

If M_0 is the initial weight including boosting, then

$$M_0 = M^0 e^{\frac{\dot{s}_0}{c}} \qquad (4)$$

Then (3) and (4) give

$$\boxed{M_0 = \int_0^{t_1} \frac{W(s, \dot{s})}{c} e^{\frac{1}{c}(\dot{s} + gt)} dt + M_1 e^{\frac{1}{c}(\dot{s}_1 + gt_1)}} \qquad (5)$$

The Problem: To find conditions on $s(t)$ such that the rocket will reach a given height with given M_1, c, g and W-function, at minimum M_0. To reach the given height,

《弹道试验用超声速风洞设计》(节选)

2

$$\dot{s}_1 = \phi(s_1) \tag{6}$$

where ϕ is specified.

Now let $s = s(t)$ be the required function so that $s(0) = 0$.

Let

$$\eta = \eta(t), \quad \eta(0) = 0 \tag{7}$$

Construct the "neighboring" functions of $s(t)$ as

$$\bar{s}(t) = s(t) + k(\varepsilon)\,\eta(t) \tag{8}$$

where k is a parameter but not a function of t. The burning time for the "neighboring" rocket design is $(t_1+\varepsilon)$. Thus

$k(0) = 0$, and $k(\varepsilon) \cong k'(0)\varepsilon$

$$\bar{s}_1 = \bar{s}(t_1+\varepsilon) = s(t_1) + \varepsilon\,\dot{s}(t_1) + k'(0)\,\varepsilon\,\eta(t_1) \tag{9}$$

$$\dot{\bar{s}}_1 = \dot{\bar{s}}(t_1+\varepsilon) = \dot{s}(t_1) + \varepsilon\,\ddot{s}(t_1) + k'(0)\,\varepsilon\,\dot{\eta}(t_1) \tag{10}$$

$\bar{s}_1$ and $\dot{\bar{s}}_1$ must satisfy (6). Therefore by taking only first order quantities,

$$\dot{\bar{s}}_1 = \dot{s}(t_1) + \varepsilon\,\ddot{s}(t_1) + k'(0)\,\varepsilon\,\dot{\eta}(t_1)$$

$$= \dot{s}(t_1) + \left(\frac{d\phi}{ds_1}\right)_{s_1}\left[s(t_1) + \varepsilon\,\dot{s}(t_1) + k'(0)\,\varepsilon\,\eta(t_1) - s(t_1)\right]$$

Thus

$$\ddot{s}(t_1) + k'(0)\,\dot{\eta}(t_1) = \left(\frac{d\phi}{ds_1}\right)_{s_1}\left[\dot{s}(t_1) + k'(0)\,\eta(t_1)\right]$$

Or

$$\boxed{\left[\left(\frac{d\phi}{ds_1}\right)_{s_1}\eta(t_1) - \dot{\eta}(t_1)\right]k'(0) = \ddot{s}(t_1) - \left(\frac{d\phi}{ds_1}\right)_{s_1}\dot{s}(t_1)} \tag{11}$$

This determines $k'(0) = \left(\frac{dk}{d\varepsilon}\right)_{\varepsilon=0}$

《弹道试验用超声速风洞设计》(节选)

3

Let us write

$$W(s,\dot{s})\, e^{\frac{1}{c}(\dot{s}+gt)} = \mathcal{F}(t,s,\dot{s}) \tag{12}$$

By substituting (9), (10), (12) into (5), M_0 can be considered as a function of ε (s, η specified). Thus

$$M_0(\varepsilon)=\frac{1}{c}\int_0^{t_1+\varepsilon}\mathcal{F}(t,\ s+k(\varepsilon)\eta,\ \dot{s}+k(\varepsilon)\dot{\eta})\,dt$$
$$+M_1 e^{\frac{1}{c}\{\dot{s}(t_1)+\varepsilon\ddot{s}(t)+k(\varepsilon)\dot{\eta}(t_1)+gt_1+g\varepsilon\}}$$

The condition that s be the desired function requires that $\frac{\partial M_0}{\partial\varepsilon}=0$ at $\varepsilon=0$. But

$$\left(\frac{\partial M_0}{\partial\varepsilon}\right)_{\varepsilon=0}=\frac{1}{c}\mathcal{F}(t_1,s_1,\dot{s}_1)+\frac{1}{c}k'(0)\int_0^{t_1}\left[\eta\frac{\partial\mathcal{F}}{\partial s}+\dot{\eta}\frac{\partial\mathcal{F}}{\partial\dot{s}}\right]dt$$
$$+M_1 e^{\frac{1}{c}\{\dot{s}_1+gt_1\}}\frac{1}{c}\left[\ddot{s}(t_1)+k'(0)\dot{\eta}(t_1)+g\right]$$

$$=\frac{1}{c}k'(0)\int_0^{t_1}\eta\left[\frac{\partial\mathcal{F}}{\partial s}-\frac{d}{dt}\left(\frac{\partial\mathcal{F}}{\partial\dot{s}}\right)\right]dt+\frac{1}{c}k'(0)\,\eta(t_1)\left(\frac{\partial\mathcal{F}}{\partial\dot{s}}\right)_{t=t_1}$$
$$+\frac{1}{c}\mathcal{F}(t_1,s_1,\dot{s}_1)+\frac{1}{c}M_1 e^{\frac{1}{c}(\dot{s}_1+gt_1)}\left[(\ddot{s}_1+g)+k'(0)\dot{\eta}(t_1)\right]$$

Aside from the condition that $\eta(0)=0$, the function η is arbitrary. Therefore, in order the above expression be zero,

$$\boxed{\frac{\partial\mathcal{F}}{\partial s}-\frac{d}{dt}\left(\frac{\partial\mathcal{F}}{\partial\dot{s}}\right)=0} \tag{13}$$

4

$$0 = k'(0)\,\eta(t_1)\left(\frac{\partial \mathcal{F}}{\partial \dot{s}}\right)_{t=t_1} + \mathcal{F}(t_1, s_1, \dot{s}_1) + M_1 e^{\frac{t}{c}(\dot{s}_1+gt_1)}\left[(\ddot{s}_1+g) + k'(0)\,\dot{\eta}(t_1)\right]$$

Multiply this equation by $\left[\left(\frac{d\phi}{ds_1}\right)_{s_1}\eta(t_1) - \dot{\eta}(t_1)\right]$ and then use (11), we have

$$\left[\ddot{s}_1 - \left(\frac{d\phi}{ds_1}\right)_{s_1}\dot{s}_1\right]\eta(t_1)\left(\frac{\partial \mathcal{F}}{\partial \dot{s}}\right)_{t=t_1} + \left[\left(\frac{d\phi}{ds_1}\right)_{s_1}\eta(t_1) - \dot{\eta}(t_1)\right]\mathcal{F}(t_1, s_1, \dot{s}_1)$$

$$+ M_1 e^{\frac{t}{c}(\dot{s}_1+gt_1)}\left[\left\{\left(\frac{d\phi}{ds_1}\right)_{s_1}\eta(t_1) - \dot{\eta}(t_1)\right\}(\ddot{s}_1+g) + \dot{\eta}(t_1)\left\{\ddot{s}_1 - \left(\frac{d\phi}{ds_1}\right)_{s_1}\dot{s}_1\right\}\right] = 0.$$

Since η is arbitrary, $\eta(t_1)$ and $\dot{\eta}(t_1)$ are also arbitrary, hence for the above relation to be true, we have following two equations,

$$\left\{\ddot{s}_1 - \left(\frac{d\phi}{ds_1}\right)_{s_1}\dot{s}_1\right\}\left(\frac{\partial \mathcal{F}}{\partial \dot{s}}\right)_{t=t_1} + \left(\frac{d\phi}{ds_1}\right)_{s_1}\mathcal{F}(t_1, s_1, \dot{s}_1) + M_1 e^{\frac{t}{c}(\dot{s}_1+gt_1)}\left(\frac{d\phi}{ds_1}\right)_{s_1}(\ddot{s}_1+g) = 0$$

and

$$\mathcal{F}(t_1, s_1, \dot{s}_1) + M_1 e^{\frac{t}{c}(\dot{s}_1+gt_1)}\left[\ddot{s}_1 + g - \ddot{s}_1 + \left(\frac{d\phi}{ds_1}\right)_{s_1}\dot{s}_1\right] = 0.$$

These equations can be put into more convenient form by using (12).

$$\mathcal{F}(t_1, s_1, \dot{s}_1) = e^{\frac{t}{c}(\dot{s}_1+gt_1)}\,W(s_1, \dot{s}_1)$$

$$\left(\frac{\partial \mathcal{F}}{\partial \dot{s}}\right)_{t=t_1} = e^{\frac{t}{c}(\dot{s}_1+gt_1)}\left[\left(\frac{\partial W}{\partial \dot{s}}\right)_1 + \frac{W_1}{c}\right]$$

Thus

$$\left\{\ddot{s}_1 - \left(\frac{d\phi}{ds_1}\right)\dot{s}_1\right\}\left\{\left(\frac{\partial W}{\partial \dot{s}}\right)_1 + \frac{W_1}{c}\right\} + \left(\frac{d\phi}{ds_1}\right)W_1 + M_1\left(\frac{d\phi}{ds_1}\right)(\ddot{s}_1+g) = 0 \quad (14)$$

$$W_1 + M_1\left[\left(\frac{d\phi}{ds_1}\right)\dot{s}_1 + g\right] = 0 \quad (15)$$

《弹道试验用超声速风洞设计》(节选)

第八讲　非线型自由面及交界面问题

基本方程式。我們知道，如果把液体的粘性略去不计，那么而且我們依照运动发生的具体情况，认运动为无旋的，那么就有一个速度势 $\phi(x,y,z;t)$，它满足拉氏方程

$$\nabla^2\phi=0$$

而且由它可以求得速度 u,v,w 为

$$u=\frac{\partial\phi}{\partial x},\quad v=\frac{\partial\phi}{\partial y},\quad w=\frac{\partial\phi}{\partial z}$$

从运动方程式我们也可以求出计算压力 p 的公式：

$$\frac{\partial\phi}{\partial t}+\frac{1}{2}\left\{\left(\frac{\partial\phi}{\partial x}\right)^2+\left(\frac{\partial\phi}{\partial y}\right)^2+\left(\frac{\partial\phi}{\partial z}\right)^2\right\}+\frac{p}{\rho}-V=\text{常数}$$

此中 ρ 为液体的密度，V 为外力的势。如果外力只是由引力而生，并且 g 为引力常数，作用在 y 方向，那么

$$V=-gy$$

所以计算压力的公式就成为

$$\frac{\partial\phi}{\partial t}+\frac{1}{2}\left\{\left(\frac{\partial\phi}{\partial x}\right)^2+\left(\frac{\partial\phi}{\partial y}\right)^2+\left(\frac{\partial\phi}{\partial z}\right)^2\right\}+\frac{p}{\rho}+gy=\text{常数}$$

在许多具体问题里，如例对固体的绕流，或是在固定界面之间的

《非线型自由面及交界面问题》讲义（节选）

流动，边界条件只是说流速不能在垂直于表面的方向有分速度，也就是说 φ 在表面法向不能有梯度，即 $\frac{\partial\varphi}{\partial n}=0$（$n$ 是表面法向的座标）。那么拉氏方程加上这样的条件就形成一个完全为线型的问题，在一般情况下，求解并不十分困难。流体力学的大多数解出的问题是属于这一类的。

自由面问题

如果液体的运动中有一个自由面，液体处在自由面的下方，而上方是大气。那么由于大气的密度远远小于液体的密度，大气的压力可以作为是不变的，那么在自由面上的各个压力也应该是不变的。也就是说，在自由面上，p 是常数。这样一来，在自由面上的边界条件是

$$\frac{\partial\varphi}{\partial t}+\frac{1}{2}\left\{\left(\frac{\partial\varphi}{\partial x}\right)^2+\left(\frac{\partial\varphi}{\partial y}\right)^2+\left(\frac{\partial\varphi}{\partial z}\right)^2\right\}+gz=\text{常数}$$

显然，这样一个关系是非线型的，这本身已经给求解带来了困难。可是困难还不止于非线型的边界条件，我们在解出问题之前，就连边界（也就是自由面）在什么地方也不能知道。

我们在以前的讲述中，也谈到自由面的问题，我们在那时

《非线型自由面及交界面问题》讲义（节选）

度都引入了一些简化的论据，把问题的复杂性减低了。例如当表面波的波幅很小的时候，那么速度以及分速度也都会很小。从而分速度的平方就成为二次小量，因此边界条件里的非线型项就可以略去不计；这么一来边界条件也就线型化了。

但是如果表面波的波幅不太小，即所谓有限波幅表面波问题，那么我们最多只有利用随着波动前进的座标来把问题变为定常问题。也就是说边界条件成为

在自由面：$\frac{1}{2}\left\{\left(\frac{\partial\phi}{\partial x}\right)^2+\left(\frac{\partial\phi}{\partial y}\right)^2+\left(\frac{\partial\phi}{\partial z}\right)^2\right\}+gy=$ 常数

问题也不能再进一步简化了：如果波动是三维的，因为我们不能象在线型问题那样用叠加法把多个二维波加成三维波。

如果问题真是二维的，那么边界条件自然就更进一步简化为，在自由面：$\frac{1}{2}\left\{\left(\frac{\partial\phi}{\partial x}\right)^2+\left(\frac{\partial\phi}{\partial y}\right)^2\right\}+gy=$ 常数

而拉氏方程也就是二维的，即

$$\frac{\partial^2\phi}{\partial x^2}+\frac{\partial^2\phi}{\partial y^2}=0$$

在固定面上，边界条件为 $\frac{\partial\phi}{\partial n}=0$

第 3 页

《非线型自由面及交界面问题》讲义（节选）

这一类问题里的一个重要问题是溢洪道的设计问题。如图所示，我们的问题是怎么样来设计溢洪道的形状，以防表面过低压力的出现。如果压力太低，不但会起空蚀，而且也有危险使空气从侧面侵入溢洪道，使水流离开坝面；但一旦离开表面，负压又消失了，水流会从新粘附表面。这样就造成一种不稳定的流动，而水流的跳动引起强烈的振动，会造成破坏。而且实际上坝面水流因为流速大，还会发生掺气现象。以前因为边界条件是非线型的，因此计算方法不容易得到准确的结果，一般是用实验方法来解决。所以如果发生掺气现象，那么因为我们直到现在对掺气还没有搞清楚，其中模型相似律的问题也没有完全解决，所以模型实验还有一定的困难。

一种转换

第 4 页

《非线型自由面及交界面问题》讲义（节选）

为了避免予先不知道自由面所在的困难，我们可以选用 $W=\phi+i\psi$ 为自变量，也就是用 ϕ 为横座标，用 ψ 为竖座标。我们以 $\omega=\theta+i\ln q$ 为未知量，θ 为速度矢量与 x-轴间的角度，q 是速度的绝对值。我们知道如果 $z=x+iy$，$\frac{dW}{dz}=u-iv$ 而 $\omega=i\ln(u-iv)$，所以从复变函数的理论，我们知道 ω 也是 W 的函数；因此我们选择的变数是恰当的。

由于我们选择了 W 为自变数，自由面就可以认为是 W-平面的实数轴，即 ϕ 轴；而流场是在 ϕ 轴的下面。这样一来，在 ϕ 轴上的边界条件就成为

$$\frac{1}{2}e^{2\tau}+gy=常数$$

如果我们把上式对自由面的流线方向 s 微分，那么

$$e^{2\tau}\frac{\partial\tau}{\partial s}+g\frac{\partial y}{\partial s}=0$$

但是 $\frac{\partial y}{\partial s}=\sin\theta$，而 $\frac{\partial\tau}{\partial s}=\frac{\partial\tau}{\partial\phi}\frac{\partial\phi}{\partial s}=\frac{\partial\tau}{\partial\phi}q=\frac{\partial\tau}{\partial\phi}e^{\tau}$

因此自由面的边界条件可以写作是

当 $\psi=0$，$\frac{1}{3}\frac{\partial}{\partial\phi}\left(e^{3\tau}\right)=-g\sin\theta$。

《非线型自由面及交界面问题》讲义（节选）

如果我们是研究以 c 速度沿 x-轴方向传播的波，又当没有波的时候水深是 h，那么当 $\psi = ch$，

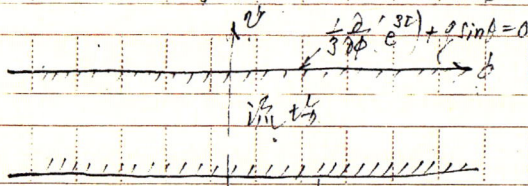

$$\theta = 0, \quad \tau = \ln c$$

如果波是周期性的，那么以上的边界条件再加上 θ 和 τ 对 ϕ 的周期性就形成一套完整的边界条件。如果波不是周期性的，是一个单独的波，那么在 $\phi \to -\infty$ 或 $\phi \to +\infty$ 的时候，$\theta = 0$ 和 $\tau = \ln c$；这样我们也得到了完整的边界条件。

因为 ω 是 W 的函数，所以用复变函数理论，我们知道

$$\frac{\partial^2 \theta}{\partial \phi^2} + \frac{\partial^2 \theta}{\partial \psi^2} = 0$$

和

$$\frac{\partial^2 \tau}{\partial \phi^2} + \frac{\partial^2 \tau}{\partial \psi^2} = 0$$

这样问题就完全定下来了。用新变数的好处是自由面固定下来了。

ψ

$\frac{1}{3}\frac{\partial}{\partial \phi}(e^{3\tau}) + g\sin\theta = 0$

ϕ

流场

$\theta = 0, \quad \tau = \ln c$

当问题解好了，也就是知道了 $\omega = \omega(W)$ 的关系之后，那么由于 $\frac{dW}{dz} = u - iv = e^{-i\omega}$，所以

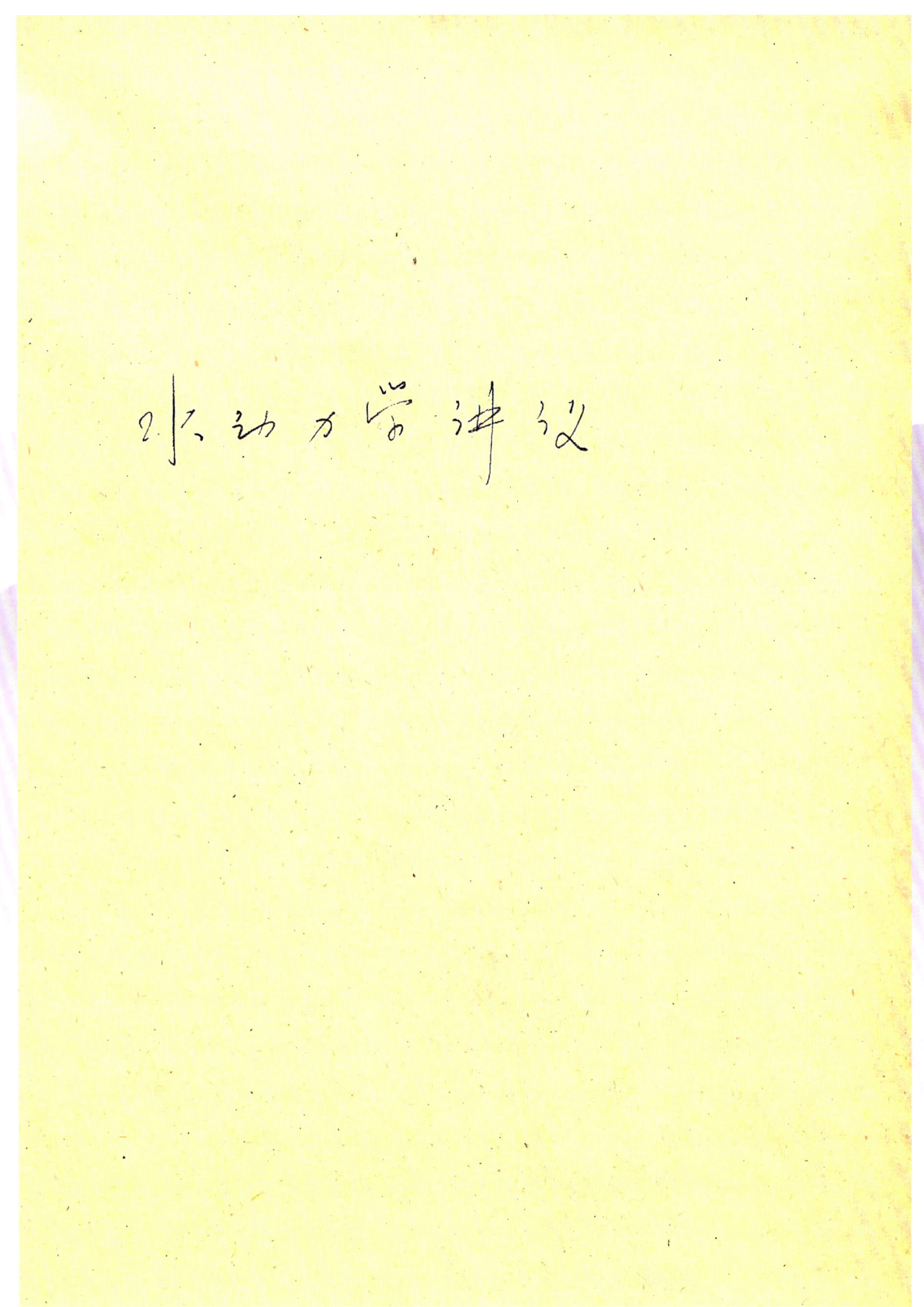

《水动力学讲义》(节选)

第一讲 表面波

第三讲

基本方程式

我們要研究无粘性液体在外压的短时间作用下的結果：

$$\frac{\partial v_x}{\partial t}+v_x\frac{\partial v_x}{\partial x}+v_y\frac{\partial v_x}{\partial y}+v_z\frac{\partial v_x}{\partial z}=X-\frac{1}{\rho}\frac{\partial p}{\partial x}$$

$X=$ 单位质量体积力

$$\frac{\partial v_y}{\partial t}+v_x\frac{\partial v_y}{\partial x}+v_y\frac{\partial v_y}{\partial y}+v_z\frac{\partial v_y}{\partial z}=Y-\frac{1}{\rho}\frac{\partial p}{\partial y}$$

$$\frac{\partial v_z}{\partial t}+v_x\frac{\partial v_z}{\partial x}+v_y\frac{\partial v_z}{\partial y}+v_z\frac{\partial v_z}{\partial z}=Z-\frac{1}{\rho}\frac{\partial p}{\partial z}$$

如果压力作用的时间为 τ，而在 $t=0$ 的时候 $v_x=v_y=v_z=0$，

$$v_x+\int_0^\tau\left(v_x\frac{\partial v_x}{\partial x}+v_y\frac{\partial v_x}{\partial y}+v_z\frac{\partial v_x}{\partial z}\right)dt=\int_0^\tau X\,dt-\frac{1}{\rho}\frac{\partial}{\partial x}\int_0^\tau p\,dt$$

\- - - - - - - - - - - - - - - - -

但 $\tau\ll 1$，

$$v_x=-\frac{1}{\rho}\frac{\partial}{\partial x}\int_0^\tau p\,dt$$

让

$$\pi=\int_0^\tau p\,dt=\pi(x,y,z)=\text{冲量}$$

$$v_x=-\frac{\partial}{\partial x}\left(\frac{\pi}{\rho}\right),\quad v_y=-\frac{\partial}{\partial y}\left(\frac{\pi}{\rho}\right),\quad v_z=-\frac{\partial}{\partial z}\left(\frac{\pi}{\rho}\right)$$

所以由于压力所产生的运动是无旋的，而且如果让

$$\pi=-\rho\varphi_0,$$

那么在压力作用终了的瞬间，液体速度是

$$v_x=\frac{\partial\varphi_0}{\partial x},\quad v_y=\frac{\partial\varphi_0}{\partial y},\quad v_z=\frac{\partial\varphi_0}{\partial z},\qquad \vec{v}=\operatorname{grad}\varphi_0,$$

$\varphi_0=$ 在 $t=0$ 的速度势

因此以后的运动也是无旋的，$\varphi=$ 速度势

$$\vec{v}=\operatorname{grad}\varphi$$

因而由于液体的连续条件

$$\operatorname{div}\vec{v}=\frac{\partial v_x}{\partial x}+\frac{\partial v_y}{\partial y}+\frac{\partial v_z}{\partial z}=0$$

就有

$$\Delta\varphi=\frac{\partial^2\varphi}{\partial x^2}+\frac{\partial^2\varphi}{\partial y^2}+\frac{\partial^2\varphi}{\partial z^2}=0$$ —— 基本微分方程式

我們知道，在无旋的运动中，

$$\frac{p}{\rho}=-\frac{\partial\varphi}{\partial t}-\frac{1}{2}v^2-V+F(t)$$

其中 V 是外力势。如果 Oz 的方向是竖直向上的，那末

$$V=gz$$

而 $-\frac{\partial V}{\partial x}=0$， $-\frac{\partial V}{\partial y}=0$， $-\frac{\partial V}{\partial z}=-g$

其实在我們的许多计算里，我们的目的是分析小干扰情况，所以 $\frac{1}{2}v^2$ 可以略去不计，而且 $F(t)$ 也可以吸收到 φ 中去，所以

$$\frac{p}{\rho}=-\frac{\partial\varphi}{\partial t}-gz$$ —— 压力关系

现在我们来研究一下边界条件：在不动面上

$$\frac{\partial\varphi}{\partial n}=0$$ —— 在不动面上 —— 边界条件

我们取平衡位置时质的自由面为 Oxy 平面，在液体自由面上的压力是常数 p_0，因而在自由面上

$$\frac{p_0}{\rho}=-\frac{\partial\varphi}{\partial t}-gz$$

为了简单起见，我们将以 $\varphi+\frac{p_0}{\rho}t$ 来代替 φ，那么压力关系成为

$$\frac{p-p_0}{\rho}=-\frac{\partial\varphi}{\partial t}-gz$$

如果在任意时间 t，自由面的方程是

2

$$z=\zeta(x,y,t)$$

那么因为在自由面上 $p\equiv p_0$，所以压力关系

$$\left[\frac{\partial\varphi(x,y,z,t)}{\partial t}\right]_{z=\zeta(x,y,t)}+g\zeta=0$$

但是 $$\left[\frac{\partial\varphi(x,y,z,t)}{\partial t}\right]_{z=\zeta(x,y,t)}=\frac{\partial\varphi(x,y,0,t)}{\partial t}+\zeta\frac{\partial^2\varphi(x,y,0,t)}{\partial t\partial z}+\cdots\cdots$$

所以如果略去二次微项不计，那么

$$\frac{\partial\varphi(x,y,0,t)}{\partial t}+g\zeta=0$$

或用微分

$$\boxed{\frac{\partial\zeta}{\partial t}=-\frac{1}{g}\frac{\partial^2\varphi(x,y,0,t)}{\partial t^2}}$$

我们来研究一下，$\frac{\partial\zeta}{\partial t}$ 到底是什么；我们研究在自由面上一点 x,y，$z=\zeta(x,y,t)$ 的速度，

$$v_x=\frac{dx}{dt},\quad v_y=\frac{dy}{dt},\quad v_z=\frac{dz}{dt}=\frac{\partial\zeta}{\partial t}+\frac{\partial\zeta}{\partial x}\frac{dx}{dt}+\frac{\partial\zeta}{\partial y}\frac{dy}{dt}\cong\frac{\partial\zeta}{\partial t}$$

如果我们研究的是小干扰，$\frac{\partial\zeta}{\partial x},\frac{\partial\zeta}{\partial y}\ll 1$，因而 $\frac{\partial\zeta}{\partial t}$ 就是 $v_z=\frac{\partial\varphi}{\partial z}$，所以终于

$$\boxed{\frac{\partial\varphi}{\partial z}=-\frac{1}{g}\frac{\partial^2\varphi}{\partial t^2}}\qquad z=0$$

边界条件

象这样一个不定常运动，我们除了边界条件而外，还需要初始条件：我们从现象的情况来看，初始条件作在自由面上规定：

令 $$\boxed{\zeta(x,y,0)=h(x,y)=-\frac{1}{g}f(x,y),}$$

那么 $$\boxed{\left[\frac{\partial\varphi}{\partial t}\right]_{z=0,\,t=0}=f(x,y)}$$

速度必由作用在自由面上的起动冲量得来。我们在以前（φ常有差 $f(t)$ 的差别，但这里 $t=0$，故无差别）$\varphi_0=-\frac{1}{\rho}\Pi$，所以

《水动力学讲义》（节选）

$$\varphi_0(x,y,0) = -\frac{1}{\rho}\pi(x,y,0) = F(x,y)$$

那么

$$\boxed{\varphi = F(x,y), \quad \frac{\partial\varphi}{\partial t} = f(x,y)} \quad z=0,\ t=0$$

这是初始条件。

惟一性问题。如果 φ_1，φ_2 是满足一切条件的两个不同解，$\varphi=\varphi_1-\varphi_2$ 也将是一个解，但在 $z=0$，$t=0$

$$\varphi=0, \quad \frac{\partial\varphi}{\partial t}=0$$

所以从现象的情况来看，没有干扰，没有运动，所以 $\varphi\equiv0$，也就是 $\varphi_1\equiv\varphi_2$

但是在很多情况下，我们要研究的是某个一定频率 σ 的自由谐和振动，也就是

$$\varphi(x,y,z,t) = \cos(\sigma t+\varepsilon)\,\Phi(x,y,z)$$

那么

$$\Delta\Phi = \frac{\partial^2\Phi}{\partial x^2}+\frac{\partial^2\Phi}{\partial y^2}+\frac{\partial^2\Phi}{\partial z^2}$$

$\dfrac{\partial\Phi}{\partial n}=0$，在不动面上，

$\dfrac{\partial\Phi}{\partial z}=\dfrac{\sigma^2}{g}\Phi$，在自由面 $z=0$ 上

自然，二类问题，初始问题和自由谐和振动问题是可以由叠加法而互相转变。

平面波

如果我们认为一切都不是 y 的函数，那么

$$\varphi(x,z,t) = \cos(\sigma t+\varepsilon)\,\Phi(x,z)$$

$$\frac{\partial^2\Phi}{\partial x^2}+\frac{\partial^2\Phi}{\partial z^2}=0$$

4

其边界条件为 $\frac{\partial\Phi}{\partial n}=0$ 在不动面

$$\frac{\partial\Phi}{\partial z}=\frac{\sigma^2}{g}\Phi \quad 在\ z=0.$$

在深水中的驻波 令 $\Phi(x,z)=P(z)\sin k(x-\xi)$，其中 k,ξ 是两个常数。

所以微分方程式 $P''(z)-k^2P(z)=0$

$$P(z)=C_1e^{kz}+C_2e^{-kz}$$

由于不能让干扰在深水里越来越大，所以 $C_2=0$ 因而我们可以

$$\Phi(x,z)=Ce^{kz}\sin k(x-\xi)$$

而 $\varphi(x,z,t)=Ce^{kz}\sin k(x-\xi)\cos(\sigma t+\epsilon)$

$$\frac{\partial\Phi}{\partial z}=kCe^{kz}\sin k(x-\xi)$$

故自由面上，$z=0$

$$kC\sin k(x-\xi)=\frac{\sigma^2}{g}C\sin k(x-\xi)$$

因而如果要在无论什么点上，上式都对，那么

$$\sigma^2=kg$$

为了找自由面的形状，我们用 $\zeta=-\frac{1}{g}\frac{\partial\varphi(x,0,t)}{\partial t}$

也就是

$$\zeta=\frac{C\sigma}{g}\sin k(x-\xi)\sin(\sigma t+\epsilon)$$

如果 $\frac{C\sigma}{g}=a$，$\xi=\epsilon=0$，

$$\zeta=a\sin kx\sin\sigma t$$

腹 腹 峯 0 x 节 谷

而令在 t 时间

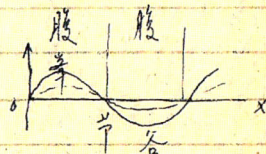

$$a\sin\sigma t=A$$

$$\zeta=A\sin kx$$

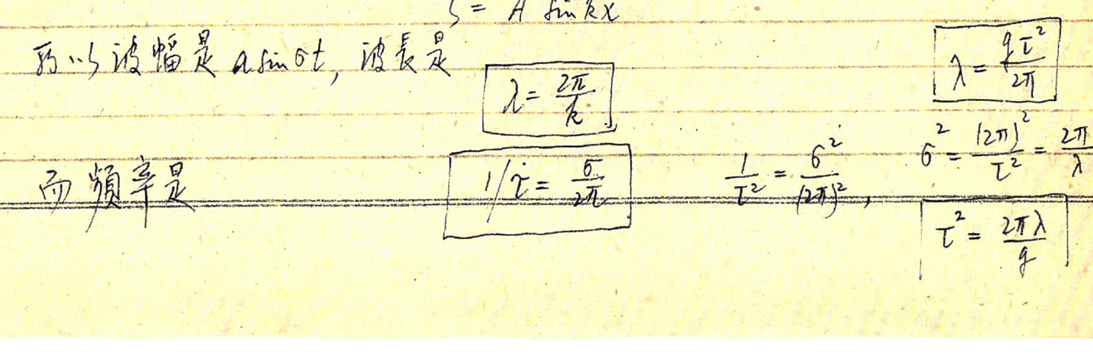

所以波幅是 $a\sin\sigma t$，波长是 $\lambda=\frac{2\pi}{k}$

$$\lambda=\frac{g\tau^2}{2\pi}$$

而频率是 $1/\tau=\frac{\sigma}{2\pi}$

$$\frac{1}{\tau^2}=\frac{\sigma^2}{(2\pi)^2},\quad \sigma^2=\frac{(2\pi)^2}{\tau^2}=\frac{2\pi}{\lambda}g$$

$$\tau^2=\frac{2\pi\lambda}{g}$$

《水动力学讲义》（节选）

研究工作

中科院1959年所长会议 讲话

如何迈第一步

力学研究所所長 錢学森

1958年第三季度，在党的領導下，力学所發动了一个解放思想的运动，要鼓足干勁、力爭上游；并且倡導敢想、敢說、敢干的共產主义風格，接着全所人員献計献策，要抱大西瓜，要苦战三年改变力学所無設备、缺研究力量的面貌。我們把研究組織徹底改变，以任务的区分來成立了五个研究室，每一个研究室都肯定了一个远大的目标，不是尖端技術便是重大問題。因而力学所一变从前冷冷清清的局面，出現了一个轟轟烈烈，人人上馬，青老人員一齐出动，猛攻任务的堡壘。全体人員在半年中所取得的工作經驗是比前几年的总和还多得多，而且把研究工作的局面打开了，人人面前都出現了今后力学工作的广闊景象。这是偉大的党的領導所帶來的丰碩成果。

但是在今天我們总結1958年的工作，認为在力学所研究工作中也存在着下列五个問題：

1.每一个研究室的任务不但是尖端是重大，而且是科学技術的最前鋒，是最新的科学技術。唯其是新，所以整个問題还沒有一个全面分析，在全世界上也还沒有定論。应該如何進行？工作应当选擇什么道路？不明白！

2.每一个研究室的任务都是綜合性的，它不但包括了力学学科的各个部門，而且也包括了設計、制造等工程技術的工作。是不是全包下來？还是分工协作？如何分？

3.因为研究室的任务是新科学技術，研究工作往往需要大型的实验設备。而力学所又是新建的所，沒有家底，建立必須的实驗設备是当务之急。但是因为問題新，到底要什么样的实驗設备？沒有老本子可抄！

4.研究力量比之任务是非常薄弱的。当然，老科学家們是比較有經驗的，但是他們之中的大多数过去也是在比較已經成熟的領域中工作，现在要搞这样旣远大而又全新的任务也就感到經驗学識不足。而青年力量又都是离开学校一兩年的大学生，工作經驗和学識自然更有限了。

5.所內党的領導力量是加强了，但是差不多全是最近才从其他方面調來的，力学專業知識几几乎沒有；就是如何具体領導力学研究那也是沒有經驗的。

—1—

《如何迈第一步》（1959 年）

2

有了这五个問題我們的工作就顯得虛的多，实的少；敢想、敢說、敢干的干勁多、而方法少。換句話說，就是不夠落实。所以我們現在要解決落实的問題，对我們力学所來講也就是如何把長远的偉大目的和近期的具体工作相結合起來，把实踐和理論相結合起來，把工作和学習相結合起來。我們認为現在每一个研究室的总任务、总方向既然已經十分明确，現在就可以在一个研究室里开展一个文献总結和討論的工作；当然我們任务是新的，还沒有定論，但这幷不是說前人在这个問題上沒有做过工作，而往往是前人已經做过不少工作，只不过还沒有來得及做总結。我們的新工作必需建立在前人已有工作的基礎上。因此圍繞一个室的总任务，学習、分析、討論已有文献是必要的，我們必須找出今后工作应当如何展开的路綫。但是这也幷不等于說非讀完一切有关文献不可；因为有关兩字的范圍可以擴大到几乎無所不包，那就是一輩子也讀不完文献；而且一个研究室的任务旣是新的科学技術，也就是說不能夠在前人工作找到所有的答案，就是把文献都讀完了也不能解决問題，也不能找出一条一定不錯的研究道路。我們的目的是保可能正确地迈出开始的一步，还是边干边学的精神。

我們这个作法不但会使我們的研究工作有了理論基礎，不盲目，而且也能解決前面所提出的五个問題：1)道路問題，近期的是因此肯定了，解決走第一步的問題。走了第一步，就会走第二步。2)通过总結和分析，我們可以明确什么是整个任务里的力学工作，这是力学所所必需做的。我們也可以明确此外其它工作的內容和性質，因此分工、协作的問題就可以定下來。3)明白了力学所的具体任务，那么相应地也解決了要什么样的实驗和研究設备的問題，我們就可以明确地做出方案，尽可能避免盲目性和浪費現象。4)明确了問題就可以帮助老科学家們引用他們已往的經驗；因为科学技術的各部門总是互相关联的，只要工作具体目标明确了，举一反三还是可能的。而且工作任务明确了，也就使每一个参加工作的人了解。对他个人來說，他还缺什么知識，还得补什么課。这对一个年青工作人員尤其有帮助，他可以明确学習的要点，学了就有用；而不至于象从前那样把学習的力量放不到要害之处，弄得学完一本書又一本書，越学越脫离实际工作。5)党的領導同志参加了文献总結、問題的分析、討論工作，他們可以运用他們的政治和哲学水平，在摸索过程中引導全室同志們到正确的道路上來，从而在实踐中找出具体領導力学研究的方法；一面他們自己也受到專業知識的教育，搞清業务的內容，为進一步逐漸完全掌握研究工作打好基礎。

总起來說，我們現在提倡搞文献是把力学所工作落实的必要步驟之一。这决不是在文献中鑽空子，因为我們有了解決实际任务的目的，是脚踏实地的。旧瓶子裝新酒，以总結文献的形式來解決远大目标結合近期工作的問題，这又有何不可？

《如何迈第一步》(1959年)

科学家精神

中國科學院力學研究所

刚毅同志：

现在我所正在进行级别工资的调整，我想用这个机会也提出一个近年来留在我心中的问题。这就是：我的工资除职务上的原三百五十元，还有作为学部常务委员的一百元，每月共四百五十元。我认为这个工资过高，因此请求组织上将：

(一)学部常务委员的一百元减去；

(二)每月三百五十元的工资也应按组织规定，按比例降低，以前未扣了的，现在补扣。

年　月　日

电话：二七局二三四号
地址：北京西郊中关村

申请自降工资（1963 年）

98

中國科學院力學研究所

这样做了之后，我一家工資（加上我爱人的约二百元）仍将在五百元左右，这也实际上是我们现在生活的水平，所以多了完全不必要，而于心很不安。恳请组织批准我这个请求。

此致

敬礼

钱学森。

一九六三、九、七

年 月 日

電話：二七局二三四號

地址：北京西郊中關村

16

申请自降工资（1963年）

书信

M.I.T. 及 Carnegie Tech 的 Operations Research 门的课程表，能不能寄我一份？

永懷兄：

接到你的信，每次都说归期在即，听了令人开心。

我們現在为力学所，已经把你的大名向科学院管理处"掛了号"，自然是到力学研究所来，快来、快来！

计算机可以带来，如果要细说，力学所可以代办。电冰箱也可带。北京夏天还是要冰箱，而現在冰塊有不够的情形。

老兄回来，还是可以作气动力学工作，我們的需要决不比您那面差，带书的时候可以估计在内。多带书！这里俄文书多、好，而又價廉，只不过我看不懂，苦極！

请兄多带几个人回来，这里的工作，不论在目标、内容、和条件方面都是世界先进水平。这里才是真正科学工作者的乐园！另将书名，请先寄大陆石托他買，我改日再和他通信。此致

敬礼！

嫂夫人均此！

钱学森上 六月二日

我們有人出席世界力学会议，（比国九月）

（1956年）回国前

写给郭永怀的信（1956年）

中國科學院力學研究所

永懷兄：

这封信是请广州的中国科学院办事处面交，示是我們欢迎您一家三口的一点心意！我們本想到深圳去迎接您們过桥，但看来办不到了，失迎了！我們一年来是生活在最愉快的生活中，每一天都被美好的前景所鼓舞，我們想您們也必定会有一样的经验。今天是足踏祖国土地的头一天，也就是快乐生活的头一天，忘去那黑暗的美国吧！

我个人还更要表示欢迎你，请你到中国科学院的力学研究所来工作，我們已经为你在所里准备好了你的"办公室"，是一間朝南的在二層樓的房間，淡绿色的窗簾，望出去是一排松树。希望你能满意。你的住房也已经准备了，离办公室只五分钟的步行，离我們也很近，示是近隣。

自然我們现在是"统一分配"，老兄必定要填写志愿書，请您只写力学所。原因是：中国科学院有研究力学的最好环境，而且现在力学所的任务重大，非您来帮助不可。——我們这里也有好几位青年大学毕业生等您来教导。此外力学所也負责讲授在清华大学中办的"工程力学研究班"（是一百多人的班，由全国工科高等学校中的五年级优秀生组成，两年毕业，为力学研究工作的主要人才来源）。由于上述原因，我們拼命欢迎的，

地址：北京西郊中關村　電話：二七局二三四號

写给郭永怀的信（1956年）

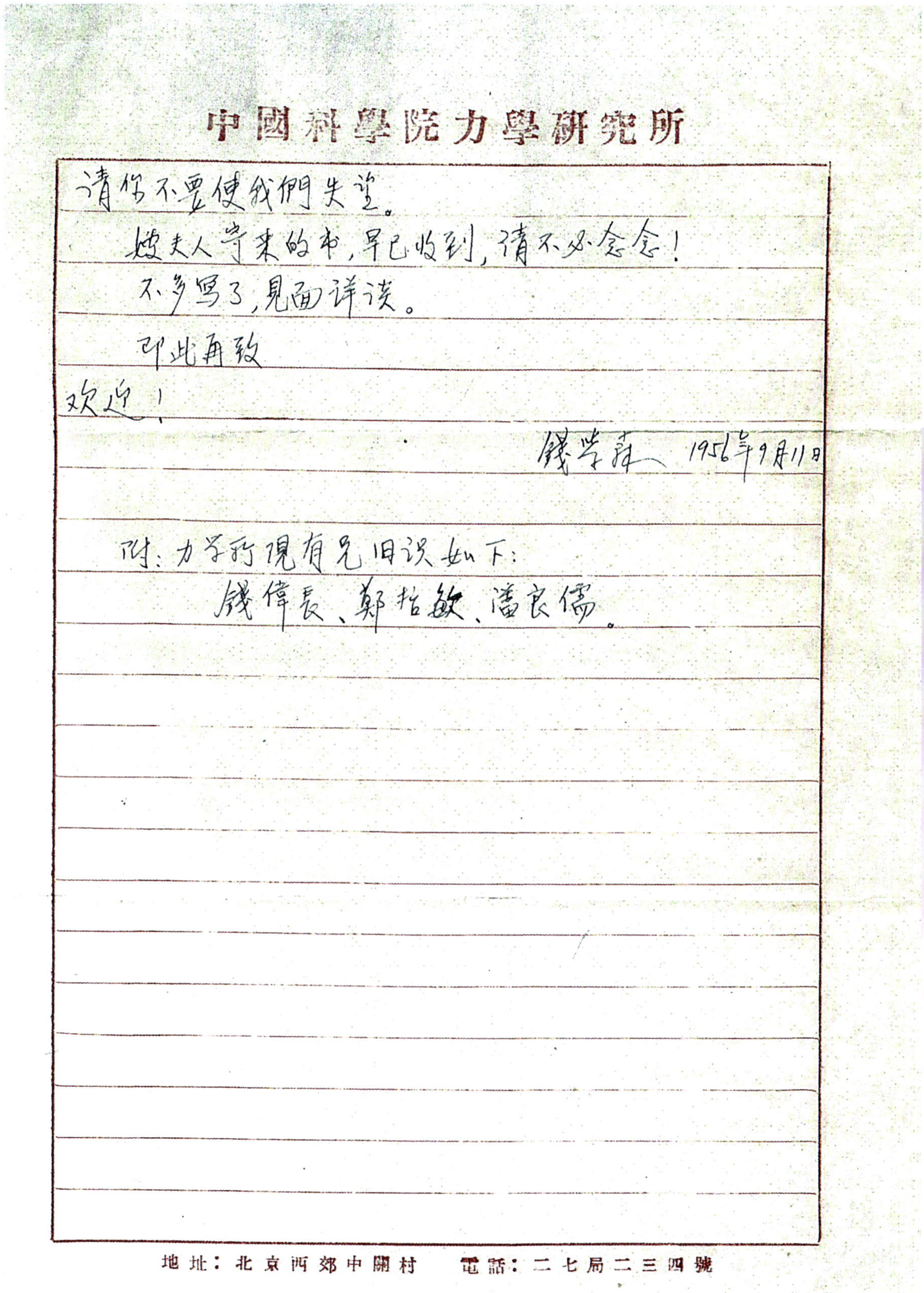

中國科學院力學研究所

请你不要使我們失望。

嫂夫人寄来的书，早已收到，请不必念念！

不多写了，见面详谈。

即此再致

欢迎！

錢学森 1956年9月11日

附：力学所现有兄旧识如下：

錢偉長、郑哲敏、潘良儒。

地址：北京西郊中關村　電話：二七局二三四號

写给郭永怀的信（1956年）

中國科學院力學研究所

这几天在中关村的各研究所都張灯结彩地欢迎新调配来的青年科学干部；我們力学研究所物质条件差些，而且又刚巧碰上“搬家”，对“新人”不免有招待不周的地方，这还要请大家原谅。但是我們肯定的是：我們欢迎新干部的心情决不亚于他人，我們热烈地祝贺你們来力学研究所工作！

也许有些新干部会觉得力学这东西是新的，以前不是学这一行；因此对到力学研究所来工作，有些感到不自然，怕要从头学起。其实情况并不是这样，力学是一门技术科学，它是建立在工程技术和基础科学之上的。力学的研究必然也就要依靠工程技术的知识和基础科学的知识。新干部們在高等学校里所学习到的工程技术知识和基础科学知识正是力学研究所所需要的，也就是说你們过去所学的一切东西，在力学研究中都一定用得上。

关于这一点我以后有机会还要仔细谈，现在不多说，要紧的是表示我們对你們的衷心欢迎！

地址：北京西郊中關村　電話：二七局二三四號

写给新入所职工的信

本市海淀区中关村 中国科学院力学研究所

俞鸿儒同志：

7月25日来信收到。

对郭永怀同志去世我早已写过一篇怀念的文章，此文在去年又重见刊物。我现在也没有什么另外的话可写；如硬是为了应付活人，而勉强写几句本来不想写的话，那也是对不起我的亡友！所以您的要求我不能答应。

至于题词之类事，我是从来不干的。所以艺术设计师要我办的事我也不能答应。

两个不答应！一切恳请原谅！

此致

敬礼！

钱学森

1988.8.24

写给俞鸿儒的信（1988年）

中国人搞出的理论，首先要为中国人民服务！

——吴仲华

吴仲华

(1917.07.27—1992.09.19)

工程热物理学家。江苏苏州人。1940 年毕业于西南联合大学。1947 年获美国麻省理工学院机械工程博士学位。中国科学院工程热物理所创始人。1954 年回国。1960 年 10 月—1980 年 5 月任中国科学院力学研究所副所长。1957 年被选聘为中国科学院学部委员（院士）。

吴仲华、李敏华夫妻在美国

在 讲 课

在 NACA 刘易斯喷气推进中心工作照 1（1948 年）

在 NACA 刘易斯喷气推进中心工作照 2（1948 年）

1979 年吴仲华、林同骥等接待美国航天局（NASA）代表团

在超声速叶栅风洞实验台前调试（1980 年）

在家中与学生探讨（1989 年）

吴仲华与李敏华在家庭“办公室”中（1989 年）

战略规划

中国科学院力学研究所

（6 ）字第 号

高主任、杨所长：

对于"力学研究所工作革命化的若干意见（试行草案）"的第一、三、四、五部分，我完全赞成。对于其中的第二部分，我想提下列二点意见：—

（一）研制工作，特别是研究一个热力发动机，是综合性很强的一个工作，需要应用许多学科的现有知识和新的研究成果，需要院内很多个研究所的大力协同。因之，我觉得这种研制机构须独立于某一个研究所之外而直接由院部领导。这样，才能保证做好研制任务并能充分调动各有关研究所的积极性。

（二）从科学院目前承担的541、581等国家任务看来，541中的第二个关键问题是发动机问题（第一个是导航问题），581中的小（发电）动力、温度控制、辐射传热等也是其中一个重要部分。科

地址：北京市西郊中关村 . 电話28.2431 （第 頁）

对于"力学研究所工作革命化的若干意见（试行草案）"的几点意见

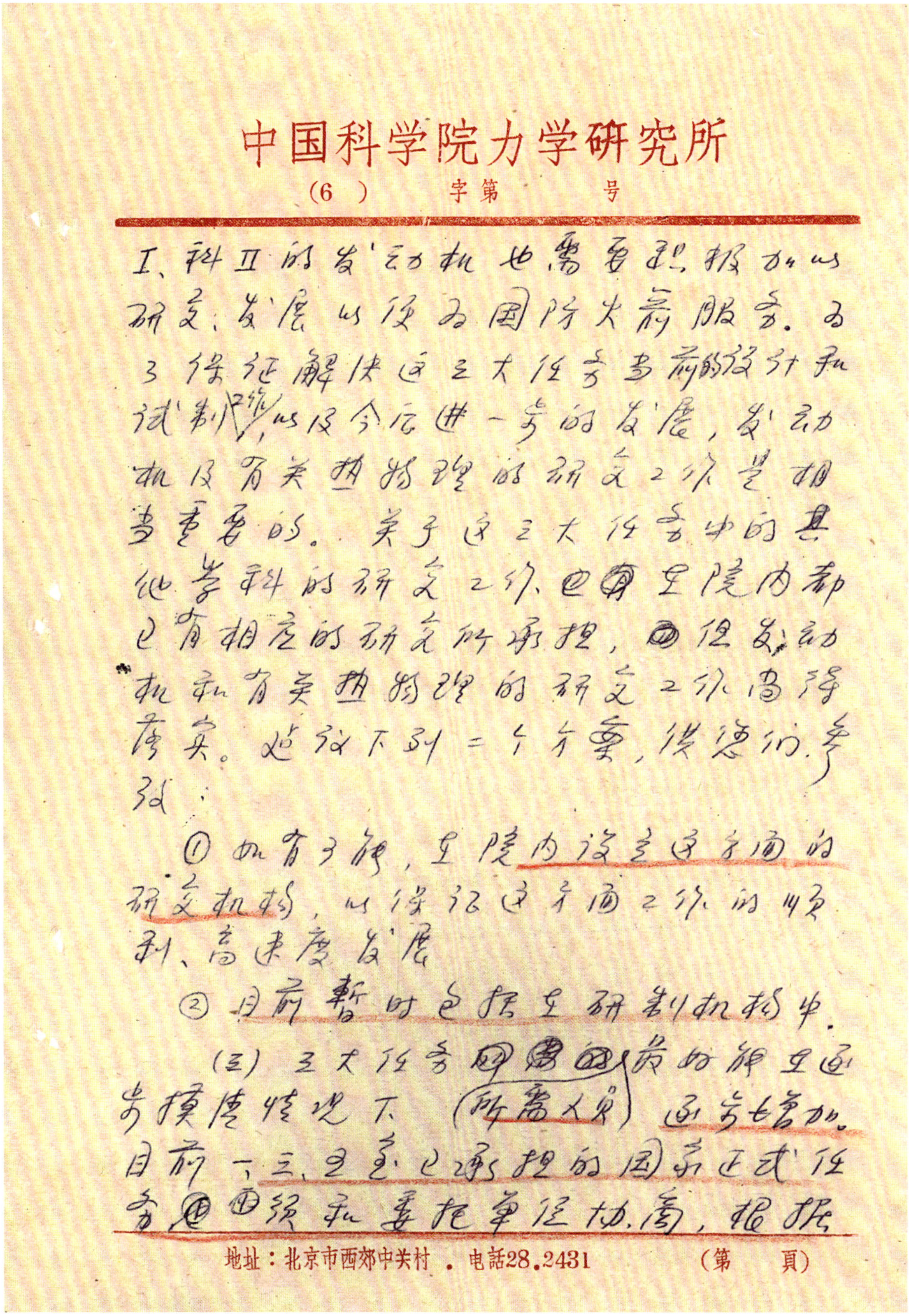

中国科学院力学研究所

（6 ） 字第 号

工、科Ⅱ的发动机也需要积极加以研究、发展以便为国防大前服务。为了保证解决这三大任务当前的设计和试制[illegible]，以及今后进一步的发展，发动机及有关热物理的研究工作是相当重要的。关于这三大任务中的其他学科的研究工作，全院内都已有相应的研究所承担，但发动机和有关热物理的研究工作尚待落实。建议下列二个方案，供您们参考：

①如有可能，全院内设立这方面的研究机构，以保证这方面工作的顺利、高速度发展

②目前暂时包括在研制机构中。

（三）三大任务（所需人员）[illegible]在逐步摸清情况下逐步增加。目前一、三、五室已承担的国家正式任务，须和委托单位协商，根据

地址：北京市西郊中关村．电話28.2431 （第 頁）

对于“力学研究所工作革命化的若干意见（试行草案）”的几点意见

中国科学院力学研究所

（6 ）　字第　号

他们需要这些工作的程度以及我们在这些课题上的特长和开展工作的程度妥善安排。草案上提到"要有意识地在几个方面形成专长，并且有自己的特长"是完全正确的。对于过去已经有的一方面的特长，经过了五、六年（断断续续）工作已经形成了一定的基础的（航空）燃气轮机研究工作，是否应该保留下来，在不和当前主要任务矛盾的条件下，以一小部分人力、物力继续下去，为航空、海军、陆军、民用方面的燃气轮机设计和试制工作服务也值得我们慎重考虑。

专此，即致

敬礼

吴仲华

7.3

地址：北京市西郊中关村．电話28.2431　（第　頁）

对于"力学研究所工作革命化的若干意见（试行草案）"的几点意见

研究工作

二. 正问题求解步骤及 S_1 流面精确解　　1972.10.5

(1) 第一步　使用 2-2 或 2-5 程序求出 S_2 流面上各根流线的座标及其流线上气体的参量。

例如图 1 中的 ABC 为 S_2 流面上的一根流线，abc 则为其在子午面（r-z 面）上的投影。将 abc 线绕 z-轴回转一周得出一回转面。（假定原来在 ade 圆弧上各气体质量沿着这一回转面上流动）称为 S_1 流面。

(2) 第二步　使用程序 1-2 对回转面并根据中心流线 ABC 上已知各参量求得 S_1 流面的近似解。

(3) 第三步　S_1 流面精确解　类似对 S_2 流面的做法（在子午面 r-z 上取非正交曲线座标 (q^1, q^2)，我们现在在 S_1 流面上取非正交曲线座标 (q^1, q^2)，并取 q^2 沿 φ 方向 $(\theta_2=0)$ 来作 S_1 流面的计算（参看图 2）。

附　请参看 72.10.3 材料中的 (1)-(6) 式，（现在 $\theta_1=0$）。

速度分量和协变分量　上述材料中的 (7)-(18) 式，(…)。

现在，垂直于 S_1 流面的旋度分量相对速度的……

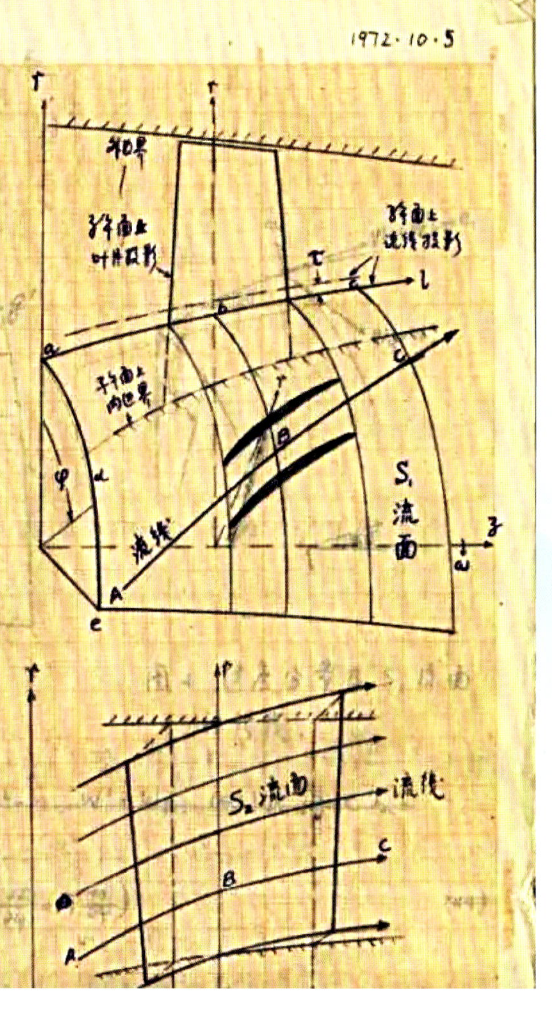

《三元流动理论》手稿（1972 年）（节选）

設計試制3000馬力自由活塞燃气輪机的几点体会

动力研究室主任 吳仲華

中國科学院1959年科学技術研究計划綱要項目說明書中的第13項是关于燃气輪机及噴气發动机的研究。在重大的科学技術問題中，燃气輪机佔了很重要的位置，动力研究室全体同志感到担負这項艰巨的研究任务是極大的光荣，同时也深刻地認識到：院領導对于燃气輪机的研究工作極其重視是有充分的依据的。这个在最近十几年中迅速發展成長的新型动力机械，已經取得了高速飛机的主要發动机的地位是大家很熟悉的，这方面的研究工作在十二年科学技術远景發展規划中也被列在第三項最重要的新技術中。在最近几年中，燃气輪机在船艦、机車、發电、冶金、化工等工業部門迅速發展它的应用范圍。在这方面，我們注意到今年1月27日，赫魯曉夫同志在苏联共產党第21次代表大会上作苏联發展國民經济的报告时，曾特別提出燃气輪机对于加速發展國民經济所能起到的巨大作用。在赫魯曉夫同志提到的烏瓦洛夫教授發表的文章中指出：20万瓩發电用的燃气輪机較同功率的蒸气輪机裝置經济性高5—10%，并且金屬消耗量和厂房建筑面積、体積及基礎都可以減少一半。2月3日苏共主席团委員科兹洛夫同志的發言中，又强調指出："在这方面必須加强工作，促力协助我們的科学家、設計师，协助他們加速設計和运用巨大的燃气輪机，以适应大型火电站以及其他國民經济的需要"。

动力研究室在1956年秋季成立后卽積極筹备進行燃气輪机的研究工作。在去年大躍進中，我們也鼓足干勁，执行了以任务帶学科的方法，根据1958年春簽定的中苏兩國政府的科学技術合作項目，組織全國各方面的力量來設計3000馬力自由活塞燃气輪机，并在去年9月开始了試制工作。在試制过程中，由于設計方面、工藝方面、材料方面都存在着若干問題和困难，而負責試制的工厂倘有更为緊急的任务，因此，虽然克服了不少困难。但到今天为止試制工作还僅是开始，今后尙需更多的努力。然后在試制成功的基礎上，進行一系列的試驗、分析和改進，以便使这个先進的动力机械早日为祖國社会主义建設事業服务。

通过半年多的工作，我們有以下几点体会：

《设计试制3000马力自由活塞燃气轮机的几点体会》(1959年)

6.

1.通过这个工作，我們認識到以任务帶学科的正确性。在設計过程中，我們發現了一系列学科性的問題，需要進行仔細研究，这些問題，若不結合具体的任务，是不容易搞得很徹底的。例如，关于燃气輪机各級間功率的分配問題，通道的形狀問題，如何結合我國目前的生產技術水平，設計效率較高的扭轉叶片問題等，在設計过程中都得到較徹底的解决。这样就具体体現了以任务帶学科的精神。同时，通过这个工作，使我們参加这一工作的絕大部分同志，从以前僅具有一些書本知識的狀况下前進了一步，得到較多的感性知識，使理論联系实际有了一个良好的开端。当然在这个具体設計过程中，我們还發現一些目前还缺乏基本理論和設計資料的問題，这些基本問題將成为我們今后研究工作中的一部分研究課題。

2.工作中必須發揚共產主义大协作的精神。我們所以能夠在較短的时間內完成这个巨大的設計工作和作了不少試制工作，主要的就是充分發揮了共產主义大协作的精神。当时，动力研究室只有几十个研究人員，光是我們一个單位，要在几个星期內完成这样复雜艰巨的一項設計任务是不可能的。因此，我們邀請了許多單位來开会商討，最后由410厂、鉄道科学研究院、大連机車厂、408厂、一机部机械科学研究院、北京航空学院、北京航空学校、北京工業学院等單位來共同進行这項工作，進行了大兵团作战，从而保証了設計工作的速度。在試制过程中，我們仍然採取了大协作的办法，使試制工作進行得較順利。参加試制工作的有410厂、大連机車厂和四方机車厂。

3.領導的支持和鼓舞是工作的重大推力。我們在去年夏季提出这个設計、試制和研究任务后，有关部門的領導同志对于整个工作都非常关怀，經常予以支持和鼓励。科学技術委員会、第一机械工業部、科学院的領導同志們經常詢問工作進行的情况，了解工作中的困难并及时給予大力支持。同时，沈陽、旅大、北京三个市委也都給予了極大的关怀和帮助，解决了工作中不少問題。

4.科研工作必須貫徹政治掛帅、羣众路綫。这样巨大的設計工作所以能在較短的时間內完成，是因为在工作中貫徹了政治掛帅、羣众路綫，充分發揮了羣众的智慧。参加工作的同志，絕大部分都是大学剛畢業的青年，但由于在工作中啓發了他們的積極性，破除了迷信，因而爆發出冲天的干勁；同时也充分發揮了年長科学家的作用，从而保証了工作的順利進行。

5.積極学習苏联先進經驗。在設計开始前，我們首先利用一切可能的机会，設法爭取苏联研究机構和工厂的帮助。我們在1956年到苏联考察时和1958年到苏联参加中苏科学技術合作談判时，努力收集了一些这方面的研究报告和圖紙。去年开始这个工作之后，我們又乘室內同志在苏联学習或出差的机会，参观訪問有关的工厂和科学研究單位，又得到他們最近試驗成果的資料。在設計过程中，我們曾充分研討了苏联的資料，使我們

《设计试制3000马力自由活塞燃气轮机的几点体会》(1959年)

的設計达到一定的水平。参加这一工作的同志都在实踐中体会到，如果沒有这些苏联研究成果和試制、試驗經驗的帮助，我們是不可能在这样短的时間，做出这样的結果的。

6.对科研工作必須具有科学态度。在这一設計工作中，有些部件，特别是自由活塞發生器中的若干重要部件和起动机構，我們曾有粗枝大叶、鑽研不夠、盲目求快的情况，使本來可以避免或可能避免的錯誤，未能避免，增加了試制的困难。去秋在我室指導工作的苏联專家斯切池金院士曾指出，搞这样一个設計工作需要拥有雄厚的設計力量、丰富的参考資料和進行長期細致的工作。現在我們才逐步地、深刻地体会到專家意見的正确性。在設計工作急忙赶完后，我們又沒有進一步作詳細的審查和驗算，而立即把原有人員轉移到其他工作上，因之也沒有能在設計完后及时發現和改正这些缺点。我們認識到，沒有科学分析的精神作基礎，光是冲天干勁是不会帶來多、快、好、省的結果的。

在試制过程中，試制工厂也反映出对整个工作的艰巨性估計不足的情况。应当指出，試制这样的新型动力机械，并不是一件輕而易举的事。即使設計本身沒有問題，也还必然存在着若干工藝和材料問題。有些部件还需要進行試驗之后，才能准确的設計出來。因此，在新型机械試制过程中遇到困难和失敗，是一种正常的現象，而很快的試制成功却是例外的情况。这种情况是不能与已經經过考驗的系列產品的生產相提并論的。在一兩次甚至十次八次失敗之后就感到信心不足，甚至產生失望情緒，都是沒有根据的。应当指出，我們也同样有这种急于求成的情緒。今后我們一定樹立充分信心，不怕更多的困难和失敗，"吃一塹，長一智"，在不断克服前進中的困难之后，一定能夠把这一新型的动力机械試制研究成功。

7.試驗設备是科研工作的重要基礎。在試制自由活塞气体發生器的过程中，發現進出气閥門漏气嚴重，快速起动閥作用不佳等現象，必須進行更換。这情况虽然与設計时片面求快有关，但更重要是由于缺少基本实驗設备，这些部件，都未能單独地先進行試驗与改進，就安裝在一起，作整体試車。結果發生了故障或性能太差，必須停車更換。这样反而推迟了進度，出現"欲速則不达"的局面。另外有的部件照理是应該先進行試驗后才能進行制造的。这点在过去也由于缺乏試驗設备而未能做到。这說明了基本研究設备的重要性。为了大力开展燃气輪机方面的实驗研究工作，必須要有一个具有相当規模設备較为完善的实驗基地。在这方面，动力研究室已經拟出了詳細規划，并經院領導批准，将建立一个燃气輪机实驗基地。今年开始修建的有燃气輪机气体动力学、压气机、燃燒室、燃气輪、傳热、振动、强度、調節控制、整台燃气輪机及吸气式噴气發动机等实驗室。这將把燃气輪机研究工作向前大大推進一步。实驗室所需要的設备，除根据自力更生的精神尽可能設法在國內解决外，有些必要的國外訂貨，也是不可缺少的。过去这方面我們作的也不夠。例如1957年春动力室与清華大学动力系都提出了同样的國外燃

《设计试制 3000 马力自由活塞燃气轮机的几点体会》(1959 年)

2

气輪机訂貨，今年清華大学已經到貨了，而动力室的訂貨却沒有訂出去。这在一定程度上也影响了工作的开展。

8. 实驗工厂也是科研工作不可缺少的。在这次試制过程中，由于發生故障，有些部件必須進行更改，有的部件，如進出气閥，已經过兩次重新設計与更动，仍然达不到要求。其他部件在將來試車中也將会有类似情况。这种修改与更动是試制新產品所难免的。我們認为：技術科学部門的研究工作沒有一定的生產技術基礎是很难推進的。特別是搞动力机械方面的試驗研究，更需要有較为完备的机械工厂，規模不一定大，但各种基本工藝(模型、翻沙、鑄工、机械加工、焊接等車間)都是十分必要。这样才可以与有关工厂协作配合，較順利地進行試制試驗工作。否則事事求人，困难很多，進展也慢。

9. 干部培养。通过3000馬力自由活塞燃气輪机的設計試制工作，我們也深刻体会到培养干部的迫切性。由于燃气輪机在我國还是最近才开始發展的新技術，过去基礎非常薄弱，这方面的人力是非常不夠的。虽然在全國大躍進的形势下，青年們充分發揮了敢想敢干的風格，一个人做几个人的工作，但总的說來，人力不夠还是一个基本情况。为了迅速改变这种情况，有必要採取必要措施，培养足夠数量的科学技術力量。目前，在苏联除了从事于航空用的燃气輪机研究工作的人員外，从事地面燃气輪机和蒸气輪机研究工作的人数即有2500人左右。在瑞士，这方面工作的人数达10,000人。从这里可以看到，我國有必要大力培养这方面的人才，希望院領導大力支持我們，培养更多的科学技術力量，以便加速开展这方面的研究工作。

在3,000馬力自由活塞燃气輪机的設計試制工作中，虽然已經遇到許多困难，但是我們有充分的思想准备，在今后的工作中还会遇到更多的困难；我們將毫不泄气，有足夠的信心和勇气，在党的領導和关怀下，繼續發揮羣众的干劲，提高鑽研精神，千方百計地去克服更多更大的困难。我們不但要把这一新型的动力机械早日試制研究成功，并且要在三、四年內逐步建成具有一定規模的燃气輪机和噴气發动机实驗研究基地，大量的开展各种用途的燃气輪机和吸气式噴气發动机的研究工作。我們的战斗口号是要在八年左右的时間內，赶上英國的國立燃气輪机研究所。假使我們在物質設备上不能赶上的話，至少要在若干主要研究工作的質量上赶上他們。

—4—

《设计试制3000马力自由活塞燃气轮机的几点体会》(1959年)

书 信

华：知道你得肩伤后即给使馆向王机户发了电信请他们问问到底你的肩伤要否提前回来，一直没有回电！昨天王大伟来了才放心了。他说实际上你一直没休息就上班了！你叫别人："小心、小心"，而自己却不"小心"!! 总结这次事的经验，其实不一定要怎么样、怎么样，最大的要因因素很多的。在下这一二十年的时间自己在小范围内做好一些工作，就不错了！

现在改写已经完了一个星期，但RR公司的出版还没有拿出来。[与我有关的（试验设备、计算机）本来说在这星期中给，现在要拖到下星期去了。附机设备等还没有完！]

原来在第一次向使馆汇报时就提出如果能到八月下旬，在国际燃烧会议期间因为钱学森和李伯明等去参加第四届国际喷气发动机会的几个国家代表商谈，（这样也可以就便参加燃烧会议。当时使馆和团领导（叶、袁）都同意了）。以后袁英等（文院）也要参加，也同意了，并把使馆去定了房间。但是上星期，叶英说袁英又不能如期去了，我是否去也要发电去科学院问。但科学院还没有回电。今晨我去使馆问怎么办，他们说也许代表团带口信来；甚至建议去电问科学院，使馆就可以决定的，要我等着和他们星期天下午一同去Leeds。（去参加商谈明年第四届国际发动机会议问题）前天王机户却来了电报，大概是他们收到了对方的通知后发的）

今天使馆已接到科学院来电同意我去参加燃烧会议，问题就更简单了。正好RR公司的出版也拖下了，一星期后回来，正好讨论他们的出版：

写给李敏华的信

所内情况，我迟早回来谈的。但要的是王、方等总把接班给外宾回来得报给他们同意的。

我们要即出试验台（一二个全套的，几个附件PS.）和参数。同时已经去了要结果，把我们的和参数今天同时发信去给[illegible]和430厂意见了。这个的具体工作都是[illegible]和430厂设计所的人（实际[illegible]和结他中一起）做的。所以参加讨论，理之有据。

从工作情况来看，下星期要到RR的建议。下下星期（8月下旬）我们可以提出要价（及其它条件），给RR报价。9月5日已通知我们参观航空展览（同时也要代表团）。这之间还要和Hooker谈一次。9月9日前可了解到RR的报价。报价后至少还要讨论一次后，我才有具体的了解。

今天科学院来电报要我们去参加访问团。不过根据代表团组成，和上述情况9月10日前是走不成的。上次打电报问情况时，电报中还说如要我们回国，就要把[illegible]往来签证办理。后再去电，所以我估计叶表不会随便下去我走了。现在还有了解9月12日后去西德（已来电询问我们去，去的人员约有10人；回国总了以后）。要去西德的话，他们一定要我一起去的。那以后就到9月下旬才能回国了。（代表团是[illegible]这个团去的，具体商务-技术谈判还要几个月）。

（12点要上课去，也3解要出！）

其他情况可看我给[illegible]、[illegible]的信。我身体很好，我们几个人都[illegible]以来时是否好多了！！你放心！

这星期我完全在伦敦休息！以后也主要在伦敦了。 [illegible] 18日下午

写给李敏华的信

元桢：

你好！不久前收到你寄来的你和~~Seth~~ Sechler合编的"薄壳结构"，谢谢你。我和我们板壳组的同志已看了书中的一些文章。我们都觉得书的内容很丰富，编得很好，组织了薄壳结构各方面的主要主题。特别是像书中所指出的那样注意了理论、实验、和应用的相互关系。

时间过得真快，又是暑假了，离你们去年回国探亲和访问已快一年了。请代向你全家问好。

问好，祝

好！

李敏华 吴仲华

6月

李敏华、吴仲华写给冯元桢的信

父亲写给吴仲华的家信

父亲写给吴仲华的家信

不要迷信权威，人云亦云，要树立独立思考的科学精神。

——谈镐生

谈镐生

(1916.12.01—2005.09.28)

力学家和应用数学家。1939 年获上海交通大学学士学位。1946 年获加州理工学院硕士学位。1949 年获美国康奈尔大学数学、力学和航空工程博士学位。1965 年回国，任中国科学院力学研究所研究员。1981 年 3 月—1984 年 2 月任力学研究所副所长、学术委员会主任。1980 年当选为中国科学院学部委员（院士）。

在长春汽车厂总装车间参加设计机械化部分（1955 年）

参加中国科学院声学研究所学术委员会（1978 年）
（前排左起：谈镐生、汪德昭、关肇直）

在全国等离子体会议上讲话（1983 年）

担任第二届国际非线性力学会议的联合主席（1993 年）

和十七室科研人员在讨论问题（1980 年）

康奈尔大学航空工程研究生院最早的创始人
（左起：Kantrowitz 教授、郭永怀教授、Sears 教授、谈镐生教授）

研究工作

Proc. Roy. Soc. (London) A229, 1 (1955).

Theory of Turbulence
S. Chandrasekhar

A deductive physical theory of T. Basic idea is introduction of correlations in vel. components (u_i) at 2 diff. pts ($\underline{r}'$ & $\underline{r}''$) & at 2 diff. times (t' & t''). It is assumed that in stationary, homo. & isotropic T. these corr. depend, apart from $\underline{r} = \underline{r}' - \underline{r}''$, only on $|t'' - t'|$. With one additional statistical hypothesis that the 4th order moments, $Q_{ij,kl} = \overline{u_i(\underline{r}', t') u_j(\underline{r}', t') u_k(\underline{r}'', t'') u_l(\underline{r}'', t'')}$, are related to 2nd order moment $Q_{ij} = \overline{u_i(\underline{r}', t') u_j(\underline{r}'', t'')}$ as in a joint normal distribution, a non linear diff. eq. is derived for defining scalar $Q(r, t)$ ($r = |\underline{r}' - \underline{r}''|$ and $t = |t' - t''|$) of Q_{ij}. This d.e. gives precision to the idea that in some sense, the inertial & the viscous terms in eq. of motion act alike with effects which are additive. In limiting case of ∞ RN the eq. for Q is discussed in detail. It is shown how the theory enables one to follow explicitly the initial evolution of Q, if at $t = 0$, it has the form one supposes on Kolmogoroff's similarity principles. For $t \to \infty$, it appears soln. is separable in variables r and t; the nature of these soln. (which form a one parameter family) are discussed & illustrated.

1. Introduction

Current theories of T. fall into one of 2 categories: the heuristic theories which attempt to describe T. in terms of certain a priori concepts (such as mean free path & eddy viscosity) derived from kinetic theory of gases but which are not deducible from

湍流笔记(1955 年)

eq. of motion; & the phenomenological theories which derive certain relations which must obtain in virtue of eq. of motion & continuity on certain well defined hypothesis (such as homogeneity & isotropy).

Among former is Heisenberg's, in which the process of energy transfer between diff. Fourier components (in a Fourier analysis of the vel. field) is analyzed in terms of a suitably defined eddy viscosity, ν_K, depending on wave no. K. Thus, considering rate of loss of kinetic energy, ϵ_K, from eddies with wave nos. less than a particular K, we may distinguish between the energy directly dissipated in form of molecular motion & thermal energy, & the energy transfered to eddies with wave nos. $>K$ in the form of kinetic energy. This latter transfer results from non-linear coupling between diff. Fourier components & is a consequence of inertial term in eq. of motion; it is, of course, the principal feature of T. Now, according to eq. of hydrodynamics the contribution to ϵ_K by dissipation of kinetic energy into heat is

$$\epsilon_K\ (\text{Thermal}) = 2\rho\nu\int_0^K F(K)K^2 dK \quad (1)$$

$F(K)$ spectrum of T., ν coeff. of kinematic viscosity & ρ density. In analogy with (1), Heisenberg writes

$$\epsilon_K\ (\text{inertial}) = 2\rho\nu_K\int_0^K F(K)K^2 dK \quad (2)$$

for cpd. contribution to ϵ_K by inertial exchange of energy. Combining (1) & (2), we have

$$\epsilon_K = -\frac{\partial}{\partial t}\int_0^K F(K)dK = 2\rho(\nu+\nu_K)\int_0^K F(K)K^2 dK \quad (3)$$

湍流笔记（1955 年）

The foregoing visualization of inertial term in eq. of motion as a viscosity, ν_K, & the additivity of ν & ν_K is basic to all heuristic theories of T. And in Heisenberg's theory it is further assumed that ν_K is:

$$\nu_K = \kappa \int_K^\infty \frac{dk}{k^{3/2}} \sqrt{F(k)} \qquad (4)$$

where κ is a numerical const. This formula for ν_K is essentially equivalent to the exp.

$$\nu_K \sim l_K v_K \sim v_K / K \qquad (5)$$

derived on the picture of eddies with wave nos. $> K$, describing a mean free path l_K, of order $\frac{1}{K}$ with a certain mean speed, v_K. [It may be noted here that on Kolmogoroff's similarity principles

$$v_K \sim K^{-\frac{1}{3}} \qquad (6)]$$

In contrast to heuristic theories, in the development which have followed Taylor's, the principal effort has been in verifying kinematical & dynamical consequences of the assumption of isotropy. This requires time average of any fn of vel. components defined w.r.t. a particular set of axes to be invariant under arbitrary rotations & reflexions of axes of reference. And in the phenomenological theory incorporating this definition of isotropy we may distinguish 2 parts: a kinematical part which consists in setting up correlations between vel. components at 2 diff. pts (but at same time) in the medium and reducing the form of the associated tensors to meet the requirements of isotropy; & a dynamical part in deriving the consequences of eq. of motion & continuity for fundamental scalar fns defining the correlation tensors. When dealg with T. in incomp. fluid, it is convenient to include

湍流笔记（1955 年）

(a) $u_{\parallel}(0)$ $\xrightarrow{r}$ $u_{\parallel}(r)$

(b) $u_{\perp}(0)$ r $u_{\perp}(r)$

Fig. 1 The longitudinal (a) & transverse (b) vel. corr.

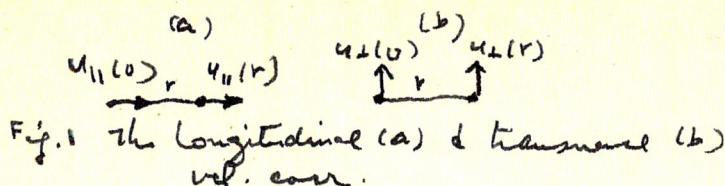

in the kinematical part the restrictions on corr. tensors imposed by eq. of continuity & to reserve for dynamical part only the implications of Stokes-Navier eq. Thus, cdn. of isotropy in conjunction with eq. of continuity requires that the fns, f and g, describing longitudinal & transverse vel. corr. should be related by (Kármán)

$$g = f + \frac{1}{2} r \frac{\partial f}{\partial r} \qquad (7)$$

where (Fig. 1)

$$\left.\begin{aligned} \overline{u_1^2} f(r,t) &= \overline{u_{\parallel}(0)\, u_{\parallel}(r)} \\ \overline{u_1^2} g(r,t) &= \overline{u_{\perp}(0)\, u_{\perp}(r)} \end{aligned}\right\} \qquad (8)$$

(7) is experimentally verified, but this is no more than demonstrating that isotropy in T. can be realized, for in deriving (7), besides (7), only eq. of continuity is used. Similarly, (Taylor)

$$\epsilon = -15 \nu \overline{u_1^2} \left(\frac{\partial^2 f}{\partial r^2}\right)_{r=0} \qquad (9)$$

for rate of dissipation of kinetic energy per unit mass which follows directly from eq. of motion has also been exp. verified, &, again, this is only a demonstration that isotropy is realizable. However, neither of the 2 relations (7) & (8) shed any light on the mechanism of energy transfer between diff. states of motion implied by the inertial term in eq. of motion.

From foregoing account of current theories of T. & their limitations, it is apparent that we are still very far from having even an outline of what may properly be called a deductive physical theory of T. A theory such as Heisenberg's contains far too many heuristic elements to merit classification under a deductive theory. Similarly, while the developments which have followed Taylor's have stimulated exp.

湍流笔记（1955 年）

investigations & provided useful information, they failed to provide a complete set of eqn. in terms of which the phenomena of T. may be described. This failure is evident, for example, from eq. of Kármán Howarth which relates only the 2 scalars Q(r) & T(r) defining double $u_i u_j'$ and triple $u_i u_j u_k'$ corr., respectively. Attempts to enlarge the basis of Theory by including higher order corr. have also failed because the no. of additional scalars which have to be introduced increases far more rapidly than no. of new eqn. which are derived; & there does not seem to be any simple way of restricting oneself to a finite no. of these eqn.

2. Basic Ideas of the Proposed Theory

The incompleteness of current theories of T. arises from failure to derive a single eq. for some one fn in terms of which the essential features of phenomena may be described. We can trace its origin to lack of any clearly formulated statistical hypothesis & the physical circumstance that, fundamentally, a description of T. in terms of its spectrum F(K) (or, equivalently, only of scalar Q(r) defining tensor $u_i u_j'$) cannot be a complete one. A description in terms of F(K) only (or Q(r) only) would be complete only if there were no phase relationship between diff. Fourier components of vel. field. But this is not the case. Phase relationships must exist: without them there would be no exchange of energy between diff. Fourier components which is, after all, the essence of phenomena of T. A theory, albeit an approx. one, must incorporate in

湍流笔记（1955 年）

itself some element which describes these phase relationships; without such an element the theory would lack the means of accounting for the essence of phenomena. It would appear that by introducing corr. in vel. comp. at 2 diff. pts & at 2 diff. times, we can incorporate features which are results of these phase relationships. Thus we are able to derive from eq. of motion and one additional statistical hypothesis a single eq. for a single scalar fn.

Basic ideas underlying proposed theory are best formulated under cdn. of isotropy when a stationary state exists. Under these cdn. an external agency must supply energy to the system at a constant rate & energy must be dissipated (by viscosity) at same rate. The constant rate, ϵ, at which energy is supplied & is dissipated is, therefore, a parameter of the problem.

Shall introduce corr. between vel. comp. at 2 diff. pts (P' & P'') & at 2 diff. times (t' & t''). Shall assume that these relations depend, apart from vector $\underline{\xi}$ ($= \underline{r}'' - \underline{r}'$) joining 2 pts, only on diff. $|t'' - t'|$.

Have to deal with tensors:

$$\left.\begin{aligned} Q_{ij} &= \overline{u_i(\underline{r}', t')\, u_j(\underline{r}'', t'')} \\ T_{ij,k} &= \overline{u_i(\underline{r}', t')\, u_j(\underline{r}', t')\, u_k(\underline{r}'', t'')} \\ P_{ij} &= \overline{\varpi(\underline{r}', t')\, u_i(\underline{r}'', t'')\, u_j(\underline{r}'', t'')} \quad \left(\varpi = \frac{p}{\rho}\right) \\ Q_{ij,kl} &= \overline{u_i(\underline{r}', t')\, u_j(\underline{r}', t')\, u_k(\underline{r}'', t'')\, u_l(\underline{r}'', t'')} \end{aligned}\right\} \quad (10)$$

According to assumption made, Q_{ij}, $T_{ij,k}$, P_{ij} and $Q_{ij,kl}$ are all isotropic tensors whose defining scalars are fns, only, of distance $r = |\underline{r}'' - \underline{r}'|$ between 2 pts, & interval of time $t = |t'' - t'|$. The latter

湍流笔记（1955 年）

Journal Exp.l Theoretical Physics 33, 710 1957, Sept.)

平衡磁流体构形 Shafranov

研究了由导电气体因磁场约束而成的有限体系的平衡：a)当引力存在时；b)当存在电流环时；c)在外磁场中；带相对电流的回路的平衡条件。用流体力学理论完成了关于平衡的MHD流体系统的定理。MHD的平衡条件同时也可写为不可压流体的稳定理论。确定了在提出的条件下带电流的平衡一般条件。

MHD流力方程

$$-\nabla p+\frac{1}{c}[\bar{j}\bar{H}]+\rho\nabla\varphi=0 \qquad \mathrm{rot}\,\bar{H}=\frac{4\pi}{c}\bar{j} \qquad (1)$$

$$\nabla^2\varphi=-4\pi G\rho \qquad \mathrm{div}\,\bar{H}=0$$

✻

将以上稳定平衡的必要条件的某些一般情况，可由维里定理来得到。当在封闭系统的情况下平衡时，它变成如下形式

$$3(\gamma-1)U+\mathfrak{M}+\Omega=0 \qquad ②$$

✻

$$U=\frac{1}{\gamma-1}\int_V p\,d\bar{r},\quad \Omega=-\frac{1}{2}\int\rho\varphi\,d\bar{r},\quad \mathfrak{M}=\int\frac{H^2}{8\pi}d\bar{r}$$

U为气体内能，$\mathfrak{M}$为磁能，Ω为引力能。

如果Ω=0则封闭系统就不能平衡。对于不封闭系统，当Ω=0时，(2)成

$$\int_V\left(3p+\frac{H^2}{8\pi}\right)d\bar{r}=\oint\left\{\left(p+\frac{H^2}{8\pi}\right)\bar{r}-\frac{1}{4\pi}(\bar{r}\bar{H})\bar{H}\right\}d\bar{S} \qquad ③$$

如假设电流集中在空中有限部分。当所取的体积趋向无穷大时，③：

$$\int_V\left(3p+\frac{H^2}{8\pi}\right)d\bar{r}=\oint p\bar{r}\,d\bar{S}=3p_e V \qquad ④$$

可见如外压力p_e超过构形中的平均压力就能平衡。

当Ω=0和$p_e=0$时，仅在外磁场中才能平衡。

$$\int_V\left(3p+\frac{H^2}{8\pi}\right)d\bar{r}=\frac{H_0^2}{8\pi}V \qquad ⑤$$

因此在构形中气体和磁场的压力能等于：a)引力，b)外部气体的压力，c)外加磁场的压力。

以上指出，在1–3节中得到有关的回路形有限构形的三种平衡情况。尤其有趣的是，用外部气压来维持平衡的带电流的环

✻[2] ✻ Fermi: 2 p.931 Chandrasekhar p.581

《平衡磁流体构形》(1957年)

(第二节)，因为这种环体不是刚性的[illegible]。

在第4节中表明，平衡构形指定了流体动力学问题。根据这种表征给出了环形构形的平衡条件。在第5节中我们将描述[illegible]构形平衡的方程。

1. 带电流的引力环

$R \gg a$. 在截面上流体密度为常值，电导率无限大。沿环流动着由环内磁场和环外磁场产生的螺旋形表面电流。这里

环内磁场为 $$H_1 = \{0, H_\varphi, 0\} \quad (6)$$

环外 〃 〃 $$H_2 = \{H_r, 0, H_z\} \quad (7)$$

环内磁场与沿环轴线流动的电流 I_1 相连系

$$H_\varphi = \frac{2I_1}{cr} \quad (8)$$

磁场 H_2 与轴向电流 I_2 相联系。显然 H_1 与 H_2 正交。

描写环的行为的方程组由拉格朗日函数得到。

$$L = T(R,a) + \mathfrak{M}(R,a,I_1,I_2) - \Psi(V,T) - \Omega(R,a) \quad (9)$$

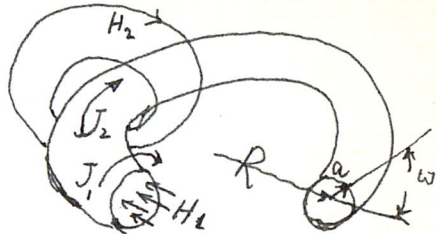

T—动能，$T = \frac{1}{2}\int \rho v^2 d\tau = \frac{M}{2}\left(\dot R^2 + \frac{\dot a^2}{2}\right)$ (10)

$\mathfrak{M}$—带电流的电流势函数，[illegible]。由于 H_1 和 H_2 的正交性，能量可以写成两项之和

$$\mathfrak{M} = (1/2c^2)(L_1 I_1^2 + L_2 I_2^2) \quad (11)$$

L_1, L_2 指示电流的自感系数

$$L_1 = 4\pi(R - \sqrt{R^2-a^2}) \approx \frac{2\pi a^2}{R}, \quad L_2 = 4\pi R\left(\ln\frac{8R}{a} - 2\right) \quad (12)$$

$$\Psi(V,T) = -NT\ln VT^{1/(\gamma-1)} \quad (13)$$ (Joos: p.580, 583)

是理想气体的自由能。N 是全部分子数。$V = 2\pi^2 R a^2$ 环体积，T 是绝对温度。

$$\Omega(R,a) = -(GM^2/2\pi R)\left[\ln\left(\frac{8R}{a}\right) + \frac{1}{4}\right] \quad (14)$$ Lamb §376 (p.707)

是环的引力能。(广义坐标和速度为 $\dot q = \dot a, \dot R, I_1, I_2, \dot T$; $q = a, R$.

《平衡磁流体构形》(1957 年)

首先由两个 Lagrange 方程 $(q=a, R)$ 确定环半径的变化规律

$$M\ddot{R} = F_R, \qquad \frac{1}{2}M\ddot{a} = F_a \tag{16}$$

因为环是理想导体，第二和三方程 $(q=I_1, I_2)$ 给出了保持磁通不变的条件 $L_1I_1=$ 常数，$L_2I_2=\text{const}$. (17)

第四方程 $(q=T)$ 是绝热过程方程 $T=\text{const}\,V^{-(\gamma-1)}$ (18)

假设环的形状不变，稳定条件为平衡：

$$F_q = (\partial L/\partial q)_{\dot{q}} = 0 \qquad \partial F_q/\partial q < 0 \quad (q=a, R) \tag{19}$$

运用⑯和⑲，在平衡位置附近的运动由下列公式确定

$$(\delta\ddot{a}) + \omega_a^2(\delta a) = 0 \qquad (\delta\ddot{R}) + \omega_R^2(\delta R) = 0 \tag{20}$$

其中 δa 和 δR 是平衡半径的偏差，ω_a^2 和 ω_R^2 是径向振动的频率：

$$\omega_a^2 = -\frac{2}{M}\left(\frac{\partial F_a}{\partial a}\right); \qquad \omega_R^2 = -\frac{1}{M}\left(\frac{\partial F_R}{\partial R}\right) \tag{21}$$

利用⑰，⑱，不难看出，$F_q = -\frac{\partial W}{\partial q}$，其中

$$W = \frac{NT}{\gamma-1} + \frac{1}{2c^2}(L_1I_1^2 + L_2I_2^2) - \frac{GM^2}{2\pi R}\left(\ln\frac{8R}{a} + \frac{1}{4}\right) \tag{22}$$

是整个环的总能。因此，稳定平衡的条件相当于总能 W 为最小。

我们写出力的表示式

$$F_a = \frac{\partial L}{\partial a} = \frac{2\pi I_1^2}{c^2}\frac{a}{R} - \frac{2\pi I_2^2}{c^2}\frac{R}{a} - \frac{GM^2}{2\pi Ra} + \frac{2NT}{a}$$

$$F_R = \frac{\partial L}{\partial R} = -\frac{\pi I_1^2}{c^2}\frac{a^2}{R^2} + \frac{2\pi I_2^2}{c^2}\left(\ln\frac{8R}{a} - 1\right) - \frac{GM^2}{2\pi R^2}\left(\ln\frac{8R}{a} - \frac{3}{4}\right) + \frac{NT}{R} \tag{23}$$

若取 $F_a = F_R = 0$，就得到确定平衡条件的关系：

$$H_{10}^2 = 2H_G^2\left(\ln\frac{8R}{a} - \frac{7}{8}\right)\Big/\left(\ln\frac{8R}{a} - \frac{3}{2}\right) - 8\pi p_i\left(\ln\frac{8R}{a} - \frac{1}{2}\right)\Big/\left(\ln\frac{8R}{a} - \frac{3}{2}\right)$$

$$H_{20}^2 = H_G^2\left(\ln\frac{8R}{a} - \frac{1}{4}\right)\Big/\left(\ln\frac{8R}{a} - \frac{3}{2}\right) - 8\pi p_i\Big/\left(\ln\frac{8R}{a} - \frac{3}{2}\right) \tag{24}$$

其中 $H_{10} = \frac{2I_1}{cR}$，$H_{20} = \frac{2I_2}{ca}$；$H_G^2 = GM^2/\pi^2R^2a^2$，$p_i = NT/V$ (25)

如果叠加㉔式的两个方程，只需先将第一式乘以 $\frac{V}{8\pi}$，第二式乘以 $\frac{V}{8\pi}\left[\ln\frac{R}{a} - 2\right]$，则可由㉔式得到维里定理②。不难证明，稳定平衡的必要条件 $\frac{\partial F_a}{\partial a} < 0$，$\frac{\partial F_R}{\partial R} < 0$（在环形状不变条件下的平衡位 R, a 的稳定性）被满足了。

根据直筒稳定性计算（附录）进行环的稳定性研究，在所有电流都沿筒表面流动的条件下，轴向的磁场对筒形状的扰动起稳定作用。最危险

《平衡磁流体构形》（1957 年）

的扰动是 $\cos\frac{2\pi z}{\lambda}$ 和 $\cos(\frac{2\pi z}{\lambda}-\varphi)$ 形式的扰动，其中 z 是沿圆轴的坐标，φ 是方位角，λ 是扰动波长。第一种形式的不稳定性主要发生是由于基本质量力在表面形成"颈"形。第二种不稳定性(扭转扭曲)是与电流的不稳定性有关。在条件 $\frac{2\pi a}{\lambda}<<1$ 下稳定性准则具有下列形式(附录⑭)：

$$1)\quad H_{10}^2 > \frac{H_{20}^2}{2} + 2H_\varphi^2\left(\ln\frac{\lambda}{\pi a} - c - \frac{1}{2}\right)$$

$$2)\quad H_{10}^2 > H_{20}^2\left(\ln\frac{\lambda}{\pi a} - c\right) - H_\varphi^2\left(\ln\frac{\lambda}{\pi a} - c + \frac{1}{4}\right) \qquad (26)$$

其中 $c=0.577$.

由(24)可见 $H_{10}^2 \lesssim 2H_\varphi^2$；$H_{10}^2 \lesssim 2H_{20}^2$. 结论，第一种不平衡对于波长 $\lambda>>2\pi a$ 是不稳定的。因此基本的平衡对于 $\cos(\frac{2\pi z}{\lambda})$ 型扰动(腊肠形)是不稳定。

2. 在气体中的带电流的环

当外压大于环内气体压强，这个压力会作用以磁场 H_2 的压力一起与由于轴内场 H_1 的压力相平衡。理想情况，电流在环的无限薄表面层中流动。磁场在表面上作用以压力，而在环 S 表面上的力平衡条件是

$$H_1^2|_s = H_2^2|_s + 8\pi p_e|_s \qquad (27)$$

其中按⑧ $H_1 = 2I_1/cr$.

条件(27)它可用来确定平衡构形的截面形状。对于细环近似它是圆的，使得 $r|_s = R + a\cos\omega$，并且

$$H_1^2|_s = H_{10}^2\left(1-2\frac{a}{R}\cos\omega\right) \qquad (28)$$

环向电流的磁场分布可根据 Fok 的工作(14)来得到，他研究过研究顶端的边缘动力学的。当 $R>>a$ 时，电流表面密度按下列规律分布：

$$i_\varphi = \text{const}\left\{1-\frac{a}{R}\left(\ln\frac{8R}{a}-\frac{1}{2}\right)\cos\omega\right\}$$

因此

$$H_2^2|_s = H_{20}^2\left\{1-2\frac{a}{R}\left(\ln\frac{8R}{a}-\frac{1}{2}\right)\cos\omega\right\} \qquad (29)$$

(28)(29)代入(27)，并比较与 ω 无关的项及带 $\cos\omega$ 的各项，得

$$H_{10}^2 = H_{20}^2 + 8\pi p_e,\quad H_{10}^2 = 8\pi p_e\Big/\left(\ln\frac{8R}{a}-\frac{3}{2}\right)$$

或

$$H_{10}^2 = H_{20}^2\left(\ln\frac{8R}{a}-\frac{1}{2}\right),\quad H_{20}^2 = 8\pi p_e\left(\ln\frac{8R}{a}-\frac{1}{2}\right)\Big/\left(\ln\frac{8R}{a}-\frac{3}{2}\right) \qquad (30)$$

《平衡磁流体构形》(1957年)

最后这些平衡条件由(24)式得到，如果假设 $G=0$，并令 p_i 表示内部压力之差。现在这个压差为负值 $p_i=-p_e<0$.

当 p_e = 常数时由(23)和(17)可得

$$\frac{\partial F_a}{\partial a}=-\frac{2\pi I_2^2}{c^2a^2}R\left[2\ln\frac{8R}{a}-2+\left(\ln\frac{8R}{a}-2\right)^{-1}\right]$$

$$\frac{\partial F_R}{\partial R}=-\frac{2\pi I_1^2}{c^2R}\left[2\ln\frac{8R}{a}-1+2\left(\ln\frac{8R}{a}-2\right)^{-1}\right] \qquad (31)$$

因为 $\frac{\partial F_a}{\partial a}<0$，$\frac{\partial F_R}{\partial R}<0$，∴平衡相对于 R 和 a 的变量是稳定的。对于由比较圆柱体求出的形状改变的稳定性条件则具有下列形式（附录(14)）

$$H_{10}^2>H_{20}^2\left(\ln\frac{\lambda}{\pi a}-c\right)$$

按平衡条件(30)，$H_{10}^2=H_{20}^2\left(\ln\frac{8R}{a}-\frac{1}{2}\right)$

假设圆环中的扰动的最大长度为 $\lambda=\pi R$，此当然稳定性条件就满足了。

因此造成环表面的曲线电流产生撑开与压力的磁场的构形是满足了表面的稳定构形。这结论应当用直接计算环的稳定性来加以核对。然而在实验中很难在导电流体中这种环是否存在，因为导体支撑着体内流过电流的电导率导体不能透入环内。我们要求出对于电流与压力来说平衡所必须的关系。在(30)中用 I_1 表示 H_{10}，用 I_2 表示 H_{20}，然后得到

$$\frac{I_2^2}{a^2}=\frac{I_1^2}{R^2}\left(\ln\frac{8R}{a}-\frac{1}{2}\right)=2\pi p_e c^2\Big/\left(\ln\frac{8R}{a}-\frac{3}{2}\right) \qquad (32)$$

如果以 Amp. 表电流，atm. 表压力，并设在 ln 中的 $\frac{R}{a}=10$，则

$$I_2/a=I_1/2R=15\cdot10^3 p_e \qquad (33)$$

例如，当 $a\sim1$cm，$p_e\sim1$atm.，电流应为1万 Amp. 量级。

不幸的是，即使供应这样的环，它的存在时间将决定于由于电子同离子和原子碰撞而造成的电流的衰减时间。如果令离子的碰撞是确定的，那么这时间将与导体的尺寸（尺寸）无关，而供它电子里导率的大小 $\sigma=e^2n\tau/m$ $(n\tau\approx0.1(mV^2/e^2)^2)$，所以为

$$t_0=4\pi\sigma a^2/c^2\approx10a^2(V/c)^3.$$

《平衡磁流体构形》（1957年）

作假设,例如 $a \sim 1\text{cm}$,电子速度 $v \sim 10^{-2}c$(这个速度与典型电流密度 $I \sim 10^4\text{A}$ 是同一量级);这里 $t_0 \sim 10\,\mu s$. 但是气体扩散到电流附中的时间 $t_D \sim a^2/D$(D是扩散系数,在正常条件下气体中 $D \sim 0.1$)大于电流衰减到压力 $p \approx .001\,\text{atm}$ 的时间,因此能不予考虑.

3. 在外磁场中的环形电流

假设带轴向电流 I_2 位于同轴的方向垂直于环面的磁场 H_0 中. 如果由(23)取 $I_1=0$,$G=0$,并在 F_R 上附加罗伦兹力 $c^{-1}I_2H_0 2\pi R$,则得到 F_a 和 F_R 的表达式

$$F_a = -\frac{2\pi I_2^2}{c^2}\frac{R}{a} + \frac{2NT}{a}$$

$$F_R = \frac{I_2^2}{2c^2}\frac{\partial L_2}{\partial R} + \frac{NT}{R} + \frac{1}{c}I_2H_0 2\pi R \qquad (34)$$

由 $F_a=0$ 的条件,就可得到熟知的 pinch 公式

$$I_2^2 = 2c^2NT/2\pi R \qquad (35)$$

在方程 $F_R=0$ 中以 I_2^2 代 NT,就可得到保持给定半径 R 的环流动的电流平衡的磁场

$$H_0 = -\frac{I_2}{cR}\left(\frac{1}{4\pi}\frac{\partial L_2}{\partial R} + \frac{1}{2}\right) \qquad (36)$$

如果存在强烈的集肤效应,则 $L_2 = 4\pi R\left[\ln\frac{8R}{a} - 2\right]$,且

$$H_0 = -\frac{I_2}{cR}\left(\ln\frac{8R}{a} - \frac{1}{2}\right) \qquad (37)$$

如果电流密度沿截面上为常数,则 $L_2 = 4\pi R\left[\ln\frac{8R}{a} - \frac{7}{4}\right]$,且

$$H_0 = -\frac{I_2}{cR}\left(\ln\frac{8R}{a} - \frac{1}{4}\right) \qquad (38)$$

在平衡时,沿导线环的表面上的磁场值应为定值,由此条件即得公式(37). 按照(29),表面上的电流的场等于

$$H_2 = H_{20}\left\{1 - \frac{a}{R}\left(\ln\frac{8R}{a} - \frac{1}{2}\right)\cos\omega\right\}$$

当 $R \gg a$ 时外场分布,象位于同轴的导线环一样来确定:

$$H = \nabla\varphi, \quad \varphi = aH_0\left(\frac{\rho}{a} + \frac{a}{\rho}\right)\sin\omega$$

(ρ—极半径,ω—方位角). 由此得

$$H_\omega|_{\rho=a} = \frac{1}{\rho}\frac{\partial\varphi}{\partial\omega}\Big|_{\rho=a} = 2H_0\cos\omega$$

《平衡磁流体构形》(1957年)

Plasma physics & the problems of controlled thermonuclear reactions vol. I, p. 135 1961

Construction of a plasma under the action of its own mag field   S. I. Braginskii

A large current passing thru a plasma forms a mag field, & the latter has a strong influence on the motion of charged particles in plasma & on the configuration of entire plasma. Simultaneous action of electric field producing the current, & mag field due to current leads to a "drift" of charged particles of both signs inside the current carrying channel. This drift is "equalized" in a stationary state by the outward diffusion of particles across the self-mag field. As a consequence, the plasma constricts itself to a more or less thin beam, thru which almost all of the current flows (so called pinch effect). This effect has been previously considered by Schlüter [1] under assumption of const. plasma temp. along radius.

This paper treats a stationary plasma constricted in an infinite straight tube. The plasma is assumed fully ionized. Electron temp assumed equal to ion temp & there is no external mag field.

Introduce cylindrical coord. with z-axis along tube axis, assume all quantities depend only on radius, so all gradients are directed along radius. Mag field H obviously has only one comp different from zero, i.e. tangential comp. The axial electric field E, which generates the current, is const over cross section. All gradients & electric field are directed at every pt ⊥ mag field. Expression for radial flow of particles & of heat are: *

$$nv_{ir} = nv_{er} = -\frac{cn}{H}E - \frac{2c^2n^2}{\sigma_1 H^2 T^{1/2}}\left(\frac{1}{n}\frac{dn}{dr} + \frac{1}{4T}\frac{dT}{dr}\right) \quad (1)$$

$$q_r = -\left(\sqrt{\frac{2m_i}{m_e}} + \frac{15}{2} + 2.41\right)\frac{c^2n^2}{\sigma_1 H^2 T^{1/2}}\frac{dT}{dr} - \frac{3}{2}\frac{cE}{H}nT \quad (2)$$

The electric current flows in axial direction & is

$$j_z = -\frac{2c}{H}\frac{dnT}{dr} \quad (3)$$

n plasma density (no. of ions or electrons per cm^3); T plasma temp, m_i; m_e masses of ions & electrons & c vel of light. Const. σ_1 enters in following way into the expression for the time of electron collisions: $\tau_e = (m_e \sigma_1/e^2)T^{3/2}$. It is equal to

* TAMM

工作笔记（1961 年）

$$\sigma_1 = \frac{3}{\sqrt{2\pi m_e}\, e^2 \lambda} \quad (4)$$

λ is the so called "Coulomb Logarithm"; we assume $\lambda = 20$.

The system of basic eqn can be written in form

$$\frac{1}{r}\frac{drH}{dr} = \frac{4\pi}{c} j_g = -\frac{8\pi}{H}\frac{dnT}{dr} \quad (5a)$$

$$T\frac{dn}{dr} + \frac{n}{4}\frac{dT}{dr} + \frac{\sigma_1}{2c} EHT^{3/2} = 0 \quad (5b)$$

$$\frac{c}{4\pi} EH = q_r = -\frac{\kappa c^2 n^2}{\sigma_1 H^2 T^{1/2}}\frac{dT}{dr} - \frac{3cE}{2H} nT \quad (5c)$$

$\kappa = \sqrt{\frac{2m_i}{m_e}} + \frac{15}{2} + 2.41$. (5a) is Maxwell eq., (5b) is the eq $v_r = 0$, (5c) represents the energy balance in a plasma – energy generated by electromagnetic field is removed thru heat transfer to the outside (in a stationary case & without radiation).

System of eqn (5) contains 3 eqn for 3 unknowns for n, T, H. The radial electric field E_r does not affect particle & energy flow & so does not enter into (5) & will not be of interest to us. Since (5) contains only one dimensional parameter $\frac{\sigma_1 E}{c}$, it can be written in dimensionless form & one can choose any units for density and temp.; e.g. can take for these units the density & temp n_0 & T_0, on tube's axis. For the unit of mag field take $H_1 = \sqrt{8\pi n_0 T_0}$, & for unit of length $r_1 = cH_1/4\pi\sigma_1 E T_0^{3/2}$.

Numerical integration of eqn (5) was performed for $\frac{m_i}{m_e} = 3690$, with corresp. $\kappa = 95.6$. The results are in Fig. 1.

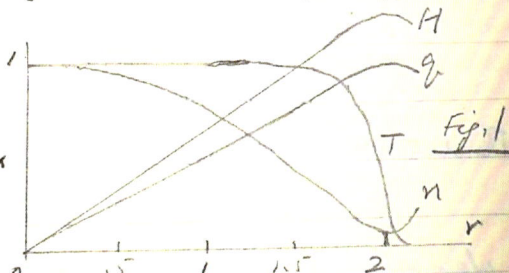

Density approx. parabolic & for $r \approx 2$ passes thru a min. Mag field approx. linear. Temp approx uniform, only in vicinity of right side fall off rapidly, e.g. $T = 5 \cdot 10^{-4}$ for $r = 2.2$, while its logarithmic derivative becomes very large (about 38). The small change in temp over most of a heat conducting plasma beam can be explained on basis of simple considerations. Heat transfer is realized mainly by collisions of ions with ions, while, for diffusion, only collisions of electrons with ions are important. It can be shown by simple evaluation, that, due to large Larmor radius of ions, coeff of heat conductivity of a plasma is greater than diffusion coeff by a factor of order $\sqrt{\frac{m_i}{m_e}}$. Thus, eq 15c) contains on the right side large coeff k which leads to the appearance of a plateau for Temp. curve. One can find an approx soln for system of eqn 15) if one neglects the last eq & assumes $T=T_0$. For mag field & density, we get

$$H = \frac{2\pi\sigma_1}{c} E T_0^{3/2} r; \qquad (6)$$

$$n = n_0 - \frac{\pi\sigma_1^2}{2c^2} E^2 T_0^2 r^2 = n_0\left(1-\frac{r^2}{a^2}\right)$$

This eq was 1st obtained by Schlüter [1].

This approx soln applies only for $r<a$, where

$$a^2 = \frac{2c^2 n_0}{\pi\sigma_1^2 E^2 T_0^2} \qquad 7)$$

i.e. up to this pt where it gives $n=0$. Current density is found to be constant over the cross section of the beam & is equal to

$$j = \sigma_1 T_0^{3/2} E \qquad 8)$$

The coeff of E agrees in order of magnitude with coeff of electric conductivity in absence of mag field.

Soln of system of eqn 15) contains the two unknown quantities n_0 and T_0. One of the eqn of their determination is obtained by using the exp. for total no. of particles

$$\int_0^a n(r)\, 2\pi r\, dr = N \qquad (9)$$

N total no. of ion pairs per 1 cm length of beam, i.e. no determined from the pr. of neutral gas from which plasma was made. Thus n_0 & T_0 are related to each other by relation

$$n_0 = \frac{1}{c} E T_0 N^{\frac{1}{2}} \qquad (10)$$

One more cdn is necc for determination of n_0 & T_0. This should be obtained from bdy cdn on wall, where fully ionized plasma joins on to an incompletely ionized layer at wall. The exact cdn on wall are at present, not known; although one can assume that the wall is located approx at the pt where the dimensionless radius $r \simeq 2$, which cpd (7). Due to steep temp drop on the edge this does not introduce a large indeterminancy.

One should also consider following case. In vicinity of beam body it is inevitable that a large temp gradient, direct toward axis, be present. The force acting on the plasma, which balances the pr gradient, is also directed inward. The situation here is analogous to that which takes place in atm in presence of a temp gradient directed upward ("upward" cpd to direction of beam axis). Under these cdn convection current may be established which would wash away the body of beam & lead to turbulent heat-transfer & diffusion. Consideration of formation of such an instability requires separate investigation. Similarly, whether turbulent region will limit itself to surface of beam or whether it will spread itself throughout the entire vol. requires separate investigation.

If assume approx soln (6) valid for a greater part of beam vol., then it is possible to express plasma temp T_0 in terms of an experimentally measured quantity, the total current I flowing in the tube. In fact the beam radius (7) can be expressed with help of (10) as

$$a = \left(\frac{2c N^{\frac{1}{2}}}{\pi T_0 E}\right)^{\frac{1}{2}} \qquad (11)$$

Multiply current density (8) by πa^2, we get

$$I = 2c(NT_0)^{\frac{1}{2}}$$

or

$$T_0 = \frac{I^2}{4c^2 N} \qquad (12)$$

Temp in eV, current in amp, & N in cm^{-1}, then (12) takes the form

$$T_0 = 1.56 \cdot 10^9 \frac{I^2}{N} \qquad (12)$$

工作笔记（1961 年）

This relation shows that one cannot send a strong current thru a plasma if the plasma is not heated to a suff high temp. (12) was obtained by Schlüter [1].

It can be expected that the plasma beam will completely separate itself from wall for suff strong currents so that there will virtually be a vacuum between wall & beam. Moreover, the heat loss to wall due to heat conductivity will vanish; the energy will be lost only by radiation. If a stationary soln of this kind ∃, then it can be obtained in following way. According to above temp. will be approx constant across beam. This will lead to (6) for mag field & density, as well as (7)–(12). The nece additional cdn for determination of temp can in this case be written (cdn of energy balance in the beam)

$$\int_0^a Q(r)\,2\pi r\,dr = EI \qquad (13)$$

Q is radiation loss per cm^3. Assuming that "betatron" radiation can be neglected by comparison with Bremsstrahlung, we get for Q (using results given by Heitler [5]):

$$Q=\beta n^2T^{\frac{1}{2}},\qquad \beta=32\sqrt{2}\,e^2/3\sqrt{\pi}\cdot 137\,m^{3/2}c^2 \qquad (14)$$

Using eq (13) together with (14) makes it possible to find temp & density in the beam, the radius of the beam & the total current in it

$$\begin{aligned} T_0 &= \frac{3c^2}{\beta\sigma_1}\frac{1}{N}\\ a^2 &= \frac{2\beta}{3\pi c}\frac{N^{3/2}}{E} \qquad (15)\\ I &= c^2(12/\beta\sigma_1)^{\frac{1}{2}} \end{aligned}$$

If T in ev, a in cm, E in volts per cm, I in amp, & N in cm^{-1}, then (15):

$$\begin{aligned} T_0 &= \frac{5.8\cdot 10^{21}}{N}\\ a &= 1.7\cdot 10^{-14}\frac{N^{3/2}}{E^{1/2}} \qquad (16)\\ I &= 1.9\cdot 10^6 \end{aligned}$$

Note beam current here does not depend on electric field. An increase in field leads only to a compression of beam; the current does not depend on No. of particles in tube either.

The value found for current in the case of hydrogen plasma is the limiting value for a given system. Actually, any heat loss which we did not take into consideration can only lower the temp in the beam, & since the current is connected with temp by (12), then the lowering of temp leads to a lowering of current. In the case of plasma in which nuclear reactions can take place, the temp can be greater than value given by (16) & so current can also be greater.

Ref.

[1] A. Schluter, Z. Naturforsch. 5a, 72, 1950
[2] S. Braginskii, Zh. eksp. teoret. fiz, 33, 645, 1957
[3] I.E. Tamm, this vol. p.1
[4] S. Braginskii " p.135
[5] W. Heitler, the Quantum Theory of Radiation (1944).

第十二章

辐射的半经典理论

在迄今為止的討論中，我們祇处理了原子的定态。現在我們將处理這些定态之间的跃迁。我們將欲研究一原子系統和一电磁辐射場间的相互作用。对於一具有电荷 e 的质点处在一由矢量势 **A** 所描述的电磁場中時，薛定谔方程為

$$i\hbar\frac{\partial\psi}{\partial t} = \left[-\frac{\hbar^2}{2m}\nabla^2 + \frac{ie\hbar}{mc}\mathbf{A}\cdot\nabla + V\right]\psi \qquad (12\text{-}1)$$

(息夫，p.246)。我們是在 $\nabla\cdot\mathbf{A}=0$，$\varphi=0$ 的規範中，這当没有电磁場的源存在時总是可能的，而且我們已去棄了可以忽略的含 A^2 的項。

這問題將用半经典理论处理，意即虽然粒子的运动是被量子化的，但电磁場则將被认作经典的。因此假定了在空-時的每一点的矢量势都可通过真空中的经典馬克司韦方程而明确規定：

$$\nabla\times\mathcal{E} = -\frac{1}{c}\frac{\partial\mathcal{H}}{\partial t}$$

《辐射的半经典理论》

第　　页共　　页

$$\nabla \times \mathbf{H} = \frac{1}{c}\frac{\partial \mathbf{E}}{\partial t}$$

$$\nabla \cdot \mathbf{H} = 0 \qquad (12-2)$$

$$\nabla \cdot \mathbf{E} = 0.$$

於是

$$\mathbf{H} = \nabla \times \mathbf{A}$$

$$\mathbf{E} = -\frac{1}{c}\frac{\partial \mathbf{A}}{\partial t} \qquad (12-3)$$

$$\nabla^2 \mathbf{A} - \frac{1}{c^2}\frac{\partial^2 \mathbf{A}}{\partial t^2} = 0$$

$$\nabla \cdot \mathbf{A} = 0 \qquad (12-4)$$

以后将看到這对於一外辐射場在粒子上的影响(吸收和诱致发射)给出了一个正确的叙述。但关於粒子对場的影响(自发发射)则不然。对后一現象的正确结果，其原因在於对应原理。当辐射場被量子化時它被认作為一量子化振子的集合体，振子的n级受激态描述电磁場中的n个光子。对於高n值(多光子或强光束)，对应原则允许場的一个经典近似描述。因此对於强烈外来光束，半经典近似处理预期可以给出正确结果。但現在我们注意(12-1)对$\mathbf{A}$為线性的，因此对强光束成立的结果必然对弱光束同样成立。這确实如此则是由对於一谐振子在低n值

稿纸20×20＝400（2003　1230）

北京大栅栏印刷厂出品　七三·二

《辐射的半经典理论》

时就适用对应原则一事的巧合有关。

這些观察对自发发射不成立。這个发射的发生不依赖於外场的存在，即一加速电荷不管它是否在一外场之中，它总是辐射的。至少必需发射出一个量子；因此它在场中的行为是非线性的，同时对应原则不能以简单方式外延到一个量子的发射。作為一个完全满意的理论，我们还需要对电磁场进行量子化，亦即我们需要量子场论。但是，从一般的平衡条件，我们将能得到正确的自发发射几率，并将看到這结果為辐射发射经典理论的一个似乎合理的外延。

吸收和诱致发射

对於**A**，(12-4)的平面波解為如下形式

$$\mathbf{A}(\mathbf{r},t)=2\mathbf{A}_0[\exp i(\mathbf{k}\cdot\mathbf{r}-\omega t)] \quad (12\text{-}5)$$

其中$2\mathbf{A}_0$為同时描述了强度和极化的一常值复矢量，而$\mathbf{k}$為传播矢量。$\mathbf{A}_0$和$\mathbf{k}$垂直，$kc=\omega$。物理解相应於(12-5)的实部。电场和磁场由下式给出

北京大栅栏印刷厂出品 七三·二

稿纸20×20=400（2003 1230）

《辐射的半经典理论》

$$\mathcal{E} = \mathrm{Re}\; ik\,2\mathbf{A}_0 \exp i(\mathbf{k}\cdot\mathbf{r}-\omega t) \qquad (12\text{-}6a)$$

$$\mathcal{H} = \mathrm{Re}\; 2i\mathbf{k}\times\mathbf{A}_0 \exp i(\mathbf{k}\cdot\mathbf{r}-\omega t) \qquad (12\text{-}6b)$$

坡印亭矢量 $(c/4\pi)\,\mathcal{E}\times\mathcal{H}$ 為沿 $\mathbf{k}$ 的方向。它在振动一周期 $2\pi/\omega$ 内的平均值為

$$I = \frac{\omega^2}{2\pi c}|\mathbf{A}_0|^2 \qquad (12\text{-}7)$$

其中 $|\mathbf{A}_0|^2 = \mathbf{A}_0\cdot\mathbf{A}_0^*$。量(12-7)為光束的强度，尔格/厘米^{2}秒。我们也可以引进单位面积和时间的量子数目，$N = I/\hbar\omega$，从而(12-7)给出

$$|\mathbf{A}_0|^2 = \frac{2\pi\hbar c}{\omega}N \qquad (12\text{-}8)$$

干扰计算

我们把(12-1)中的 $(ie\hbar/mc)\,\mathbf{A}\cdot\nabla$ 項作為含時干扰，$\mathbf{A}$ 由(12-5)的实部给出。假如系统开始处在 n 态，当时间 $t=0$ 時加上干扰，则其一级振幅由

$$a_f^{(1)}(t) = \frac{1}{i\hbar}\int_0^t H'_{fn}(t')\,e^{i\omega_{fn}t'}dt' \qquad (1\text{-}8)$$

给出，其中 $\omega_{fn} = (E_f - E_n)/\hbar$。於是

$$a_f^{(1)}(t) = -\frac{H'^{0}_{fn}}{\hbar}\,\frac{e^{i(\omega_{fn}-\omega)t}-1}{\omega_{fn}-\omega} - \frac{H''^{0}_{fn}}{\hbar}\,\frac{e^{i(\omega_{fn}+\omega)t}-1}{\omega_{fn}+\omega} \qquad (12\text{-}9)$$

《辐射的半经典理论》

战略规划

关于科研队伍的培养问题

为了争取早日实现四个现代化，科研队伍的提高和壮大是当务之急。对于培养人才的措施，要求达到保质保量。

1. 关于研究生的培养问题。

建议是否可以参考英美的博士和硕士制，欧洲的Dr. 和Dr. Ing.（工学博士）制，苏联的博士和副博士制，我国的研究生培养也采取两级制（不意味学位制）进行。

原则上副博士水平研究生和博士水平研究生在素质的要求上是有不同的，数量上也就大有径庭，一般比例数可达五六倍。

全国大批一步培养博士水平研究生，不考虑对低一级研究生的培养。对于导师的质量和数量，学生的质量和数量，能否真达到保质保量的目的，需要作深入的调查研究。

《关于科研队伍的培养问题》

2. 研究生原则上以在国内培养为主，选派出国培养的研究生，应在国内导师和设备都不足胜任的情况下，通过严格选拔手续，挑选出最有培养前途的青年，人数不求过多。

3. 关于在职科研人员的培养问题。

在职科研人员，也有迫切提高质量的问题。建议三十五岁以下的初级研究人员，三年内至少用一年时间，由所办讲座或去大学听课两条途径结合，安排基础学习。有特殊偏长的人员，可斟酌情形，选送科大脱产学习一年或两年。三十五岁至五十岁的中级研究人员，除安排自学进修的时间外，有成绩有能力的人，可部分安排去国外高质量的研究单位参加具体工作一两年。五十岁以上的高级研究人员，可分批组织参观团，去科学先进国家访问考察。

《关于科研队伍的培养问题》

4. 积极进行科普出版工作，引起广大青少年对科学的爱好，培养一支庞大的科研后备队伍。

5. 加强国内外的学术交流。

6. 加强科技出版（尤其是影印）力量。

7. 积极改善科研人员的工作条件，即情报资料的搜集分配，和复制设备的大大普及。

《关于科研队伍的培养问题》

—1—

关于制定自然科学学科
发展规划会议的几点意见

遵照华主席，邓副主席，方毅付院长对科学工作者的多次指示；李昌同志，郁文同志的两次讲话精神，对当前进行的科学规划会议作了具体分析。现提出几点意见，请予考虑，并请转院核心领导小组参考。

第一节 对于科学技术的一些想法

科学和技术应该区分开来。科学是认识自然的手段，技术是改造自然的手段。科学研究应该是基础性的研究，它研究自然界事物的规律。技术研究则是应用性的研究，它研究在认识自然的基础上如何改造自然。科学实验是三大革命运动之一，工程技术

《关于制定自然科学学科发展规划会议的几点意见》（1977年）

—2—

是属于生产斗争的范畴。科学院、高等院校、产业部门和国防体系在科研工作上应有所侧重，有所分工。科学院以基础研究为主；高等院校部分从事基础研究，部分从事应用研究；国防和产业部门则以应用研究为主。四个现代化中，科学技术的现代化主要在于壮大科技队伍，提高科技队伍水平，然后才能体现本身的现代化，并走到其他三个现代化的前面，起到火车头的作用。

基础科学研究方面，科学院和高等院校之间存在的墙必须拆除，否则是不利于把科研搞上去的。

第二节 关于当前规划会议的几点意见

1. 争取在23年内，体现科学技术的现代化，必须有合理的步骤和布局，步伐不可乱。制定科学学科发展规划，既要有只争朝夕的精神，又不可操之过急，眉毛胡子一把抓。首先，应从上到下彻底正顿好科学院

《关于制定自然科学学科发展规划会议的几点意见》(1977年)

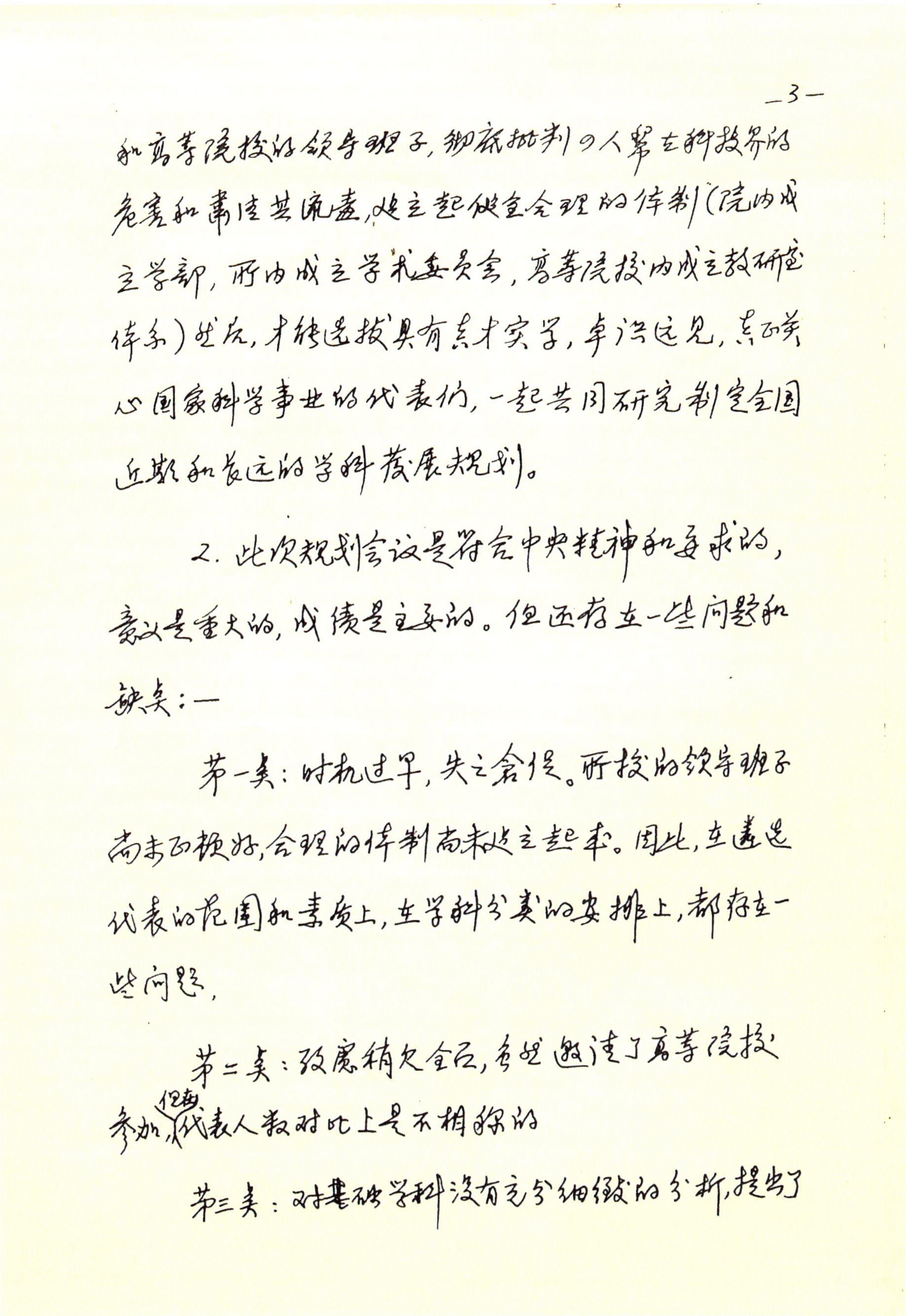

—3—

和高等院校的领导班子，彻底批判四人帮在科技界的危害和肃清其流毒，建立起健全合理的体制（院内成立学部，所内成立学术委员会，高等院校内成立教研室体系）然后，才能选拔具有真才实学，卓识远见，真正关心国家科学事业的代表们，一起共同研究制定全国近期和长远的学科发展规划。

2. 此次规划会议是符合中央精神和要求的，意义是重大的，成绩是主要的。但还存在一些问题和缺点：—

第一点：时机过早，失之仓促。所校的领导班子尚未调整好，合理的体制尚未建立起来。因此，在遴选代表的范围和素质上，在学科分类的安排上，都存在一些问题，

第二点：考虑稍欠全面，多然邀请了高等院校参加，但其代表人数对比上是不相称的

第三点：对基础学科没有充分细致的分析，提出了

《关于制定自然科学学科发展规划会议的几点意见》（1977 年）

-4-

数、理、化、天、地，生六大基础学科，而把最具有基础性的力学学科漏掉了。因此，在制定力学规划上发生了重重困难。由于没有安排全国性的力学学科规划会议，同时又仅由院内个单位的代表来制定全院规划，就不可避免的出现了严重的局限性和片面性。

第三节 建议

建议领导考虑把此次规划会议改为预备性会议，的适当时期（俟领导班子彻底改组好，使全的体制建立起来，然后上下结合，指定和推选代表）由科学院主持，邀请教育部参加，学部具体负责，重新召开正式的全国规划会议。

如以上方案有具体困难，则建议考虑至少在明年召开一次全国性力学规划会议，并明确肯定力学学科的基础性（数、力、理、化、天、地，生七大基础学科，分别制定全国性规划）

《关于制定自然科学学科发展规划会议的几点意见》（1977年）

—5—

下面是解释力学的基础性：—

按照近代观点，物理、化学、天体物理、地球物理，生物物理可以全部归纳为物理科学。力学是物理科学的基础，数学又是所有学科的共同工具。力学和数学原是科学发展史上的孪生子，因此，形象的可以认为，物理科学是一根梁，力学和数学是它的两根支柱。

以上意见是否有当，请予指示

中国科学院力学研究所
研究员 谈镐生
1977年10月15日.

《关于制定自然科学学科发展规划会议的几点意见》(1977年)

书信

第　页共 1 页

怀念永怀

谈镐生

我和郭永怀同志相识是在1946年，当时西尔斯教授正在康耐尔大学创办航空研究生院。我们三个人都是元老。1953年我去中西部任教。1956年郭永怀同志全家返回祖国，参加社会主义新中国的科学建设事业。途经芝加哥，我们细谈了一昼夜。决定共同努力，争取献身祖国科学事业的推进。1957年夏天忽然接到我的学生沃特威教授長途电话，要求我回绮色佳創办一个研究所，为了准备自己将来能更好地為祖国工作，我决定接受这个邀请，并且随即在康耐尔大学附近成立了高等热动研究所。1962年辞去研究所职务，接受芝加哥依利诺理工大学的聘请，以便安排回国。1965年秋终于实现了多年的愿望。十月中旬到达北京。在北京一週期间，永怀同志每天都陪我参观访问，为我详细介绍情况，并且语重心长地说："现在你是從一个世界进入了另一个世界，一切要仔

北京市电车公司印刷厂出品 七七·八

（1180）20×20=400

怀念郭永怀

第 2 页

细观察，研究，不要轻易作结论。在起程去外地参观以前，接到通知，已经分配在科学院工作。这种没有先例的安排，是由于郭永怀同志的努力。

1966年随即开始了文化大革命。1967年郭永怀同志带我去参了某绝密任务，要我全力过问。1968年五月，忽然接到通知，叫我以后不要再去。九月中郭永怀同志向我这项任务的进展情况。当我告诉他已经被驱逐出来有四个月之久时，他大为惊讶。但随即对我不要背思想包袱，说很可能由于我回国后没有经过审干就参加了这项任务，目前可能正在进行补审。国庆前夕，永怀和我一起漫步所内，观看焰火。这就是我们最后的一面。十月初郭永怀同志因公离京。十一月下旬我被隔离十多天，要我交待问题。就在这期间，十二月初的一个早晨，忽然接到通知，郭永怀同志因公殉难。这真是一个晴天霹雳，令我痛哭失声。

和永怀相处的廿多年中，发现我们之间具有很多共鸣之处。五十年代中我三次接到美

北京市电车公司印刷厂出品 七七・八

(1163) 20×20=400

国科学名人录编辑部的通知，要求把自己的经历寄给他们。我考虑到自己不是美国人，三次都把通知书投入了废纸篓。后来，李佩同志告诉我，郭永怀同志也正是这样做的。

在康耐尔大学航空研究生院，我们建立起了一个非常良好的学风，这就是"学术民主"。在学术问题上，百家争鸣，决不迁就。讨论要求严格，有时可以争论得双方面红耳赤，但是不允许人身攻击。我和永怀也有过几次激烈的争论。但争论才过，立即一同出去进餐，和睦无间。在我们之间，永怀算是老大哥，我算是小学弟。

郭永怀同志非常重视人才的培养。在康耐尔大学航空研究生院，我和永怀合作，于1950年组织过为期一年的流体力学表面波讲习班，1951年组织过一次为期一年的湍流统计理论讲习班。都由我们两人带头开讲，由我们两人分配、安排参加人员的读物和报告顺序。后来事隔多年，当时曾参加讲习班的人还告诉我，他们回忆起这段时期的学术活动，依然感到令人

第　页共 4 页

贵备。

这些回忆，都是卅年前的往事。永怀离开我们，也已经十周年了。可能是一个人衰老了，就易于动感情，好幻想。有时总觉得他并没有真正离开我们。

郭永怀同志在流体力学和应用数学方面的造诣很深，他的成就，是国际公认的。

郭永怀同志为人正直，寡言笑，重然诺，不居功，不自诩，乐于背后助人，是古人所谓"木讷君子"。

每一念及永怀，不禁令人惘然若有所失。用以上简单的片段，来纪念人民的科学家，先我而去的故友郭永怀同志。

北京市电车公司印刷厂出品 七七·八

(1484) 20×20=400

大家不要觉得女的跟男的不一样，是一样的，女孩子同样地可以为国家做出贡献！

——李敏华

李敏华

(1917.11.02—2013.01.19)

固体力学家，江苏苏州人。1940 年毕业于西南联合大学。1948 年获美国麻省理工学院机械工程博士学位。中国科学院力学研究所研究员。1954 年回国。1980 年当选为中国科学院学部委员（院士）。

在实验室做试验记录（1986 年）

疲劳学术会议

在 MTS 试验机旁

访问 VKI

入党材料

姓名	现名	李敏华	性别	女
	曾用名		民族	汉
出生年月		1917 年 11 月 2 日		
籍贯		江苏苏州		
家庭出身		职员	现有文化程度	大学；博士
本人成份		学生	有何专长	固体力学
现任职务		研究员		

入　党　志　愿

中国共产党是中国工人阶级的先锋队，是中国各族人民利益的忠实代表，是中国社会主义事业的领导核心。党的最终目标，是实现共产主义的社会制度。

中国共产党以马克思列宁主义、毛泽东思想作为行动指南。消灭剥削、建立各尽所能、按劳分配的社会主义社会，发挥人民的积极性、创造性，发展社会生产力，满足人民日益增长的物质文化生活的需要；同时用共产主义思想教育党员和人民群众，批判和克服资本主义腐朽思想和封建主义残余思想，提高人民的社会主义思想觉悟。

我是在旧社会长大的，受到旧社会的许多不良的影响。但另一方面由于亲眼看到了帝国主义对我国的经济侵略和民族压迫；亲身经历了我国免于亡国的争扎阶段。因此下决心努力学习专业知识，为摆脱祖国受侵略而进行的建设贡献出自己的全部力量。解放后，抗美援朝的胜利以及社会主义建设的伟大成就，使

—1—

4

入党志愿书

我真正地感到了"中国人民站起来了"。在学习毛主席的有关战略战术的论述以及矛盾论、实践论等著作后，我对中国共产党有了进一步的认识。在党的各个历史時期，当有時出現错误時，党勇於向群众公开自己的错误，並及時纠正。使我更加认识到党的英明伟大。

十一届三中全会以后，全面地纠正"文化大革命"中及其以前的"左"倾错误。確定了解放思想、开动脑筋、实事求是的指導方針，並及時的重申了四个坚持，作出了把工作重点轉移到社会主义现代化建设上来的战略决策。在执行对外开放对内搞活经济的方针后，党指出经济建设必须适合我国国情，符合经济规律和自然规律；必须量力而行，循序前进，讲求实效，使生产的發展同人民生活的改善密切结合；必须在坚持独立自主自力更生的基础上，积极开展对外经济合作和技术交流。最近党又指出科研要面向生产建设，生产要依靠科研。对於这些方针政策，我完全拥护。

我在室主任工作中和有关负责同志通气不够、商量不够。工作中广泛联系群众不够，对群众的一些想法不够了解。有时考虑问题不够全面。今后要努力学习马列主义毛泽东思想，学习党的基本知识和党的路线、方针、政策，执行党的决议，维护党的团结和统一，对党忠诚老实，拥护党的纲领，遵守党的章程，履行党员义务，联系

入党志愿书

自 传

会不多，但是一般说来同学相当喜欢她。那时的教务长是曹一華先生，学物理的，刚毕业不久，为人诚恳，直爽，很负责及关心同学，鼓励同学学习。其他有几位老师也很好。教务长和有几位老师都住在校内，和同学们接触的机会较多。那时校内的空气相当自由，壁报及其他的课外活动很发展，同时学课及体育亦极注意。此外，务本女中第一受到外界好评的是体育。

当我在初中三年级的时候，九一八事件发生，我记得很清楚，这消息传来是在晚上上自修课的时候，那时我们年纪较小，禁不住就在各级的教室里哭起来了，我们非常愤恨政府在坐看不抵抗的撤出整个东北。这时曹一華先生走进教室，他用很沉痛很严肃而气愤的口吻说"你们哭什么！哭又有什么用！你们应当用行动来表示。"之后他还继续的讲了些，他说我们应当採取行动，应当向政府抗议，应当要求政府抗日。第二天学校在礼堂外的操场上召开了全体（中小学）大会，校长给我们作了很长的演讲，她说我们应当向政府要求抗日，同时要排除日货及洋货，要训练自己来参加武装中国革命。不久以后，我们参加了上海的学生运动，罢课，游行，示威，和分组出发宣传抗日及排除日货等工作。同时学校开始了军训，开了抗日运动展览会，学生的制服改用国产土布。以后的一段时期，一直在很不安定的心情中过着，我们常常开会，出去宣传募。一二八事件发生，我们很兴奋，我们出发募款和宣传抗日，我们参加捐助和缝制棉衣。但不久，一切又告失败。

我还记得我们的一位音乐教师（姓名已忘了）和王若英同学是北京师范大学的毕业生，她和我们讲起了五四运动时的情形，那时她正在北京念书，把当时的情形讲给我们听，这对我印象很深。

在高中（好像是高二），我们的校长换了（在这不久前曹一華先生辞了职），新任校长是严[illegible]，我们不喜欢她，原因很多：（一）她的爱人常在我们学校里帮她管事，而他又并不在学校担任任何职位，这证明她的不独立，证明了她并不是以她自己的能力来担任她的工作，（二）她很拥护那时蒋介石效法德国的政策，她并极力为"女子回到厨房去"的口号向我们宣传，我们常和她争辩，（三）她的弟弟年纪很轻，但担任事务主任，（四）她学物理的，但讲课很不清楚，记得周上的演讲也不好（也许是因为没有内容的缘故）。同学们不喜欢她但也并没有任何表示。后来同学们为反对该校长聘任一为同学所不满的党义教员及教务主任而提出意见，该校长不但不接受同学要求，反使用手段将我及一位姓方的同学（同那年她和我都是学生会的干事）休学，因此同学向校长抗议，以致引起警察殴打学生而事件扩大，罢课一星期多后同学得到胜利，在同学复课时方同学和我亦回到校中。

除中学外，我的母亲对我的思想也很有影响，她自己在封建社会里争扎着要进学校念书，她自己的几次的争扎和

自传（节选）

学生会主办的集体远足，体会到团体生活的丰富，我还喜欢那时我们一起歌唱的歌曲。学生会主办的郊游中对我印象最深的是有一次在纪景殿露营，晚上分队爬山，我们的一队由一个曾在东北参加过游击战的同学领路，他先在前面走一段再告诉我们应当怎样走，他的动作非常快而敏捷，这说明了为什么游击部队在黑夜行军和调动的灵敏和迅速。

在那两年中常和民先的女同学们在一起，她们中间的大部分同学我觉得都非常好的。我参加了民先领导的妇女救国会，並参加了下乡宣传，赴向农工作，我也参加了学生会主办的义务小学教课工作。在这两年中虽然在校课上不能很当心的用功，但在思想上确是重要的。

卢沟桥事变发生后，一面痛恨日本的无理，另一面却高兴中国开始抵抗。那时正在暑假，我已回家，在上海。不久八一三事件发生，人们带着紧张而兴奋的心情，初时期战事进行得非常顺利，这完全是由于士兵的决心和勇敢。对我印象最深的是当时的空军以极落式的飞机迎战。空军战士把自己连同飞机冲下轰炸敌舰的壮烈牺牲，这一切清楚的说明了中国人民的当武，也就是这种一件一件的不能遗忘的事件使我们以后即使身处在美帝和蒋介石特务的宣传之中仍能认清新中国是为人民的当武。也就是这种一件一件的能遗忘的事件，使我在美帝的重重压迫下，尚能克服困难而回到祖国。

当年暑假，学校决定在长沙开课，那时上海的四周已沦陷。在我们赴湘的途中，战事消息逐渐坏转，上课后不久，南京沦陷，並且还接着继续败退，那时同学的情绪都非常紧张，纷纷加入军队，参加保卫祖国的工作。那时机械系三四年级同学大部（除极少数除外，几乎全体）参加了机械化部队。我们那时是机械系二年级，原都要求参加，但因班次低而被拒绝，只得随校而迁昆明，称为西南联大。到昆明后，学校开办航空工程学系，由机械系同学转入。在抗战期间看到空军的重要，深感航空工程的需要，因此和其他的九位同学，一同转入了新办的航空工程系，我所学的注重飞机结构。在这一个时期中，我们当心学习，希望将来能为国家多做工作。毕业后在本校任飞机结构及材料力学的助教及教员。努力於工作及同时还继续学习。但是慢慢的看到抗战不够积极，蒋介石政府人员的腐败贪污，商人的屯积走私，物价高涨，以及其他种种不公平的现象，同学们参加军队的，也因对军队的腐败和不积极失望而渐渐的回校。在那个时期我们大家很失望。我们很感苦闷，因为学习工程的同学，大半是愿意为国家建设工作尽力，但蒋介石政府既又那么腐败，所以感到非常苦闷。我们常常在一起讨论，觉得在政治不上轨道的时候，学习工程是错误的，应从事政治工作。但我们平时对社会科学方面的学习太少，结果只能因有无从着手之感，结果只能仍然向工程方面继续努力。

我们想至少我们应当充实自己，等将来政治上轨道时，可以尽我们最大的力量工作。所以我和我们很多在学校工作的同学，在工余的时候都自修，有时大家讨论学问题。同时我们准备考公费留学，因为那时有公费留英及留美，而英美在工程上比较中国有些经验，所以希望能去多学习些，並且那时英美都是中国的盟国，关系並不像现在这样的坏，所以我们在工余的时候准备考公费留学。曾参加过一次留英考试，但没有考取。以後仍一方面准备考公费留学，一方面去信至麻省理工大学及密西根大学等校请入学许可及请求奖学金，不久收到该二校的入学许可，同时麻省理工大学航空系並来函告诉奖学金需要本人到校後才能申请，但机会很多。当时因奖学金不够事先请

自传（节选）

在這時期美帝的侵略野心日漸暴露，使我們更急切的想結束研究工作。但事在1950年夏朝鮮戰爭暴發，不提早結束研究工作，而錢學森先生在美西岸被扣事件發生，緊接着又是趙忠堯先生等在日本被扣一個短時。那時我們因在航空研究所工作，不敢直接向移民局辦理回國手續，怕引起糾紛，反不能達到回國的願望，故決定設法轉入學校工作，因那時在學校唸書或工作的中國同學尚能離美返國。

在這個時期中，我們一方面為我們的回國問題耽心，但另一方面又為祖國的抗美援朝運動高興。雖然在美帝和特務大事宣傳之下，我們仍能清楚的在中國的抗美援朝運動中看出新中國政府的對外政策的獨立，自衛和和平。（那時我們早已停閱華僑日報，因怕被注意而引起麻煩）我們清楚的看出新中國所做的一切，不只與美帝的宣傳相反的，且將數十年來中國人民的要求和希望付諸實現。並且所採取的一切步驟是那么的合理，確實和成功。使我們感到無限的興奮和快樂。這一切更使我們急盼我們回國計劃的早日實現，更急盼我們能早參加祖國的建設工作。在抗美援朝以前，當中國解放軍在[illegible]炮轟在長江幫助蔣匪撤退的軍艦時，我們也很高興，這是一百年來中國首次在自己的領江作有實力的自衛。所以我們積極的計劃轉入學校工作，以便工作一年後離校回國。

1951年2月，蒙仲華同志介紹布魯克林理工大學（Polytechnical Institute of Brooklyn）接洽成功，待遇極優，為該校機械系的教授，負責該系熱力工程組及燃燒組研究工作。工作定在1951年九月開始（因屆時航空研究所工作可告一段落），我的工作我們並沒有向校方提及，因我們只想藉此離開航空研究所，以便返國。但該校機械系主任間接知道我也為麻省理工大學博士，並作研究工作，而該校航空系主任Dr. Hoff曾在塑性力學會議上聽過我的研究報告。所以校方提出我的工作問題。那時我們因為希望早日在該校工作一年後即離美返國，所以覺得我以不參加工作為宜。當時回答他們等秋季開學後再分別考慮。那時我們非常高興，以為在學校工作一年後即能回國。

1951年9月中搬到紐約，滿以為不久就能回國。但不幸的在十月中（日子記不清楚了，只記得在我們搬到紐約後不久）美國在檀香山扣留回國途中的攻讀理工醫的中國同學，同時其他正在辦理回國手續的中國同學（理工醫的）亦都收到"不得回中國及不得企圖離美"的通知。此外尚有中國同學被捕事件發生。這些都暴露了美帝的無理和他們的凶惡的手段。我們原擬在學校工作一年後直接回國的計劃又不能成功。那時美國政府阻止中國同學（理工醫的）離境的壓力很大，所以我們很慎慎的考慮各種可能離美的辦法。我們得很慎慎，因為萬一沒有做成而引起美國移民局的懷疑和注意，則以後回國的可能更少，特別是因為我們曾在航空研究所工作過的，知道他們的一些普通機密的材料。

由當時情形看來知道一時不能立即離美，1952年九月我開始在該校（Polytechnic Institute of Brooklyn）航空系做熱衝擊應力（Thermal shock）的研究，任研究組長（Research group leader）。1952年十二月起至離美前一月止（1954年七月）在該校

自传（节选）

研究工作

2

Literature: no text book. take and work over notes.

for outside reading.

1, Timoshenko Th. of Elasticity.

2, Love Treatise on Th. of Elasticity

3, Sokolnikoff. Mi. Notes on Th. of El.

4+5, Prescott & by Southwell.

In German

6, Hand buch d. Physic vol. VI (esp. article by Trefftz)

7, Technische Dynamik (Grammel & Biezeno)

8, Drang & Zwang (Föppl)

Periodicals:

1, J. Appl. Mechanics.

2, J. Appl. Physics.

3, Quart Appl. Math.

4, Phil. Mag.

5, Proc. Roy. Soc. London.

6, Zeitschrift ang. Math. & Mechanik.

7, Ze Ingenieur - Archiv.

8, Appl. Math. & Mech. (in Russian)

Abstract journals

1, Math. Reviews (last 5 years)

2, Zentral ~~Kraft~~ blatt f. Mechanik (last 12 years)

3, Fortschritte der Mathematic (" 50 ")

4, History Th. of Elasticity by Todhunter & Pearson(?).
(for earlier works)

在 MIT 学习课堂笔记及考试（1945 年）（节选）

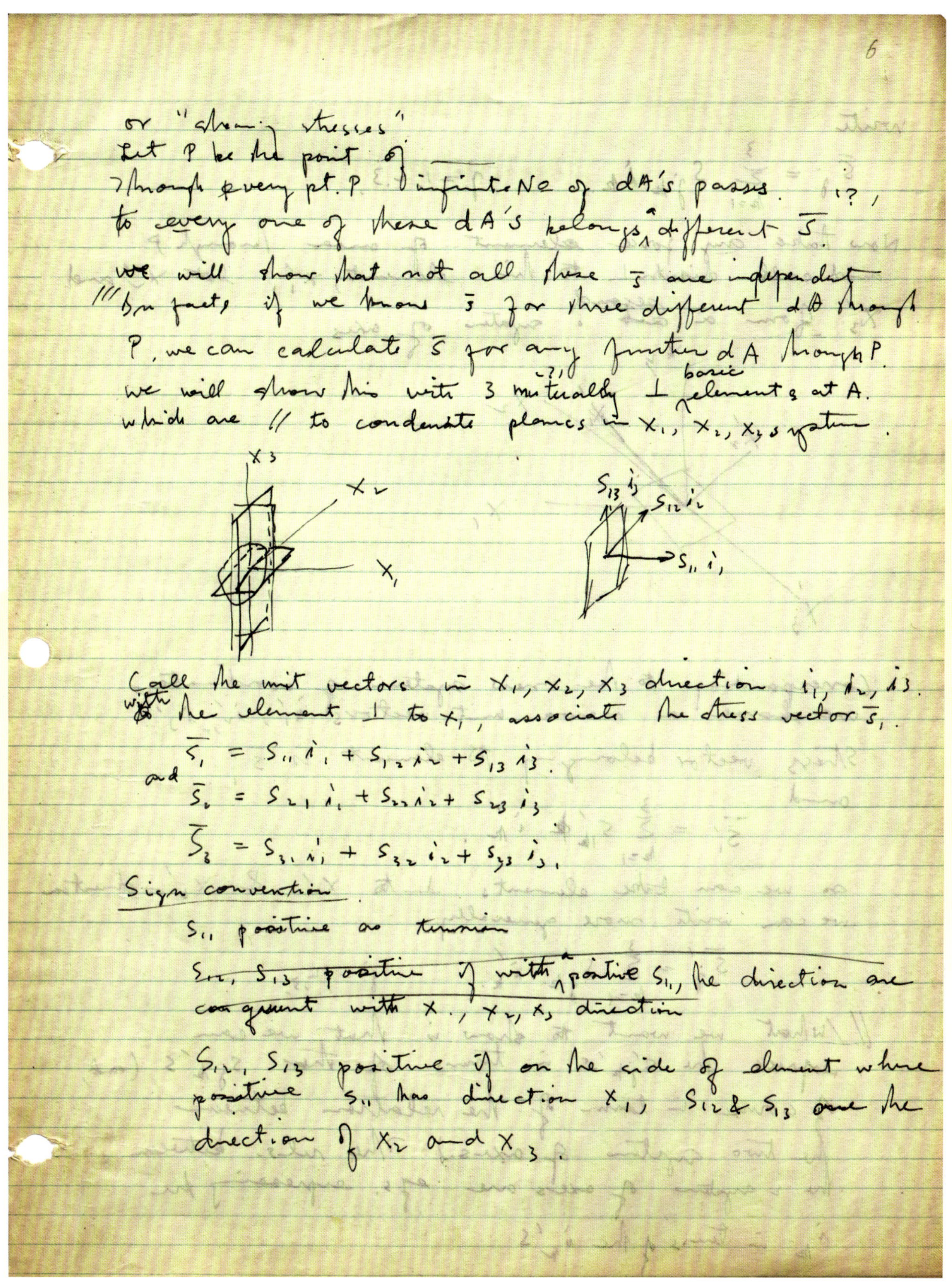

6

or "shearing stresses"

Let P be the point of

Through every pt. P infinite No. of dA's passes. ?,

to every one of these dA's belongs a different $\bar{S}$.

we will show that not all these $\bar{s}$ are independent

In fact, if we know $\bar{s}$ for three different dA through P, we can calculate $\bar{S}$ for any further dA through P.

we will show this with 3 mutually ⊥ basic elements at A. which are // to coordinate planes in X_1, X_2, X_3 system.

Call the unit vectors in X_1, X_2, X_3 direction i_1, i_2, i_3.

with the element ⊥ to X_1, associate the stress vector $\bar{S}_1$.

$$\bar{S}_1 = S_{11} i_1 + S_{12} i_2 + S_{13} i_3.$$

and

$$\bar{S}_2 = S_{21} i_1 + S_{22} i_2 + S_{23} i_3$$

$$\bar{S}_3 = S_{31} i_1 + S_{32} i_2 + S_{33} i_3.$$

Sign convention.

S_{11} positive as tension

~~S_{12}, S_{13} positive if with a positive S_{11}, the direction are congruent with X_1, X_2, X_3 direction~~

S_{12}, S_{13} positive if on the side of element where positive S_{11} has direction X_1, S_{12} & S_{13} are the direction of X_2 and X_3.

在 MIT 学习课堂笔记及考试（1945 年）（节选）

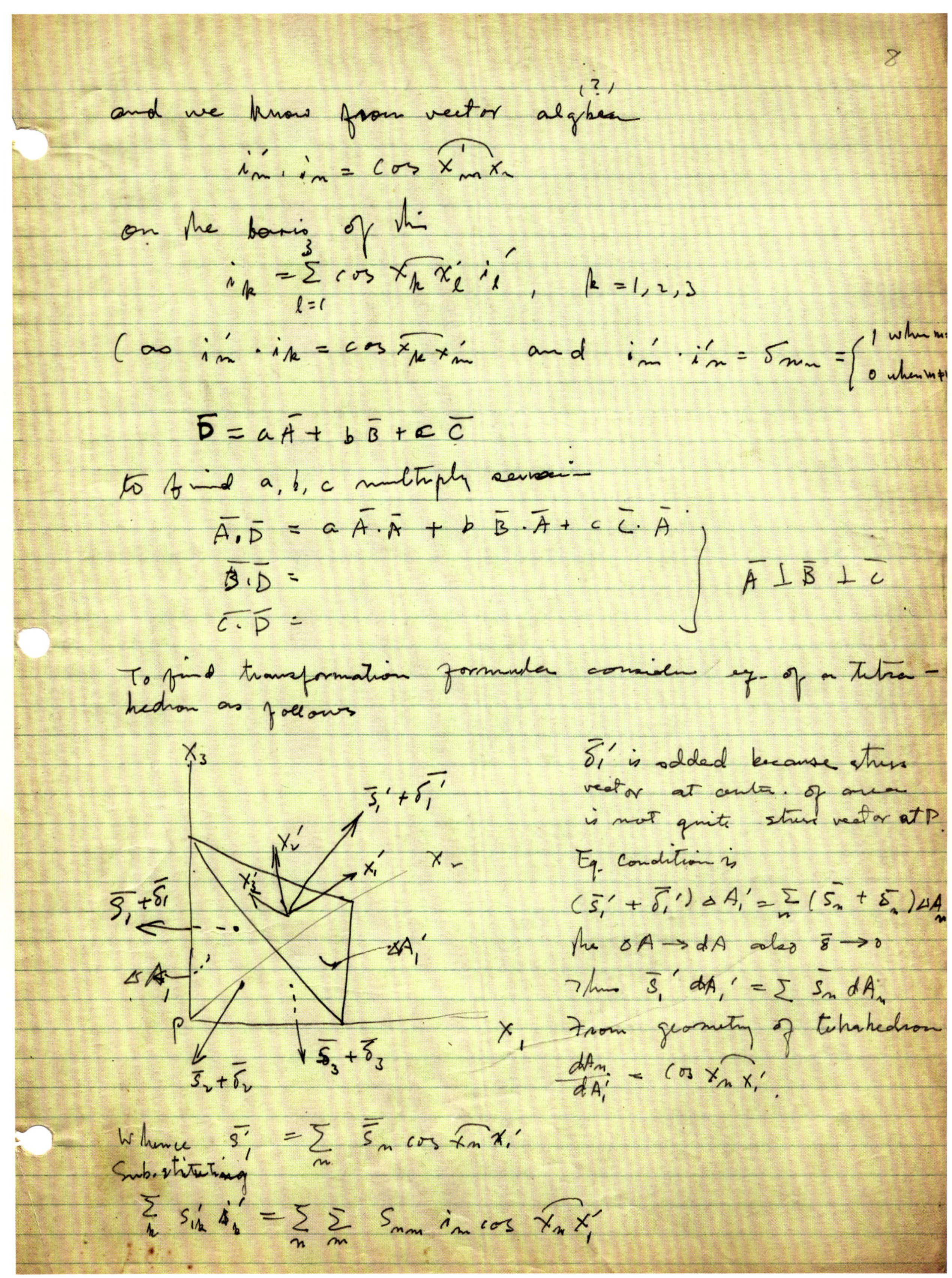

8

and we know from vector algebra (?)

$$i'_m \cdot i_n = \cos \widehat{x'_m x_n}$$

on the basis of this

$$i_k = \sum_{l=1}^{3} \cos \widehat{x_k x'_l}\, i'_l , \quad k = 1, 2, 3$$

(as $i'_m \cdot i_k = \cos \widehat{x_k x'_m}$ and $i'_m \cdot i'_n = \delta_{mn} = \begin{cases} 1 & \text{when } m= \\ 0 & \text{when } m\neq \end{cases}$

$$\bar{D} = a\bar{A} + b\bar{B} + c\bar{C}$$

to find a, b, c multiply scalar

$$\bar{A}\cdot\bar{D} = a\bar{A}\cdot\bar{A} + b\bar{B}\cdot\bar{A} + c\bar{C}\cdot\bar{A}$$

$$\bar{B}\cdot\bar{D} =$$

$$\bar{C}\cdot\bar{D} =$$

$$\bar{A} \perp \bar{B} \perp \bar{C}$$

To find transformation formulae consider eq. of a tetrahedron as follows

$\bar{\delta}'_1$ is added because stress vector at center of area is not quite stress vector at P.

Eq. condition is

$$(\bar{s}'_1 + \bar{\delta}'_1)\Delta A'_1 = \sum_n (\bar{s}_n + \bar{\delta}_n)\Delta A_n$$

As $\Delta A \to dA$ also $\bar{\delta} \to 0$

Thus $\bar{s}'_1\, dA'_1 = \sum \bar{s}_n\, dA_n$

From geometry of tetrahedron

$$\frac{dA_n}{dA'_1} = \cos \widehat{x_n x'_1}.$$

Whence $\bar{s}'_1 = \sum_n \bar{s}_n \cos \widehat{x_n x'_1}$

Substituting

$$\sum_k s_{1k}\, i'_k = \sum_n \sum_m s_{nm}\, i_m \cos \widehat{x_n x'_1}$$

在 MIT 学习课堂笔记及考试（1945 年）（节选）

C Inconel X (F.S) $\gamma_0 = .3$ ①

R.O. Geometry

Date

Observer Rotating Disk

Project

	1	2	3	4	5	6	7	8	9
n	$\left(\frac{r}{k}\right)_n$	λ^*	γ^*	τ^*	$\frac{d\tau^*}{d\gamma}$	sin ②	cos ②	(1.7321 ⑦ + ⑥) × ①	(1.7321 ⑥ − ⑦) × ①
0	.0								
1	.005								
2	.010	1.5708	.3000	95,750	89,000	1.0000	0	.01000	.01732
3	.015	1.5708	.3000	95,750	89,000	1.000	0	.01500	.02598
4	.04	1.5707	.2998	95,750	89,000	1.000	.000096	.0400	.06928
5	.1	1.5694	.2982	95,500	89,500	1.0000	.001396	.1002	.1731
6	.2	1.5644	.2916	95,000	90,500	1.0000	.006396	.2022	.3451
7	.25	1.5570	.2840	94,250	92,000	.9999	.01380	.2560	.4295
8	.3	1.5488	.2772	93,600	93,500	.9998	.02199	.3114	.5129
9	.35	1.5402	.2696	92,900	95,000	.9995	.03059	.3684	.5952
10	.4	1.5303	.2613	92,100	97,000	.9992	.04049	.4277	.6761
11	.5	1.5090	.2438	90,250	101,900	.9981	.06176	.5526	.8335
12	.6	1.4819	.2243	88,300	108,000	.9961	.08878	.6899	.9820
13	.7	1.4503	.2045	86,000	117,900	.9927	.1202	.8406	1.1195
14	.8	1.4147	.1854	83,600	130,500	.9878	.1555	1.0057	1.2444
15	.9	1.3750	.1673	81,000	153,000	.9809	.1945	1.1860	1.3540
16	1.0	1.3328	.1508	78,300	177,500	.9718	.2358	1.3802	1.4475
17	1.1	1.2863	.1356	75,500	195,900	.9598	.2808	1.5908	1.5199
18	1.2	1.2323	.1214	72,700	206,100	.9433	.3321	1.8222	1.5622
19	1.3	1.1696	.1083	69,900	210,000	.9206	.3905	2.0761	1.5653
20	1.4	1.0969	.09640	67,400	211,000	.8898	.4564	2.3524	1.5187
21	1.5	1.0146	.08587	65,100	211,900	.8493	.5280	2.6457	1.4146
22	1.6	.9232	.07675	63,100	212,000	.7975	.6033	2.9480	1.2448
23	1.7	.8228	.06897	61,400	212,000	.7331	.6802	3.2492	1.0023
24	1.8	.7135	.06249	59,950	212,000	.6545	.7561	3.5354	.6797
25	1.9	.5953	.05721	58,750	212,000	.5608	.8280	3.7905	.2725
~~26~~	~~2.0~~	~~.4672~~	~~.03305~~	~~57,800~~	~~212,000~~	~~.4504~~	~~.8928~~	~~3.9936~~	~~−.2254~~
[illegible]	1.9525	.5258	.05530	58400	212000	.5019	.8649	3.9050	.00867

C.801G (10-29-47)

在 NACA 的计算及图表（1949 年）（节选）

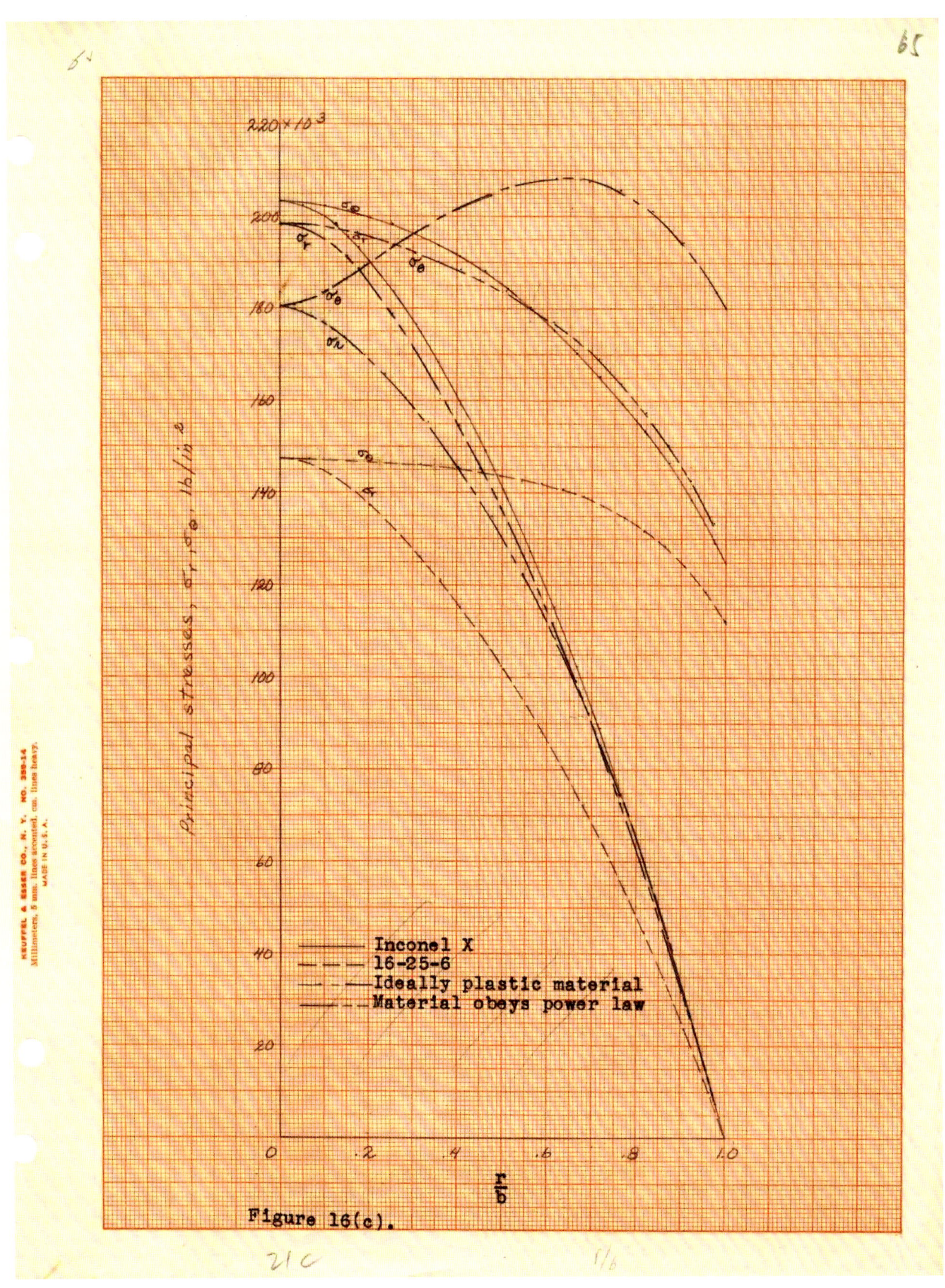

在 NACA 的计算及图表（1949 年）（节选）

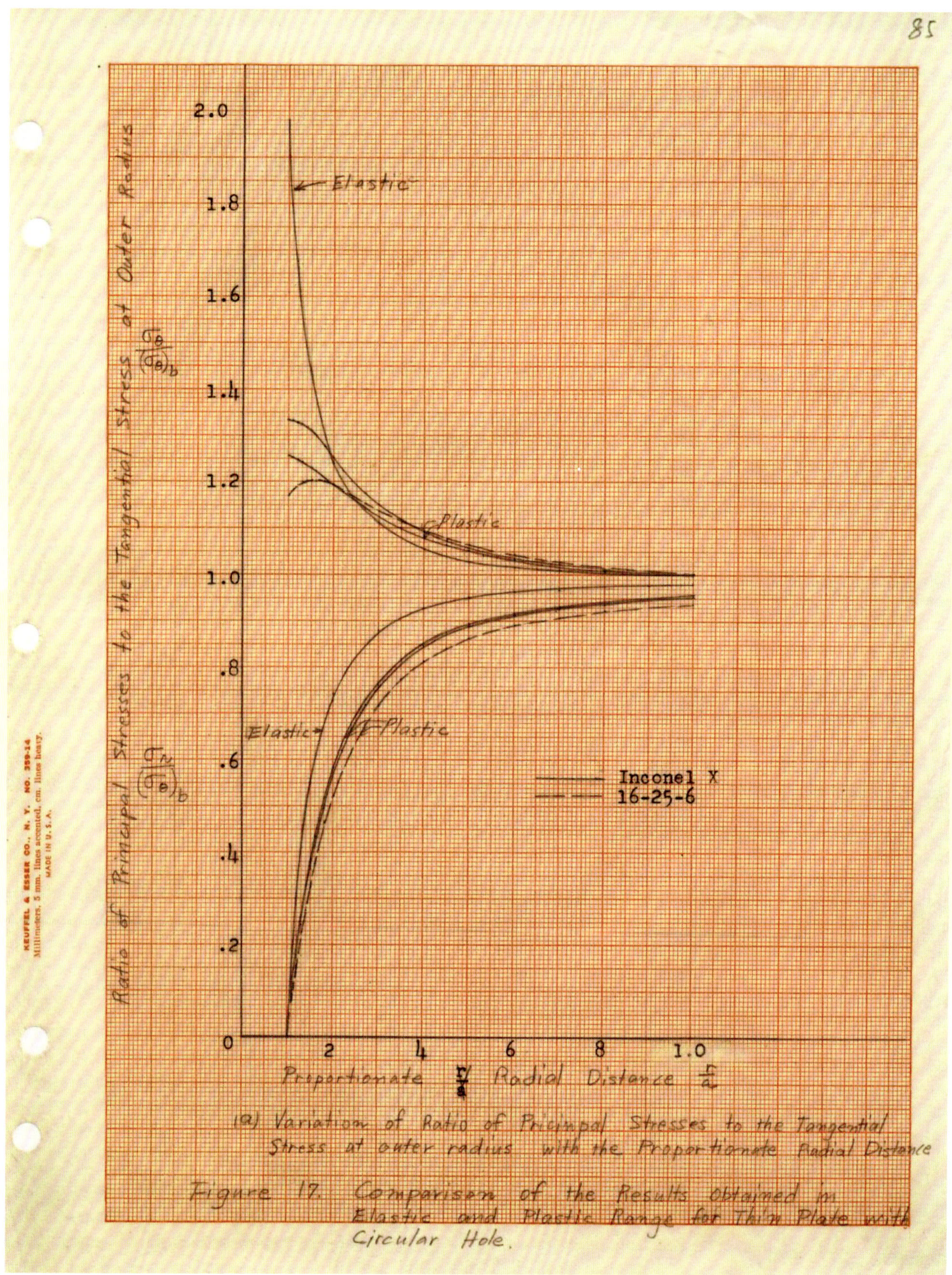
85
Ratio of Principal Stresses to the Tangential Stress at Outer Radius
2.0
1.8
1.6
1.4
1.2
1.0
.8
.6
.4
.2
0
Elastic
Plastic
Elastic
Plastic
Inconel X
16-25-6
2
4
6
8
1.0
Proportionate Radial Distance
(a) Variation of Ratio of Principal Stresses to the Tangential Stress at outer radius with the Proportionate Radial Distance
Figure 17. Comparison of the Results obtained in Elastic and Plastic Range for Thin Plate with Circular Hole.

在 NACA 的计算及图表（1949 年）（节选）

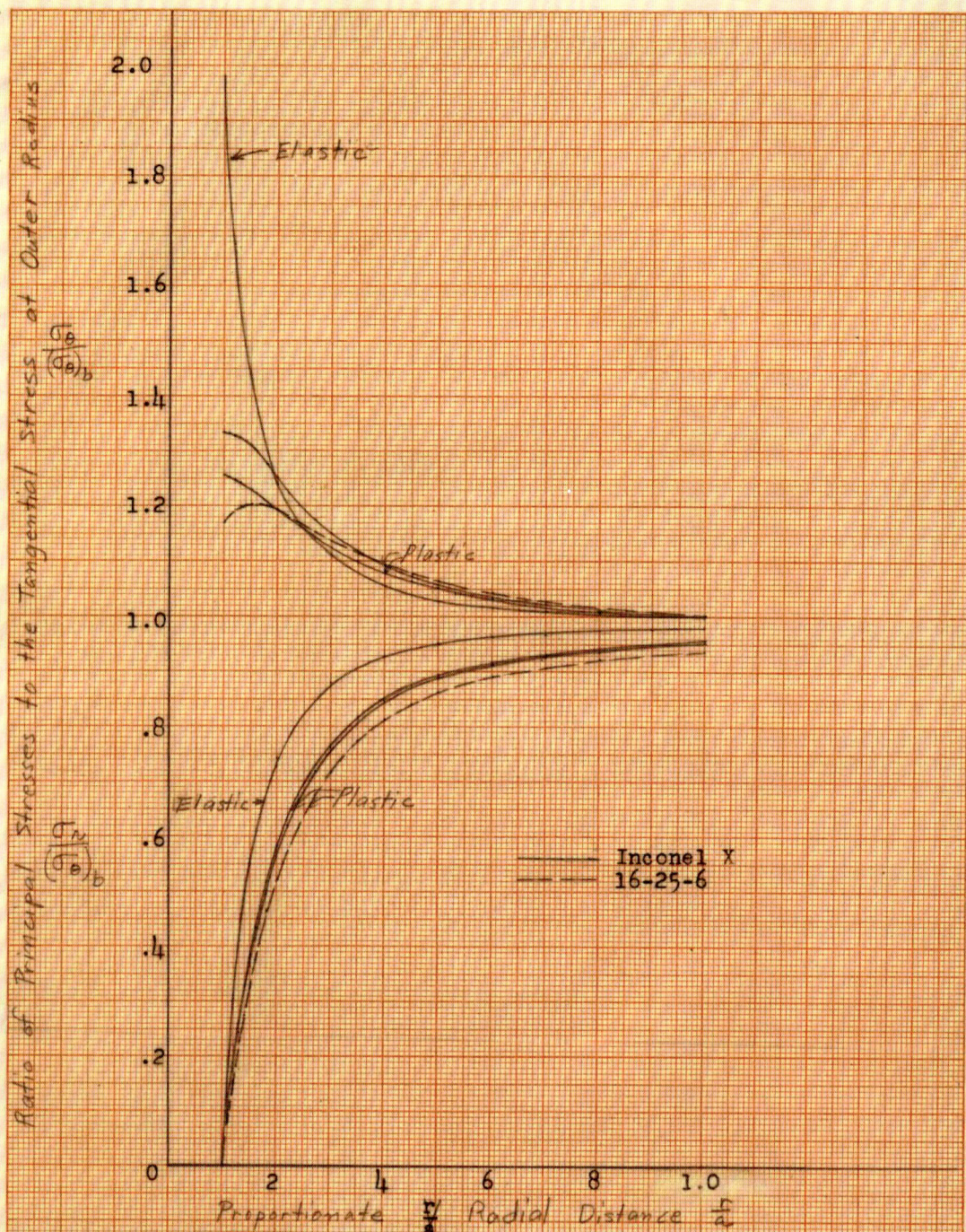

不對稱彎曲樑應力之圖解法

(1)引言——计算一樑受彎曲時之應力時，所用之公式 $S=\frac{M}{Z}$ 僅於荷重面通過切心（Shear center）且垂直於剖面之一主軸時適合之，該面稱為主彎曲面。一剖面之对称軸必为该面之主軸。因之，如荷重不在主彎曲面者称为不对称彎曲。

不对称彎曲應力可由公式求得之，但计算相當麻烦。本文係用圖解法求R及入（節2），代入 $S=\frac{M}{Z_y}$（節2）即得應力之值，較校解法为简单。

本問題之圖解法有二：一係求剖面係數S（Section Modulus），即S多边形法[1]，但须将S多边形之各顶点一一算好，方能作圖，因此並不較校解法为简便。一係求剖面之內慣性矩R，本文即用此法。又Seely之高等材料力学上亦有一法[2]屬於此種，惟该法之 I_x，I_y 及 I_x'，I_y' 及 I_{xy}，I_{xy}' 不能以一对直座標軸表之，R之位置亦不固定，故較易错误。本文以x軸表慣性矩，y軸表慣性積，R通过O点，且利用 I_x，I_y 及 I_{xy} 之関係所作之圖又与一般人所熟悉之Mohr's Circle完全相同。

1. Sutherland & Bowman: Structure Design P. 21
2. Seely: Advanced Mechanics of Materials P. 103

— 1 —

《不对称弯曲梁应力之图解法》（节选）

证：图X及Y轴为主轴（$I_{xy}=0$，图2b）中，EA渐减小而趋近于零，故E点与A点合一。其他证明与前节同。

(4) X-及Y-轴为任意一对垂直轴（非主轴）而荷重面与YZ面合一之图解法。今讨论另一特种情形，如Z-形梁，[-形梁及角形梁等。X-及Y-轴均非主轴。设在某种情形下，荷重面与YZ面合一，即θ=0，则解法较前所讨论者更为简单。

依第2节之作图法，作OA，OB……及以EE′及OD之长为直径各作一圆。连OE，引长之交小圆于H，OH为

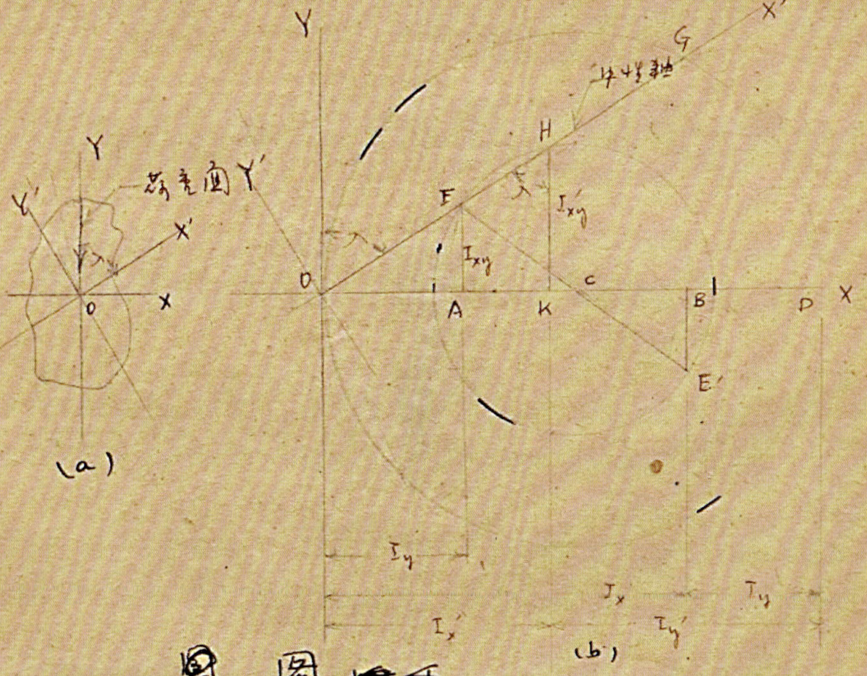

(a)　(b)

图4

中性轴，且其长度等于K。

证：

$\angle YOX' = \angle OHK = \lambda$.

故OX′为中性轴。

$HK = I'_{xy}$，$OK = I'_x$

OH = K

《不对称弯曲梁应力之图解法》（节选）

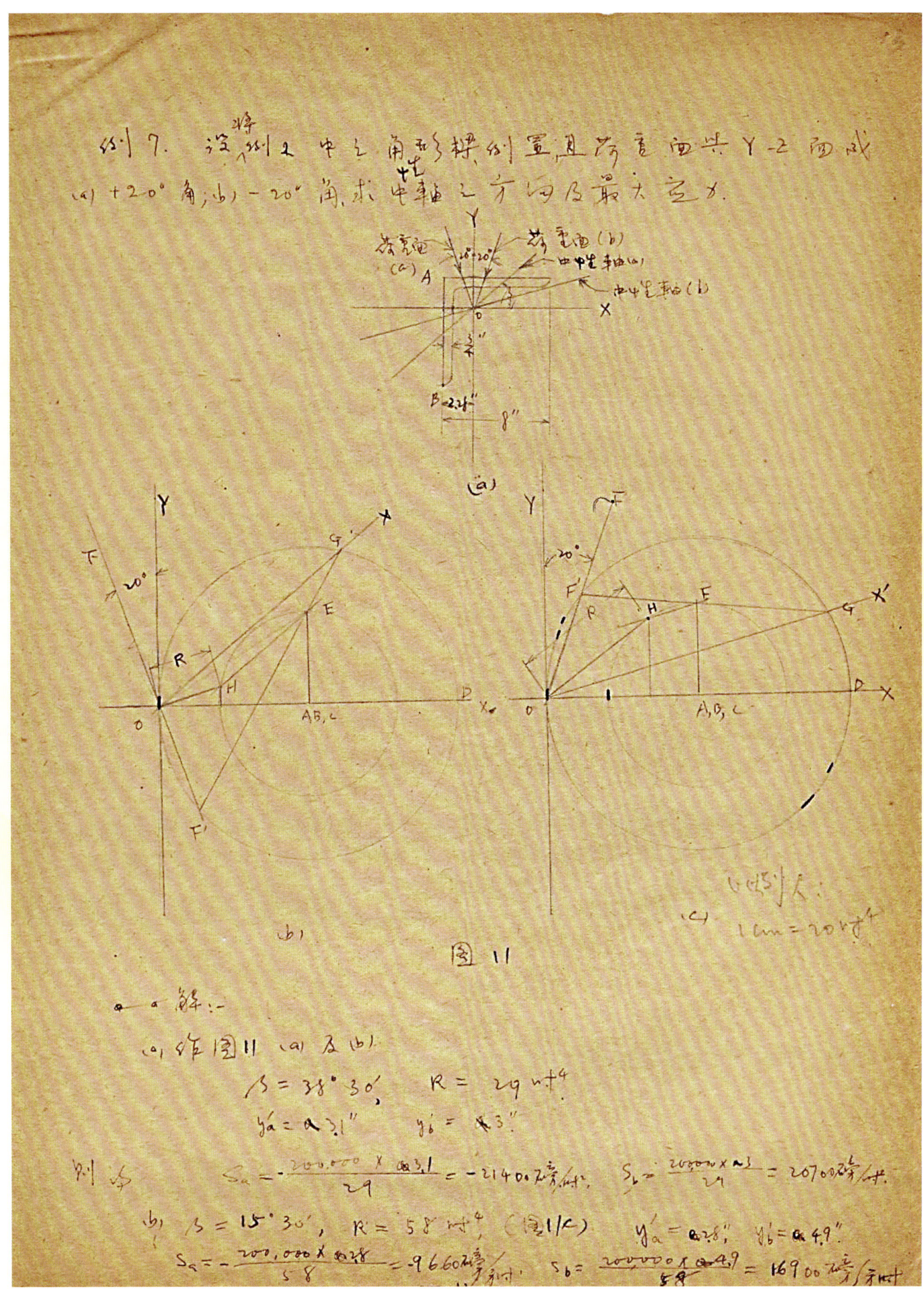

例7. 设将例2中之角形梁斜置且荷重面与Y-Z面成(a) +20°角；(b) -20°角，求中性轴之方向及最大应力。

解：

(a) 作图11 (a) 及 (b)

$\beta = 38°30'$，$R = 29$ 吋⁴

$y'_a = 3.1''$ $y'_b = 3''$

则 $S_a = -\frac{200{,}000 \times 3.1}{29} = -21400$ 磅/吋²，$S_b = \frac{200{,}000 \times 3}{29} = 20700$ 磅/吋²

(b) $\beta = 15°30'$，$R = 58$ 吋⁴，(图11(c)) $y'_a = 2.8''$，$y'_b = 4.9''$

$S_a = -\frac{200{,}000 \times 2.8}{58} = -9660$ 磅/方吋，$S_b = \frac{200{,}000 \times 4.9}{58} = 16900$ 磅/方吋

《不对称弯曲梁应力之图解法》（节选）

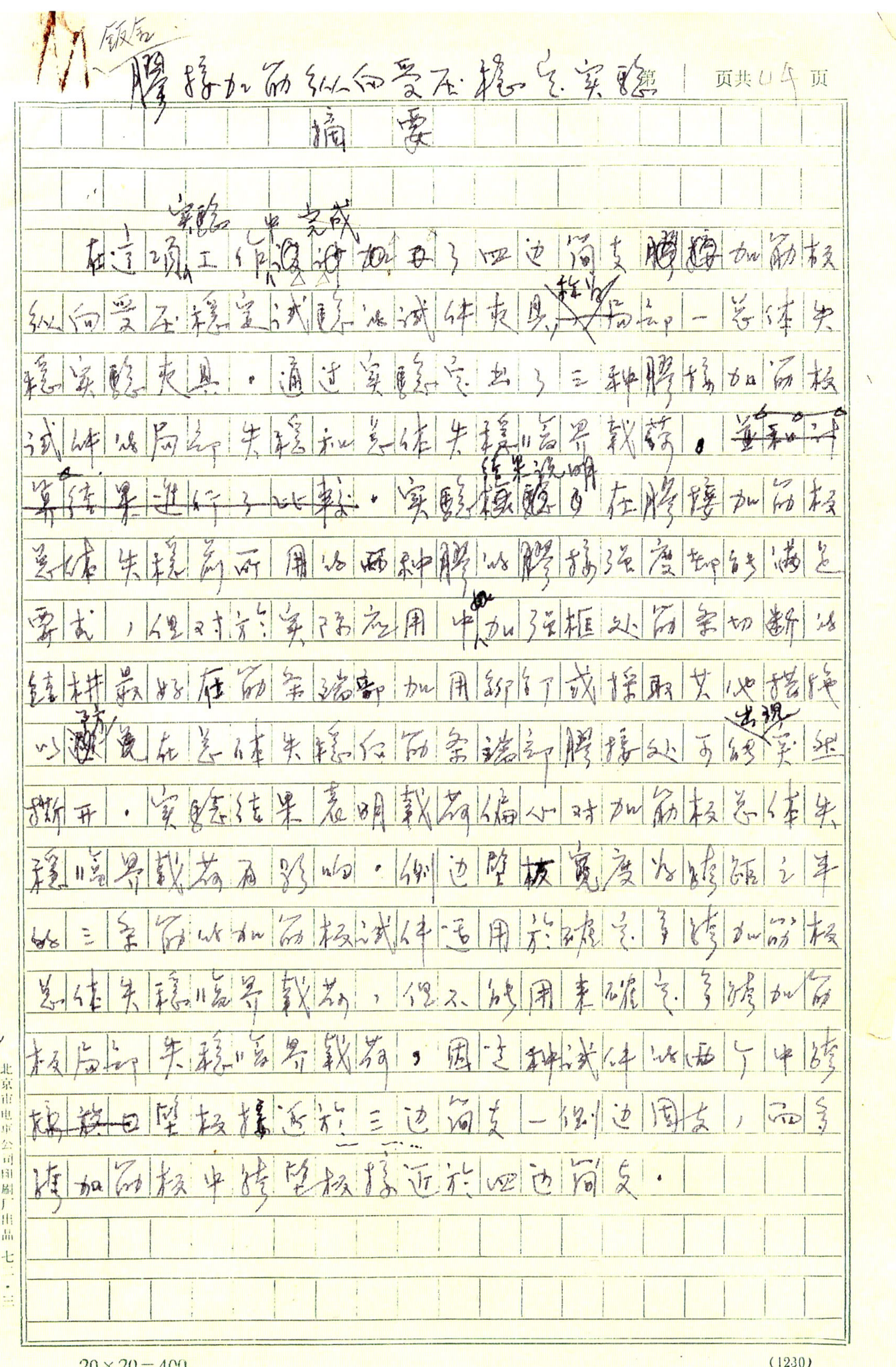

钣金胶接加筋纵向受压稳定实验　　第　页共4页

摘要

在这项工作中设计完成了四边简支胶接加筋板纵向受压稳定试验的试件夹具，和局部一总体失稳实验夹具。通过实验定出了三种胶接加筋板试件的局部失稳和总体失稳临界载荷。~~并和计算结果进行了比较。~~实验结果说明在胶接加筋板总体失稳前所用的两种胶的胶接强度都能满足要求，但对于实际应用中加强框处筋条切断的结构最好在筋条端部加用铆钉或採取其他措施以防止在总体失稳时筋条端部胶接处可能出现撕开。实验结果表明载荷偏心对加筋板总体失稳临界载荷有影响。侧边壁板宽度为腹筋之半的三条筋的加筋板试件适用于确定多筋加筋板总体失稳临界载荷，但不能用来确定多筋加筋板局部失稳临界载荷，因这种试件的两个中间壁板接近于三边简支一侧边自由，而多筋加筋板中间壁板接近于四边简支。

北京市电车公司印刷厂出品　七三·三

20×20＝400　　(1230)

《钣金胶接加筋纵向受压稳定实验报告》（节选）

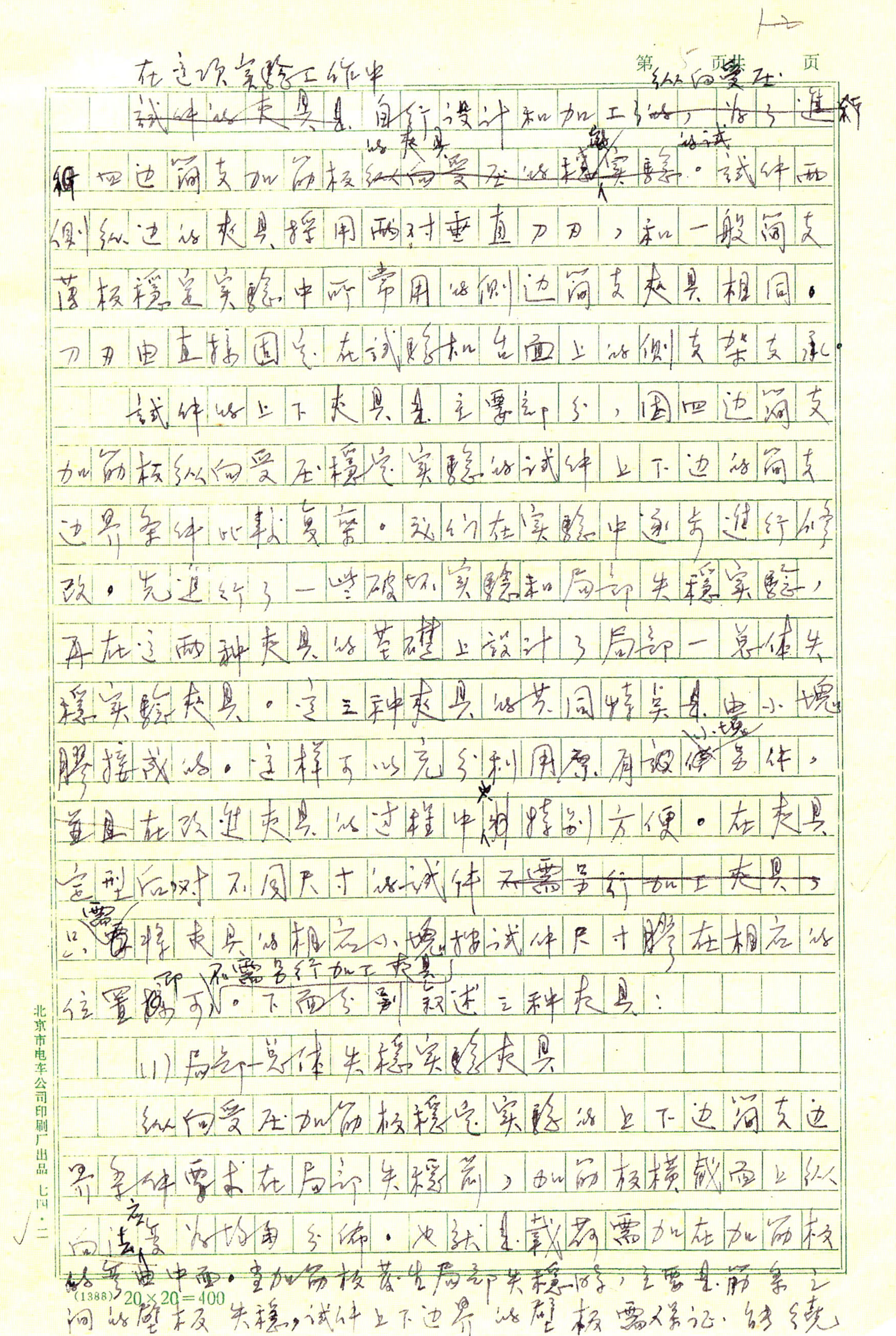
第 5 页 共 页

在这项实验工作中，试件的夹具是自行设计和加工的，为了进行四边简支加筋板纵向受压的稳定实验。试件两侧纵边的夹具採用两对垂直刀刃，和一般简支薄板稳定实验中所常用的侧边简支夹具相同。刀刃由直接固定在试验机台面上的侧支架支承。

试件的上下夹具是主要部分，因四边简支加筋板纵向受压稳定实验的试件上下边的简支边界条件比较复杂。我们在实验中逐步进行修改。先进行了一些破坏实验和局部失稳实验，再在这两种夹具的基础上设计了局部－总体失稳实验夹具。这三种夹具的共同特点是由小块胶接成的。这样可以充分利用原有的小块零件，并且在改进夹具的过程中特别方便。在夹具定型后对不同尺寸的试件不需另行加工夹具，只需将夹具的相应小块按试件尺寸胶在相应的位置即可。下面分别叙述三种夹具：

(1) 局部－总体失稳实验夹具

纵向受压加筋板稳定实验的上下边简支边界条件要求在局部失稳前，加筋板横截面上纵向应力均匀分布，也就是载荷需加在加筋板的弯曲中面。当加筋板发生局部失稳时，主要是筋条之间的壁板失稳，试件上下边界的壁板需保证铰支

北京市电车公司印刷厂出品 七四·二

(1388) 20×20=400

《钣金胶接加筋纵向受压稳定实验报告》（节选）

十四

第 6 页共 页

板中面自由转动，同时保证腹板中面沿边界的挠度等于零。而筋条两端（筋条在加筋板上下边界处）由于筋条弯曲所产生的转动则极小，可以忽略。在发生局部失稳后和总体失稳前，筋条上下两端面基本保持平行。当加筋板发生总体失稳时，加筋板的上下边按照总体失稳波形绕边界自由转动。

根据上述要求，上下边夹具分两个部分。靠试件部分的夹具，用以满足局部失稳的边界条件。夹具和壁板接触的部分用V形槽块，和筋条接触的部分用矩形压块（见图2）。这样，当加筋板局部失稳时壁板边界在V形槽块内可自由转动，而筋条两端面基本没有转动。V形槽块和矩形压块用快干胶胶在板块上。*胶接时需注意使V形槽成一直线以满足边界挠度等于零的条件，同时使试件的弯曲中性面和板块的中线重合。板块的长度略小于加筋板的跨距（跨距为相邻两块壁板中线的距离）。把矩形压块和V形槽块（两者的）胶在板块上时需注意使板块两端头位于壁板中线（参看图2）。

*V形槽块胶接时需注意使V形槽保持一直线。

北京市电车公司印刷厂出品 七三·七

(1260) 20×20=400

《钣金胶接加筋纵向受压稳定实验报告》（节选）

夹具靠试验机的部分用以满足总体失稳的边界条件。在夹块的另一面胶V形槽块，通过滚柱和上下V形槽，使加筋板上下边界能满足总体失稳波形挠端截面弯曲中性线自由转动，胶接时要注意使V形槽中线和夹块中线重合。~~每一边的V形槽块胶在压条上，压条长度略大於加筋板的宽度。~~夹块所起的作用是使筋条和它两边的半块壁板能作总体转动，同时使试验机通过滚柱和V形槽使给试件的纵向压力的作用面和试件弯曲中性面重合。壁板为2毫米厚的加筋板试件的弯曲中性面距壁板外边3.77毫米；壁板为1.5毫米厚的试件为2.73毫米(参看图2(c))。由於夹具是由小型块件胶成的，对不同尺寸的试件能在不同位置胶接靠试件一面的V形小块V形~~槽块即可~~槽块即可。

(2) 局部失稳夹具

这一夹具是在完成局部—总体失稳夹具后从原有夹具修改成的。夹具和试件的筋条接触处用矩形压块；壁板的简支边界条件用上下V形槽和滚柱来满足(图3a)。靠试验机上下台

北京市电车公司印刷厂出品 七四·二

(1388) 20×20=400

《钣金胶接加筋纵向受压稳定实验报告》(节选)

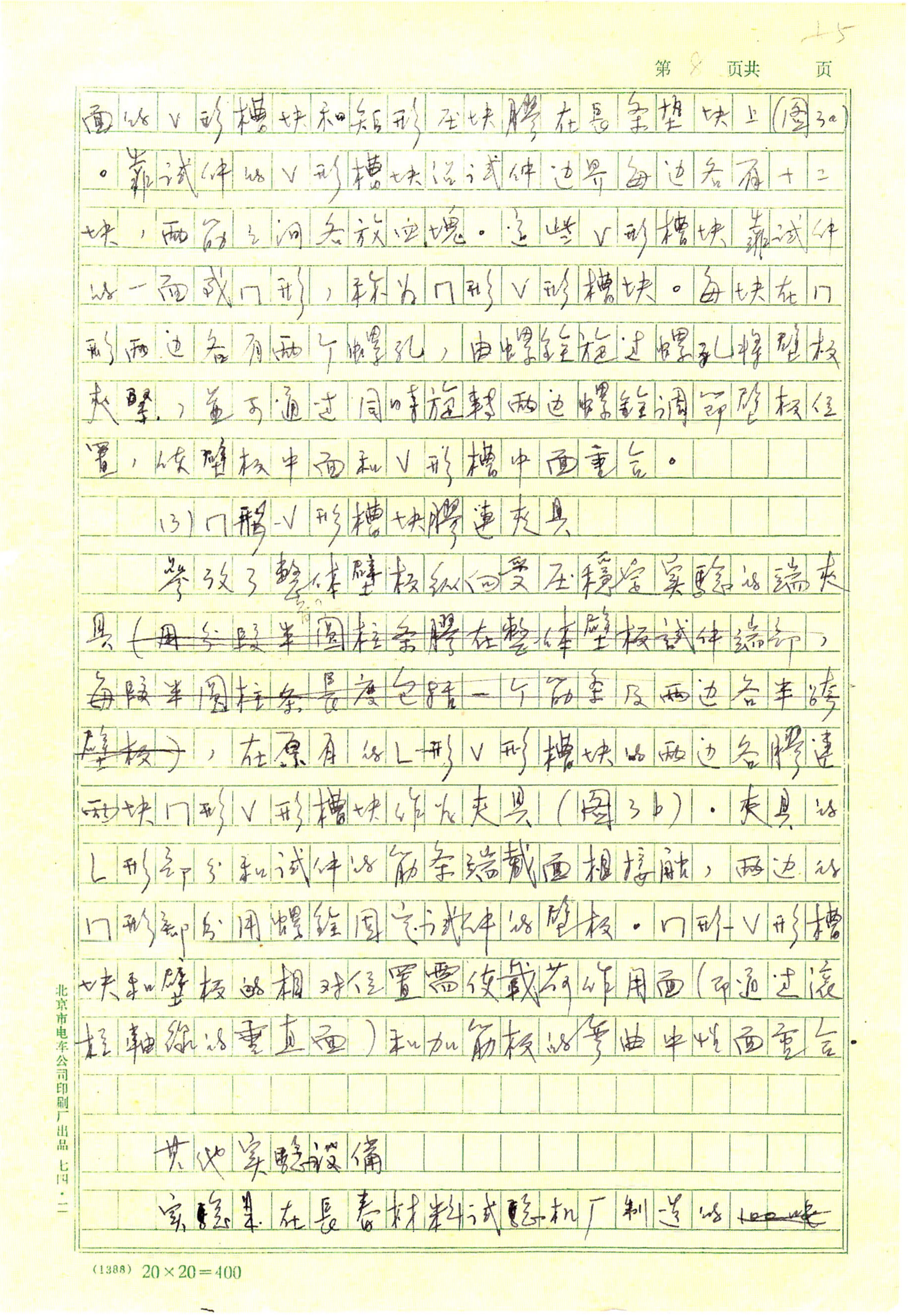

第 8 页共 页

面的V形槽块和矩形压块胶在长条垫块上（图3a）。靠试件的V形槽块沿试件边界每边各有十二块，两块之间各放空隙。这些V形槽块靠试件的一面成门形，称为门形V形槽块。每块在门形两边各有两个螺孔，由螺钉旋过螺孔将壁板夹紧，并可通过同时旋转两边螺钉调节壁板位置，使壁板中面和V形槽中面重合。

(3) 门形-V形槽块胶连夹具

参考了整体壁板纵向受压稳定实验的端夹具~~（用分段半圆柱条胶在整体壁板试件端部，每段半圆柱条长度包括一个筋条及两边各半跨壁板）~~，在原有的L形V形槽块的两边各胶连两块门形V形槽块作为夹具（图3b）。夹具的L形部分和试件的筋条端截面相接触，两边的门形部分用螺钉固定试件的壁板。门形-V形槽块和壁板的相对位置需使载荷作用面（即通过滚柱轴线的垂直面）和加筋板的弯曲中性面重合。

四、实验设备

实验在长春材料试验机厂制造的~~100吨~~

北京市电车公司印刷厂出品 七四·二

(1388) 20×20=400

《钣金胶接加筋纵向受压稳定实验报告》（节选）

第 9 页共 页

非標準加工的100吨压力试验机上进行的。用电阻应变片和华东电子仪器厂的YJD-1型电阻应变仪测量加筋板的应变；百分表测量挠度和试件缩短。

北京市电车公司印刷厂出品 七三·七

(1230) 20×20=400

《钣金胶接加筋纵向受压稳定实验报告》(节选)

2.1

第　页共　页

二、局部失稳实验结果以及和理论计算的比较

(1) 三条筋的加筋板（II-型和I-型试件）

试件II-5（预试）、II-2、II-3和I-1用局部失稳夹具进行实验，两跨壁板都是四个半波。下面用数据比较集中的试件II-2第四次*加载的实验曲线说明三条筋胶接加筋板的局部失稳情况。图4a为该试件在不同载荷下的波形图。

加筋板局部失稳临界载荷是从三种曲线定出的：挠度—载荷曲线，壁板两面应变差值—载荷曲线（代表弯矩—载荷关系，以下简称为弯矩—载荷曲线），和壁板中面应变—载荷曲线。

图4b绘出试件II-2第4、5、6、7和8点的挠度—载荷曲线；图4c中注明（$\varepsilon_{24}-\varepsilon_{26}$）的一条实曲线为试件II-2第2点的弯矩—载荷曲线。从这两类曲线确定壁板局部失稳的临界载荷

* 图4d绘出试件II-2第一、二、三次的实验点子和第四次的实验点子和曲线。为了标定实验夹具，在第二次和第三次实验之间对壁板中面作了一次对中调正，从图4d的实验点子和曲线说明各次加载的实验数据重复性很好。因前三次加载的最大载荷还没有到达曲线的拐点，还不能从曲线确定临界载荷，因此用第四次加载的实验曲线。

《钣金胶接加筋纵向受压稳定实验报告》（节选）

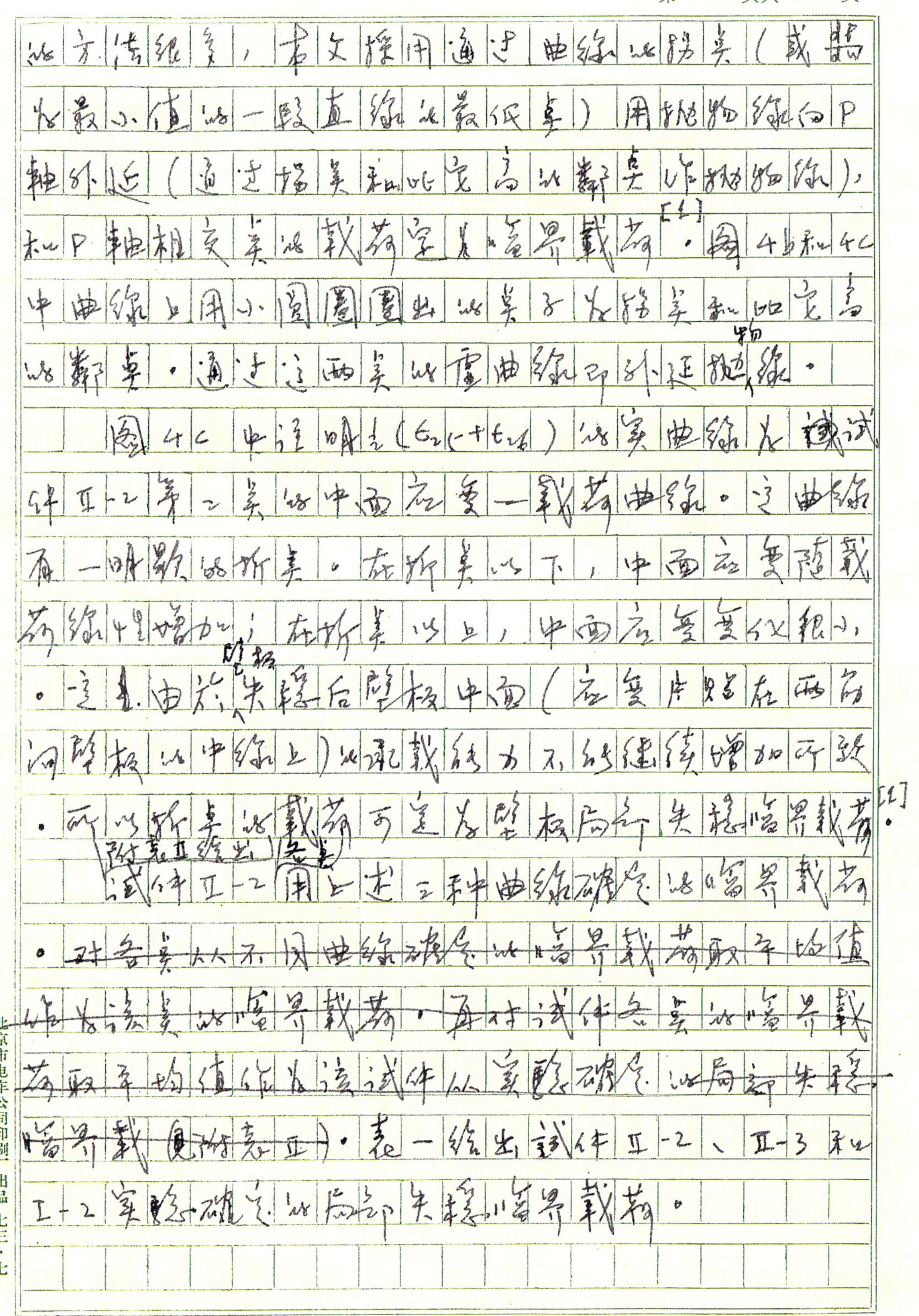
第　页共　页

的方法组合，本文採用通过曲线的拐点（或曲线最小值的一段直线的最低点）用抛物线向P轴外延（通过拐点和比它高的邻点作抛物线），和P轴相交点的载荷定为临界载荷[1]。图4b和4c中曲线上用小圆圈圈出的点子为拐点和比它高的邻点。通过这两点的重曲线即外延抛物线。

图4c中注明是（$\varepsilon_{21}+\varepsilon_{26}$）的实曲线为试件Ⅱ-2第二点的中面应变—载荷曲线。这曲线有一明显的折点。在折点以下，中面应变随载荷线性增加；在折点以上，中面应变变化很小。这是由于失稳后壁板中面（应变片贴在两筋间壁板的中线上）的承载能力不能继续增加所致。所以折点的载荷可定为壁板局部失稳临界载荷[1]。

附表Ⅱ给出试件Ⅱ-2用上述三种曲线确定的临界载荷~~。对各点从不同曲线确定的临界载荷取平均值作为该点的临界载荷。再对试件各点的临界载荷取平均值作为该试件从实验确定的局部失稳临界载（见附表Ⅱ）~~。表一给出试件Ⅱ-2、Ⅱ-3和Ⅰ-2实验确定的局部失稳临界载荷。

北京市电车公司印刷厂出品 七三·七

(1230) 20×20=400

《钣金胶接加筋纵向受压稳定实验报告》（节选）

第一页共　页

(二)开展热结构力学研究的重要性

关于是否需要开展热结构力学研究的问题，通过这次向几个单位的调研，我们了解到当前生产中已存在着很多的热结构力学的问题需要解决。同时从国防需要来看，飞机速度还需要不断提高，热结构中的问题也就变得更严重，许多问题更需要研究解决。我们在调研座谈中，特别向各单位提出了"是否需要开展热结构力学研究"的问题征求意见。除了个别同志认为"气动加热的结构设计可按室温设计高温修正，高温的主要问题是结构温度分布和环境条件问题"外，绝大多数同志认为"需要开展热结构力学的研究"。并提到"没有热结构设计规范，设计没有依据"。座谈中还提到："热结构方面科研没有开展，国外设计资料没有看到，设计依据没有"。"用热加到室温强度设计(按照室温设计高温修正)也不是办法，认为需要搞热结构的基本研究"。还有同志说："结构热的问题非常需要研究，其

北京市电车公司印刷厂出品　七二·七

20×20=400　(1230)

《开展热结构力学研究的重要性》

体课题说不出来，不但需要研究，还要赶快搞出来，实际上热的问题已起阻碍作用。""热结构力学研究要搞，不然以后会成拦路虎"。"热的问题很大，不是可有可无的问题"。在谈到以后飞机速度再加快时设计中最突出的问题是什么问题时，设计所的同志认为"最突出的问题是热的问题"。这次我们去调研的单位都反映我国需要开展热结构的基本研究（即热结构力学的研究）。设计研究所的同志还表示他们目前顾不到基本研究，希望科研单位和航空院校开展这方面的研究工作。

国外对高速飞机的研制和研究工作都在较长时期内投入了较大的力量。第二次世界大战后认为作战除依靠导弹外主要发展高速飞机和空对空导弹，放弃了发展适于近战格斗的飞机。如美国在1959年开始研制M数3以上的YF-12A远程截击机和SR-71战略侦察机（洛克希德公司研制）。1963年8月首次试飞。飞机表面温度大部分在300℃上下，主要蒙皮和结构部件都采用钛合金。美帝在越南侵略战争中惨败后，先

北京市电車公司印刷厂出品 七二·七

《开展热结构力学研究的重要性》

第三页共 页

他在1966和1969年开始研究适合于近战的空中优势战斗机F-14和F-15。F-14A的最大M数为2.4~2.5。钛合金约占飞机结构重量的25%，铝合金占36%，钢占15%，非金属约占4%。F-14A的表面约40%的面积是胶接的。F-15的短时最大M数为2.5，高空持续最大M数为2.3，机身的结构材料40%是钛合金。法国"幻影"F1是以截击为主的多用途战斗机，M数在2.2~2.5，1966年年底开始研制。瑞典的J-37和英、西德、意的"帕那维亚"-200都是多用途战斗机，M数都在2以上。苏联著名的空中优势战斗机米格-23"鞭挞者"M数在2.8左右。米格-25"狐蝠"是高空战斗机，有三种型别，速度从M数2.8到3.25，但飞机重，不灵活。轰炸机方面，苏修近几年来正在研制一种新型战略轰炸机"逆火"，飞行速度为M=2，冲刺速度可达M=2.5，航程约为7400公里。美帝研制的B-1轰炸机，高空最大速度M数为2.0~2.5。从这些例子可以看出国外近七八年来大力发展

《开展热结构力学研究的重要性》

第四页共　页

最大M数在2.5以上下的空中优势战斗机。而M数2.5上下的战斗机的热结构问题已很严重，以F14为例，最大M数2.4～2.5，钛合金占结构材料重量的25%，钢占15%。又如F15最大M数为2.5，钛合金占40%。说明了在这M数范围内，飞机结构气动加热问题已很严重。又如B1轰炸机，在设计时就考虑到热冲击和热颤振等问题。对于高速运输机，如协和号，M数为2.2，在生产设计过程中对热应力和热疲劳进行了很多研究。国外配合高速飞机的研制，早在1950年前后就开始进行热结构力学的研究工作。1953年到1959年进行得比较集中。美国NACA还设计制研制了试验机X-15，最大M数3.3～6.0，蒙皮用不锈钢，内部结构材料为钛合金，装有578对Chromel+Alumel热电偶测温度分布。近七八年来热结构力学研究工作又有较大的增加。从1950年到现在热结构力学研究范围很广，包括瞬态热应力、热屈曲、蠕变屈曲、热对结构刚度的影响、刚度改变对自振频率的影响、热颤振、热疲劳、和热冲击等研究工作。其中实验工作和实验设备的研制工作也占了很大份量。

北京市电車公司印刷厂出品　七一·九

20×20=400　(1230)

《开展热结构力学研究的重要性》

从我国国防需要出发，参考国外飞机发展的趋向和有关的研究工作进展情况，我们认为我国飞机的速度会不断提高，热结构中出现的问题会越来越多，越来越严重，是较长期性的、不断发展的。因此对热结构的基本问题也需要较长期的进行研究。热结构中出现的许多问题和室温结构的问题不同，一般来讲，不能用室温设计规范设计而只简单的用高温的材料常数替代室温的材料常数。正像很多同志反映的那样需要有热结构设计规范和计算手册。要制订热结构设计规范，需要通过大量研究工作解决热结构中可能出现的问题（包括前面"目前情况"中所谈到的那些问题）才能够得到较好的解决。热结构设计规范和计算手册要求明确地规定设计计算公式、应用范围、以及相应的曲线图表，它们的来源是以雄厚的科学研究基础和丰富的科学研究成果为后盾的。所以热结构的基本研究的开展还需要走在生产设计的前面。

在缺乏热结构设计规范和热结构基本研究的情况下可能出现两种倾向。一种是，有些问

北京市电車公司印刷厂出品 七一·九

20×20=400 (1230)

《开展热结构力学研究的重要性》

第六页共 页

题设计时没有考虑到，出现了没有预料到的问题。例如据报道美国洛克希德公司研制M数3以上的YF-12A的报告中提到，将一些设计好的机身模型用红外线灯造成在有的热流条来进行试验时"蒙皮象手风琴似的皱了起来"。或者出现了问题不能解释，例如美国NACA 1953年技术报告中曾经提到了七个机翼模型的试验，有四个试件出现了颤振。其中六个机翼模型的实验结果到1955和1957年的技术报告中才先后作了解释详细报导。这样就会影响研制进度。第二种倾向是设计思想偏于安全，也就是结构设计比较保守，往往经过多次考虑使结构有足够的强度和刚度不要发生破坏现象，而没能挖掘结构的潜力，设计得较重一些，从而影响了飞机或飞行器的性能。例如XX型导弹，由于结构设计得较重，它的有效载荷仅是国外同类型号有效载荷的50%左右，其中热结构设计中存在的问题也是造成有效载荷比降低的重要因素之一。从这些例子也可以看出开展热结构力学研究的重要性。

北京市电车公司印刷厂出品 七一·九

20×20=400 (1230)

《开展热结构力学研究的重要性》

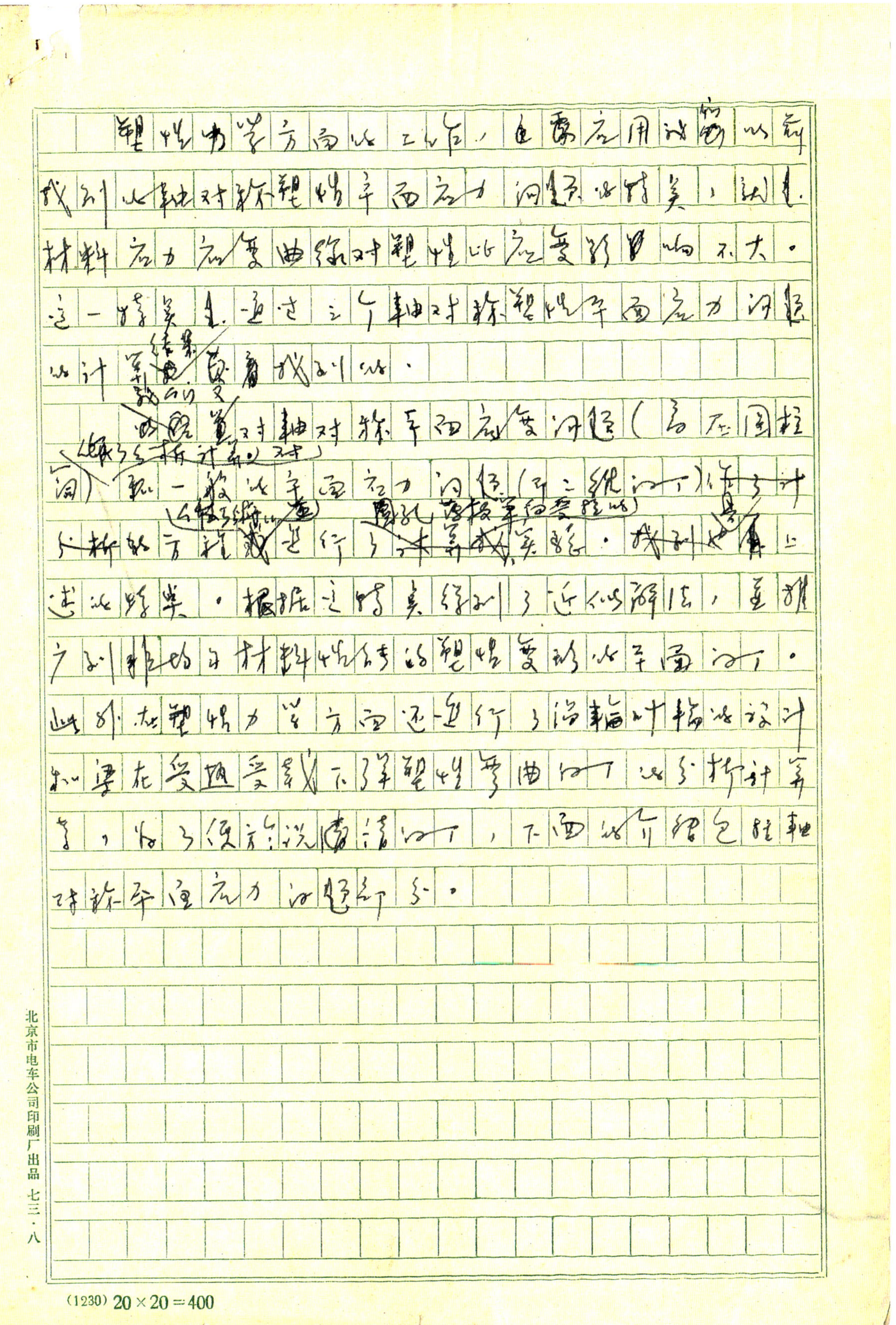

塑性力学方面的工作，主要应用试验的方法找到的轴对称塑性平面应力问题的特点，就是材料应力应变曲线对塑性的应变影响不大。这一特点是通过三个轴对称塑性平面应力问题的计算结果发现找到的。

对轴对称平面应变问题（旋转圆柱问题）和一般的平面应力问题进行计算分析的方法进行了计算验证，找到了具有上述的特点。根据这特点得到了近似解法，并推广到非均匀材料性能的塑性变形的平面问题。此外在塑性力学方面还进行了涡轮叶轮的设计和梁在受热受载下弹塑性弯曲问题的分析计算等，作了很多问题，下面的介绍包括轴对称平面应力问题部分。

北京市电车公司印刷厂出品 七三·八

(1230) 20×20=400

《塑性力学方面的工作总结》（节选）

3

第二页共 页

计算时可取任意数值作为载荷参数(因它只起任意比常数作用),由迭代算出全体它的值,再按它求出相应的载荷。因此逆算一次计算就可很精确得解,避免了逐次近似。

由于计算方法简单,就再可能计算给定材料在不同载荷下的λ和γ/γ_0沿r/a的分布,而λ和主应力比值接近的线性关系。因此,不同载 p.16
荷作用下各点λ值的变化就可检验在加载过程主应力比值是否接近于不变,也就是形变理论的条件是否满足(初始应力等于零是另外条件是满足的)。选用了同康铜,对轧直和圆孔薄板进行了三四个不同载荷的计算。这些计算结果表明物体内各点的λ值非常接近。另外还选择了和 p.25
同康铜又硬化程度很不相同的16-25-6合金进行了三个不同载荷的计算,结果也是这样。对于受压圆形薄膜用Glegzal的所计算的应力分布算了主 p.28
应力比值的分布,不同载荷的应力比值分布曲线也很接近。从这些结果说明形变理论对于这些问题可以应用

北京市电车公司印刷厂出品 七三·八

(1230) 20×20=400

《塑性力学方面的工作总结》(节选)

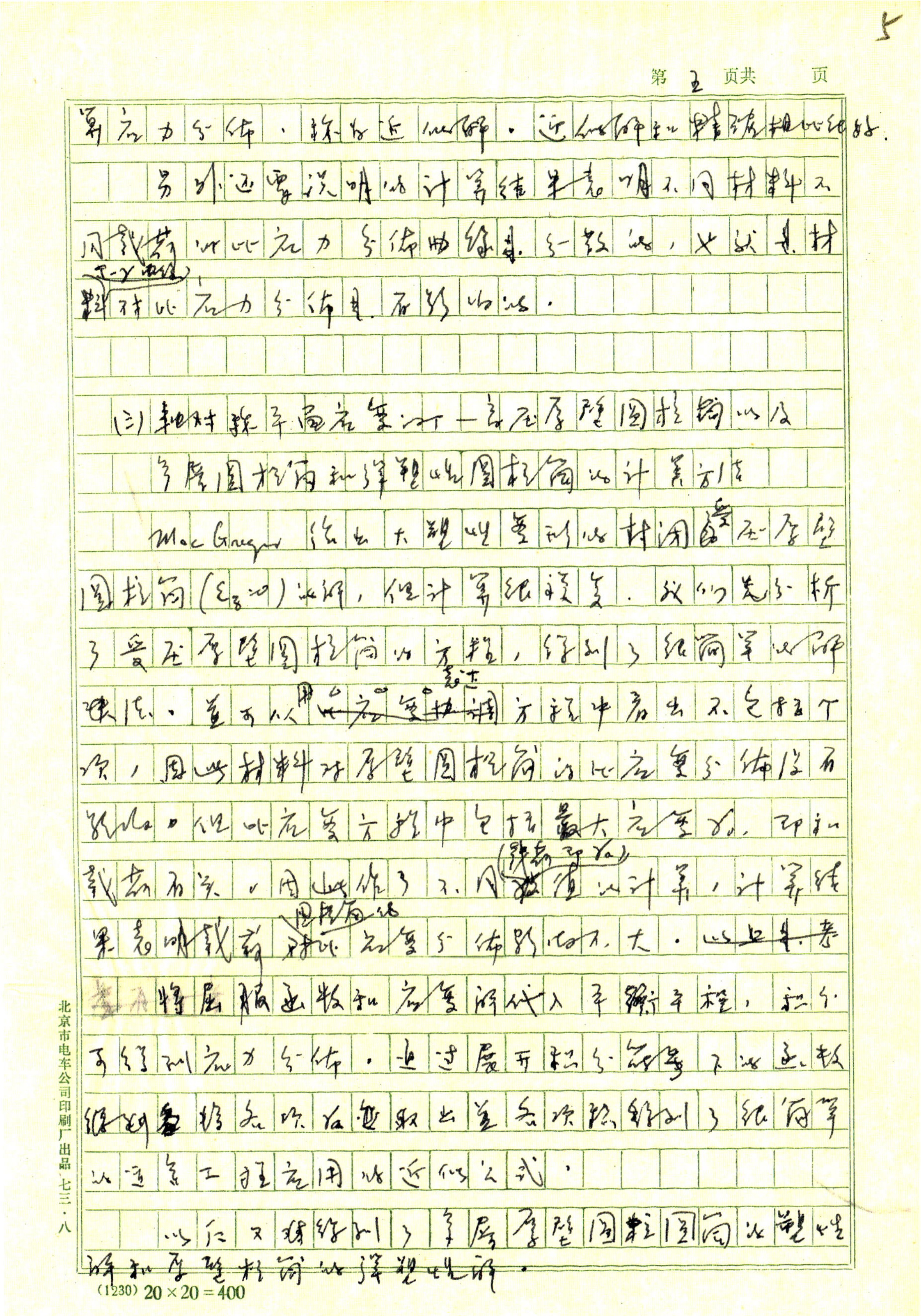

5

第 5 页共 页

算应力分布，称为近似解。近似解和精确解相比很好。

另外还要说明的计算结果表明不同材料不同载荷（不同载荷）的应力分布曲线是一致的，也就是材料的应力分布是有相似的。

(三) 轴对称平面应变问题——厚壁圆柱筒以及多层圆柱筒和弹塑性圆柱筒的计算方法

MacGregor 给出大塑性变形的材料内压厚壁圆柱筒（ε>10）的解，但计算很复杂。我们先分析了受压厚壁圆柱筒的方程，得到了很简单的解法。并可从表达方程中看出不包括个项，因此材料对厚壁圆柱筒的应变分布没有影响。但此应变方程中包括最大应变值，即和载荷有关，因此作了不同（载荷即值）值的计算，计算结果表明载荷（因此厚壁）对应变分布影响不大。以上是

将应变函数和应变的代入平衡方程，积分可得到应力分布。通过应力积分所得到的函数经过略去各项后取出主要项后得到了很简单的适合工程应用的近似公式。

以后又推得到了多层厚壁圆柱圆筒的塑性解和厚壁柱筒的弹塑性解。

(1230) 20×20=400

北京市电车公司印刷厂出品 七三·八

《塑性力学方面的工作总结》(节选)

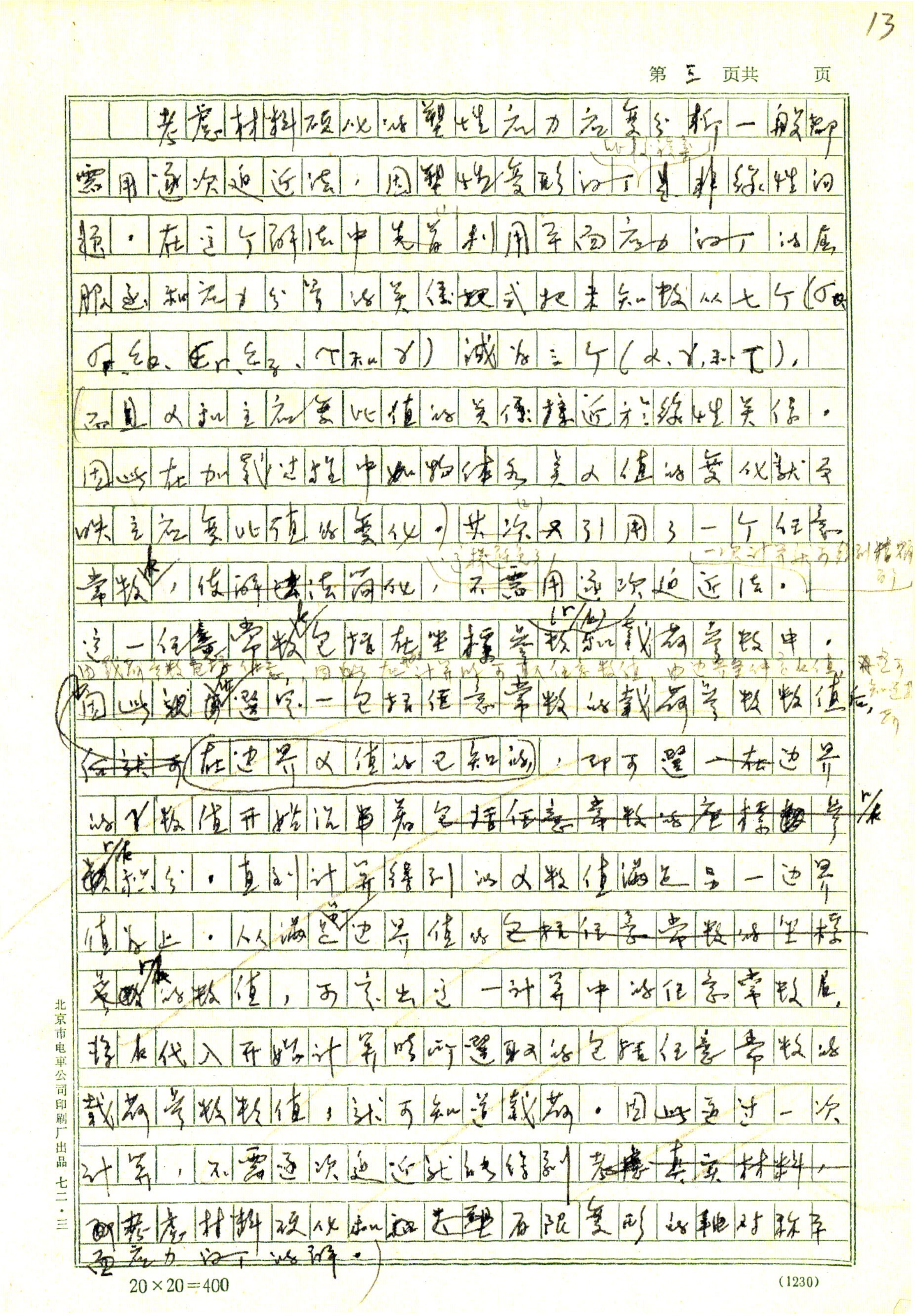

13

第三页共 页

考虑材料硬化的塑性应力应变分析一般都需用逐次近似法，因塑性变形的计算是非线性问题。在这个解法中先首利用平面应力的计算的基础上和应力分量的关系把未知数从七个（σ_x、σ_y、σ_z、ε_x、ε_y、ε_z、τ和γ）减为三个（λ、γ和T），而且λ和主应变比值的关系接近于线性关系。因此在加载过程中如将体系λ值的变化就可代表主应变比值的变化，其次又引用了一个任意常数，使解法简化，不需用逐次近似法。

这一任意常数包括在坐标参数和载荷参数中。因此规定选定一包括任意常数的载荷参数数值后，在边界λ值为已知时，即可选一边界的λ数值开始沿着坐标参数积分，直到计算得到的λ数值满足另一边界值为止。从满足边界值的坐标参数的数值，可定出这一计算中的任意常数值，将其代入开始计算时所选取的包括任意常数的载荷参数数值，就可知道载荷。因此通过一次计算，不需逐次近似就能得到考虑材料硬化和有限变形的轴对称平面应力问题的解。

20×20=400 (1230)

北京市电车公司印刷厂出品 七二·三

《塑性力学方面的工作总结》（节选）

1

前言

某发动机涡轮轴在运转过程中曾数次发生断裂。断口都在涡轮轴[illegible]封严圈[illegible]的圆角处。根据断口分析，认为是疲劳断裂。[illegible]

[illegible]对疲劳寿命影响很大，需要进行比较精确的应力分析，特别是圆角处应力集中区。[illegible]近疲劳极限时，SN曲线趋于水平。因此，当应力水平小于疲劳极限，使用周数可以很大，理论上可以接近无限。但当应力水平稍高于疲劳极限则使用（寿命）周数急剧减少。

为了配合涡轮轴疲劳分析，进行了应力计算和光弹实验应力分析。其中包括力学研究所十二室柱壳组进行的涡轮轴在扭矩作用下的应力分析。本文介绍这部分工作。

同时从结构看，在圆角处又存在应力集中，而应力集中因数又随圆角半径变化而有很大的变化，从而更大的影响疲劳寿命。因此对于这类零件要求比较精确的应力分析，特别是应力集中区。

第一页 [illegible] …… [illegible]

用有限元法计算时，[illegible]圆角附近需要取用较小单元，[illegible]计算[illegible]

因此在有些情况下需要采取粗网格和细网格结合的方法[ ]

用有限元法计算时，

涡轮轴的载荷包括扭矩、弯矩和拉伸。本文仅[illegible]在扭矩作用下的应力分析

《发动机涡轮轴在扭矩作用下的应力分析》（1977年）

2

本文参考到

圆柱轴的扭转问题解法很简单，由于垂直于轴中心线的平截面在受扭矩作用的过程中，绕着轴中心线旋转而无变形。

因此截面上各点的切向位移v和半径r成比例，即v/r等于常数。v/r是圆柱轴的扭转角，因此圆柱轴在扭矩作用下，其应力和半径成正比。

对于变截面轴在扭矩作用下，垂直于轴中心线的平截面除转动外还有变形，截面上的半径变成不再是直线。并且在不同r处的v/r值不同。但一定可以找到一系列v/r等常数的曲面。用φ代表v/r，称为位移函数，φ=常数的曲面（旋转曲面）称为等位移函数曲面。在扭转过程中，这些曲面绕轴中心线旋转而无变形，和圆柱轴的平截面类似。但要注意各等位移函数曲面的形状不同，也不平行。因此等位移函数面上各点的应变（或应力）除和该点的r值有关外，还和两邻近的等位移面上各相应点之间的距离有很大关系。若某点附近两等位移面靠近，则该点的应变就较大。另外变截面轴扭转时还有一组等应力函数面，它们和等位移函数曲面相正交。由于所考虑的轴是对称的，可用轴纵剖面上的等位移函数线和等应力函数线替代这两曲面。所以从轴的纵剖面的等位移函数线和等应力函数线的分布就可以看出全轴的应变（或应力）分布的大概情况。考虑到这些特点，本文提出的计算方法，解应力函数。从应力函数计算应力分布

《发动机涡轮轴在扭矩作用下的应力分析》（1977年）

在轴的内外壁，应力函数为常数。所以纵截面上内外壁曲线本身就是等应力函数线（一般的受扭轴的内外壁不受外力）。由于这些特点，本文提出的数值解法选取接近于等应力函数和等径移函数线的曲线作为正交曲线座标。这样沿外壁曲线的应力分布就可以包括沿圆角各点的应力分布，并且在应力集中区自然形成很密的坐标曲线，从而能给出详细的应力分布。

另外，作用在等径移函数曲面上的剪应力就是主剪应力，沿等径移函数线的应力分布可以清楚的看出应力集中的情况。

用本文提出的应力函数法计算了第三种三阶阶梯轴圆角半径 $R_1=0.1$、0.15 和 1.0（$R_2=0.5$）的涡轮轴的应力函数和剪应力分布。

《发动机涡轮轴在扭矩作用下的应力分析》（1977 年）

4 三.张竹

图四(a)、(b)和(c)分别给出$R_1=0.4$、0.15和1.0的轴在第一圆角凹槽区域剪应力分布。圆角附近画以粗细曲线表示沿轴外壁的剪应力分布如下。注明旋转坐标曲线。粗曲线为通过圆角最大应力处的坐标曲线，这粗曲线附近的细曲线表示沿该坐标曲线的剪应力分布。从图四(a)、(b)和(c)可以看出圆角半径不同对剪应力分布的影响。当R_1从0.4毫米到0.15毫米，圆角处最大剪应力从0.0190公斤/毫米²增加到0.03136公斤/毫米²。如R_1增到1.0毫米，最大剪应力减少到0.01215公斤/毫米²。图五为第二圆角凹槽沿外壁的剪应力分布。

为了便于比较，图六(a)从圆角圆心沿r坐标曲线的距离D作为横坐标，将$R_1=0.15$、$R_1=0.4$、$R_1=1.0$的剪应力分布曲线画在同一图上。在靠近圆角的很小距离D以内剪应力的差别很大，在D≥3毫米范围内R_1的大小对剪应力的影响就很小。为了进一步比较圆角半径对剪应力集中的影响，图六(b)将$(\tau_{os})_{R_1}/(\tau_{os})_{1.0}$作为纵坐标，横坐标，由此便可以看出最大应力（在外壁）和最小应力（在内壁）的比值随圆角半径的改变。当R_1增加时$(\tau_{os})_{R_1}/(\tau_{os})_{1.0}$的比值逐渐减少。

《发动机涡轮轴在扭矩作用下的应力分析》(1977年)

根据计算初步计算结果

在计算过程中对座标进行过一次修改。

6

三）计算结果　　　三.2

计算是在TQ-16电子计算机上进行的，用TQ-16语言

轴的几何形状见图(一)。开始计算的座标点是用分区的[illegible]方程计算的。输入数据除轴的一些几何参数外还有两个圆角的圆心座标和半径。开始计算时由于座标和曲线和等应力线、线和等位移函数线相差较大，收敛很慢。根据计算结果，修改过进行了一次修改座标。图(一)

图一曲线为最后计算结果。在计算主要结果（即经过一次修改后的座标）

所用的曲线座标和图[illegible]的计算结果看出总的规律是类似的。[illegible]沿轴外圆角处以及其附近应力较大的区域座标点较密，[illegible]在[illegible]角[illegible]附近应力较[illegible]的区域座标较稀。

[illegible]接近于等应力函数线和等位移函数线[illegible]作为求[illegible]曲线座标[illegible]有一定的优越性。

在计算K，[illegible] 0.15 和 1.0 时，只需将靠近K区域的曲线座标修改以修正。其他的[illegible]座标点都可[illegible]就得出结果。

[illegible]用K=20.4[illegible]相同座标。[illegible]由于本文[illegible]

[illegible]方程等式常微分方程[illegible]以(m-1)次近似代

[illegible]计算[illegible]中的第m次近似值。

《发动机涡轮轴在扭矩作用下的应力分析》(1977年)

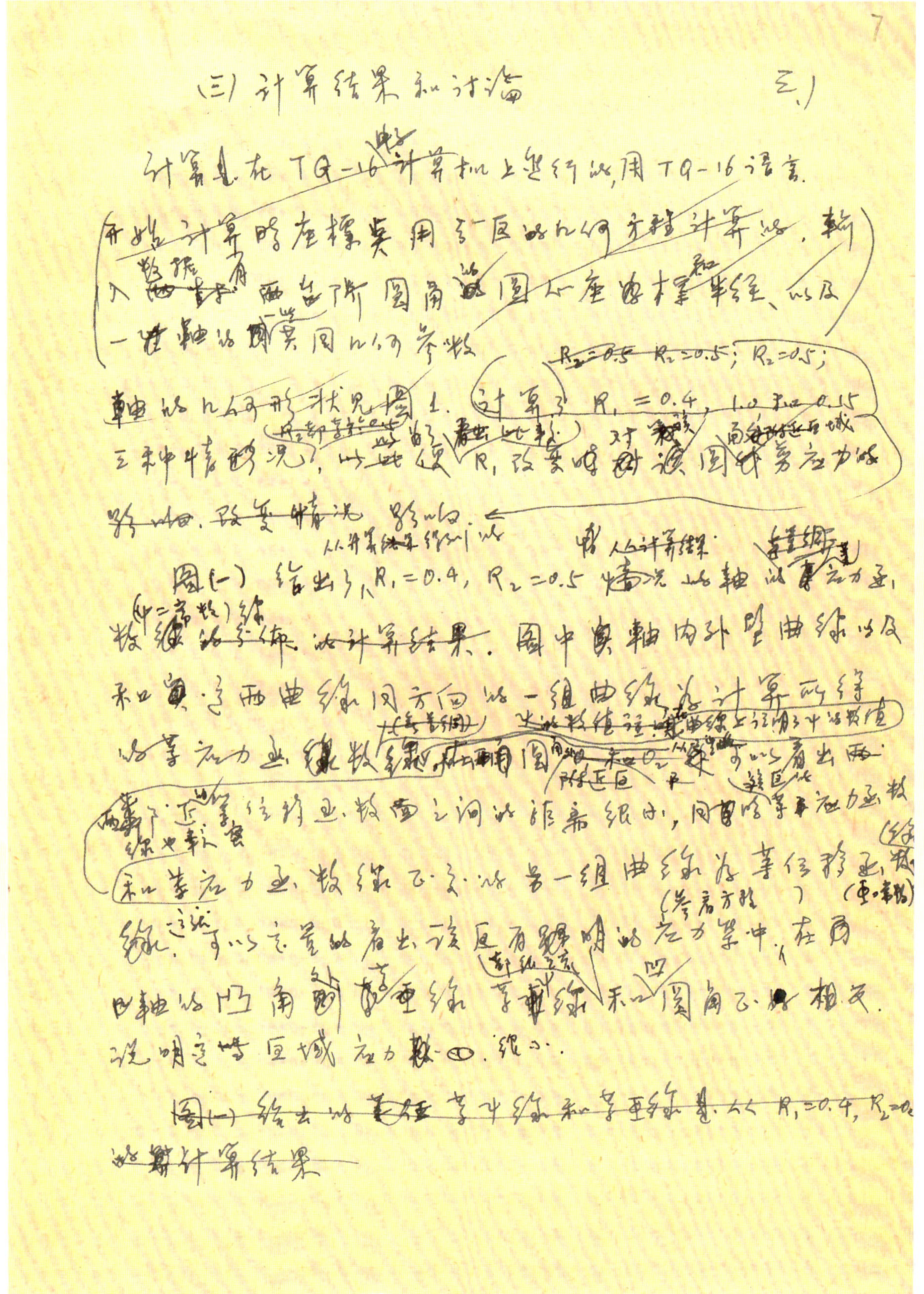
(三) 计算结果和讨论

计算是在TQ-16计算机上进行的，用TQ-16语言。

《发动机涡轮轴在扭矩作用下的应力分析》（1977年）

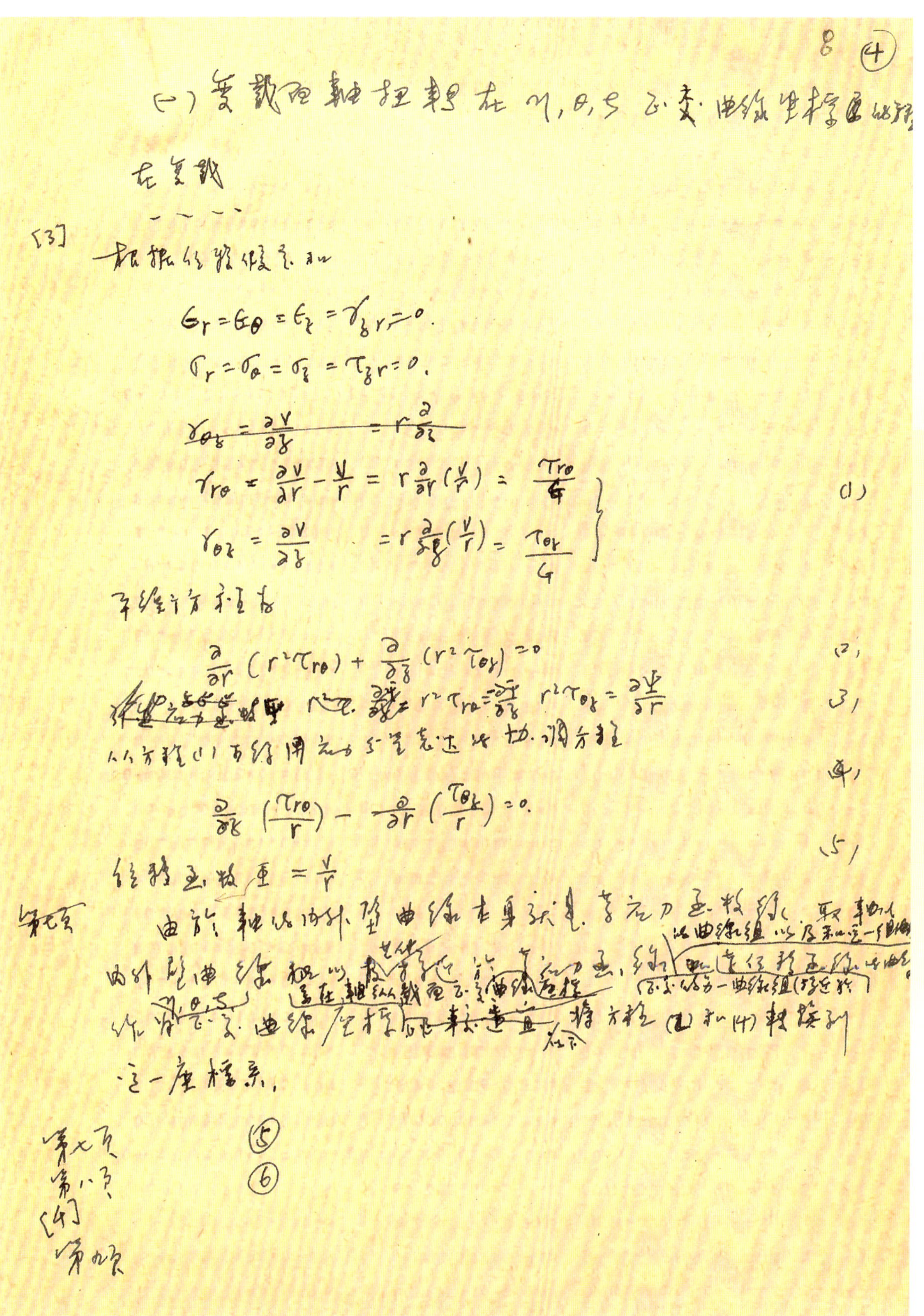

8 ④

(二) 变截面轴扭转在 r, θ, z 正交曲线坐标系的[illegible]

左算式

[3]

根据经验假定知

$$\varepsilon_r=\varepsilon_\theta=\varepsilon_z=\gamma_{zr}=0.$$

$$\sigma_r=\sigma_\theta=\sigma_z=\tau_{zr}=0.$$

$$\gamma_{r\theta}=\frac{\partial v}{\partial r}-\frac{v}{r}=r\frac{\partial}{\partial r}\left(\frac{v}{r}\right)=\frac{\tau_{r\theta}}{G}$$

$$\gamma_{\theta z}=\frac{\partial v}{\partial z}=r\frac{\partial}{\partial z}\left(\frac{v}{r}\right)=\frac{\tau_{\theta z}}{G} \qquad (1)$$

平衡方程为

$$\frac{\partial}{\partial r}(r^2\tau_{r\theta})+\frac{\partial}{\partial z}(r^2\tau_{\theta z})=0 \qquad (2)$$

[illegible] $r^2\tau_{r\theta}=-\frac{\partial \psi}{\partial z}$ $r^2\tau_{\theta z}=\frac{\partial \psi}{\partial r}$ (3)

从方程(1)中消去 v 得用应力分量表达的协调方程 (4)

$$\frac{\partial}{\partial z}\left(\frac{\tau_{r\theta}}{r}\right)-\frac{\partial}{\partial r}\left(\frac{\tau_{\theta z}}{r}\right)=0. \qquad (5)$$

经转函数 = $\frac{v}{r}$

第七页 由于轴的内外壁曲线本身就是等应力函数线，[illegible]

[illegible]

这一座标系。

第七页 ⑤

第八页 ⑥

[4]

第九页

《发动机涡轮轴在扭矩作用下的应力分析》(1977 年)

研究工作

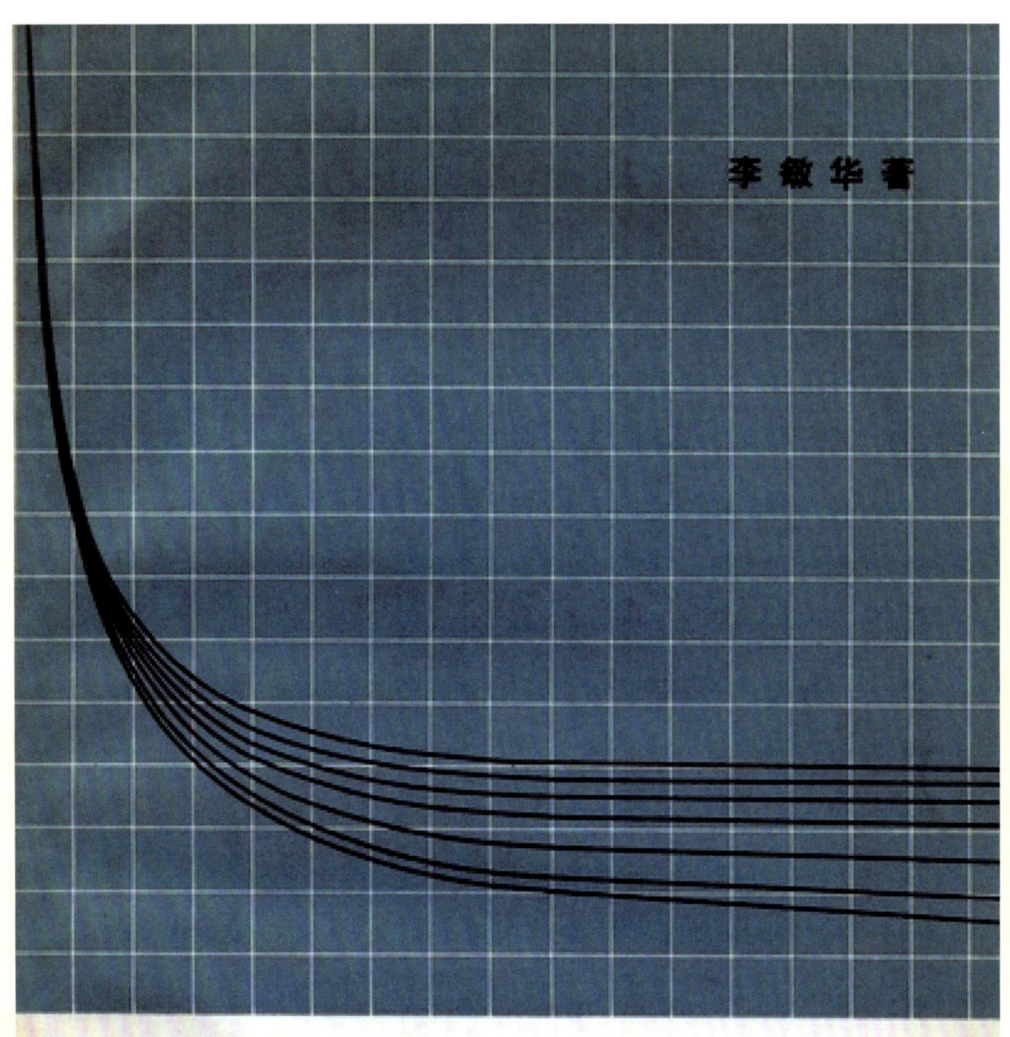

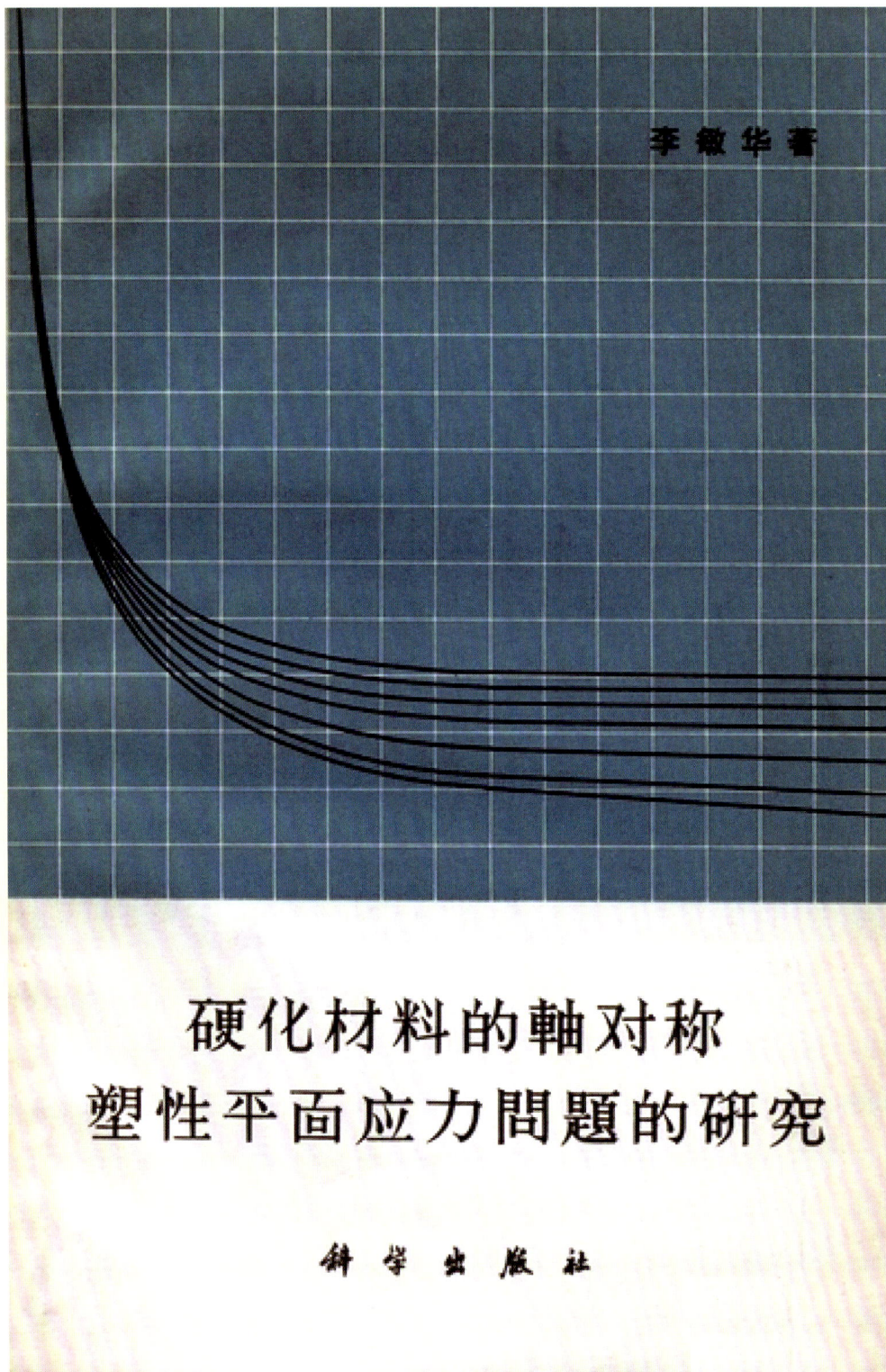

《硬化材料的轴对称塑性平面应力问题的研究》封面

书　信

同骥！

4月8日给你寄出的信，想已收到。我在11日写该信来回函后，一大堆事情推着要办，因此拖到今天。

因为我没有接到中国科技大学研究生院找我填报，研究生办公室只给需要回复的申请的学生本人的成绩单，不给其他人的。我希望你再核对一下关于"通过"的定义。他说是有些考核的课程是用"通过"或"不通过"，有些时用"合格"或"不合格"。"通过"和"合格"都差不多属于某种水平，不是指刚及格60分的意思。另外一种表述方式是"优秀""良好""及格"。"及格"是指六十多分。中国科技大学研究生院的分数比美国大学研究生的严，很和我们当年时清华大学的分数标准差不多。我们在MIT时成绩全"A"，我们在清华时根本不可能。

我认为 grades in the graduate studies were rather good 而不是 rather average.

北京市电车公司印刷厂出品 八五·九
20×15＝300 （1503）

写给林同骥的信（1956 年）

他们在国际非线性力学会议（上海，1985）的论文已转给ITC，请接受的论文整部已收到了。我想你从他们的论文内容也可以看出他们的学术水平。

4月24日，1986

北京市电车公司印刷厂出品 八五·九

20×15＝300 （1503）

写给林同骥的信（1956年）

姜复本教授：

今年（12月前）科学院通知将请1980年邀请国外教授来华短期工作时，我室（固体力学研究室）通过向科学院提出请你在1980年中来这作一学期的短期研究工作，研究裂纹尖端弹塑性应力应变场的奇异性分析，并指导有关柔度法和奥瑞法的实验技术。一俟有一定的结果（整个科学院对提出申请的是一起审批的），当即函告。听说，1980年对外籍华裔教授来华短期工作时夫人和孩子回来的待遇和1979年有些差别，详细情况还不太清楚。我将进一步了解，并将强调你夫人是师范大学外语系毕业的。我了解到具体情况后当即函告，如有什么需要商量的当和你函商。

本来早日给你写信，因我在十月中不小心摔跤骨折，住院治疗，因此一直没有给你写信，现经过手术治疗比较顺利，手术后恢复很好，目前已较好了。

另外上次我和你介绍过推荐派往你处的研究生李大伟，他现在英语已学完，成绩很好，并已修了一些力学方面的课程。所以他想最好能早日赴美学习。不知有否可能在1980上半年（我1980年十一月十二日）就到你那里去，我本来是想等你休假返美后他再去。但因他是作为待出国的研究生

北京市电车公司印刷厂出品 79.8（1310）

写给姜复本教授的信

时间不能延迟太久，所以我也希望他能早日出去。如果你认为明年上半年不适合，那明年十一月或十二月份也可以，这样他可以在国内跟你学习。但一切手续都需要在明年上半年办好。当然李大伟本人且很想在1986年出去，因为和他一起学英语的同学（即准备出国的）基本上陆续办手续出国，或已经出去了。因此他很想早些出去，这种心情是可以理解的。当然一切还请你考虑。你认为什么时候合适请你决定，但望早日函告。

另外上次我在美国回来的时候曾打电话给你问及李大伟有否可能在你校得到经济支持的问题，记得你说过可以给Research Assistant，不知现在情况如何，盼复信中也能顺便提及。

我想我已经告诉过你李大伟是我去年在全国招考研究生时的前两名研究生（共一百二十五人参加考试），他和第一名研究生考试成绩非常接近（只差几十分），并且反映出自学能力很强。（因此所以我决定派他们两个出国做研究生）（第一名研究生即将派赴日本早稻田大学，也是学习实验研究的）。李大伟不但学习成绩很好，并且学习刻苦，踏实肯干，我相信你一定会对他很满意的。祝

好！

李敏华

北京市电车公司印刷厂出品 79.8（1310）

写给姜复本教授的信

第 一 页共 页

卢院长、严付院长：

我指导的首届博士研究生梁乃刚、李英治同志以及钱寿易同志招收的我国博士研究生刘国生同志都是从我1978年招收的硕士研究生毕业后通过考试录取的。现已有一名（梁乃刚）已通过博士论文答辩，得到答辩委员会的很高的评价。但以上三位博士生都有两地分居问题急待解决。否则，他们毕业后不得不离开科学院，致使弃了六年来攻读的专业，并给我院的科研工作造成不应有的损失。为此，我特向院领导提出请求，请院领导给予协助解决这一问题。

我认为，为了发展我国的科研事业，适当地集中精干的科研力量，组建有战斗力的科研队伍是很重要的。除了发挥老一代科学家的力量之外，中年科研骨干是关键。而1978年入学，1981年招收的首批博士研究生是其中一部分的重要的新增加的力量。科学院1978年招收的硕士研究生都是由全国各地的优秀科技工作者参加考试，是科学院招生质量最好的一个年度。报考我的研究生共有105名，我招十二名，其他…

（1549） 20×20＝400

北京市电车公司印刷厂出品 八二·七

写给中国科学院领导的信

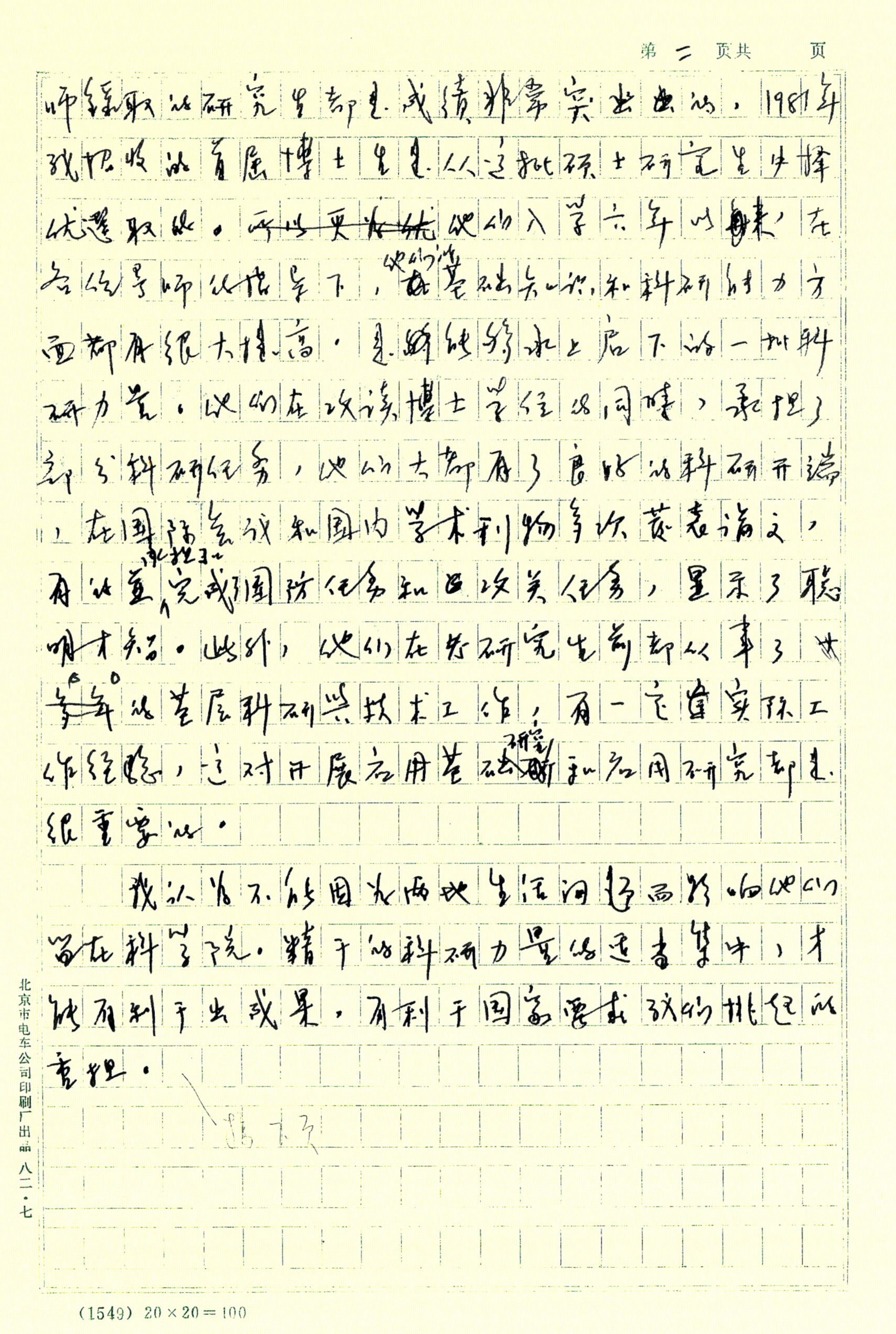

第二页共 页

师给我们的研究生都是成绩非常突出的。1981年我招收的首届博士生是从这批硕士研究生中择优选取的。他们入学六年以来，在各位导师的指导下，他们的基础知识和科研能力方面都有很大提高，是能够承上启下的一批科研力量。他们在攻读博士学位的同时，承担了部分科研任务，他们大都有了良好的科研开端，在国际会议和国内学术刊物多次发表论文，有的并承担和完成了国防任务和四攻关任务，显示了聪明才智。此外，他们在考研究生前都从事了廿多年的基层科研与技术工作，有一定实际工作经验，这对开展应用基础研究和应用研究都是很重要的。

我认为不能因为两地生活问题而将他们留在科学院，精干的科研力量的适当集中，才能有利于出成果，有利于国家要求我们挑起的重担。

(1549) 20×20=400

北京市电车公司印刷厂出品 八二·七

写给中国科学院领导的信

我已是年过花甲的人了，花了六年心血培养这二个博士生真很不容易啊。现在正是期待他们出成果、挑重担的时候。是我特别需助手的时候。如果仅仅因为两地分居问题让他们改行转业，放弃我们多年培养目标，真是很大的损失。我觉得科学院领导不担心，导博士生的两地分居问题是否可能解决呢。前象这样博士研究生中存在两地分居问题的人数不多，今后也不会再有这种情况。因此可以作为一个特殊问题来处理，对今后也不会有什么影响。

(1549) 20×20=400

北京市电车公司印刷厂出品 八二·七

写给中国科学院领导的信

第四页共 页

目前我的一位研究生梁乃刚同志，已通过论文答辩，并取得优异的成绩。他在完成硕士论文的同时，完成了三机部410厂、420厂的偏轴任务（共解6故障分析提出的任务）。他的硕士论文有创造性，在1982年在上海举行的国际有限元会议上宣读并发表在该会的文集。他在博士论文中，是在他硕士论文的基础上进一步提高，提出了解大型方程组的挥要保留法，有创造性和实用价值，他提出的方法和国际上广泛应用的子结构法和波阵法相比，有明显的优点。在他进行博士论文的后期，由于科学院海洋平台攻关项目的需要，组织以后发挥他的特长，他又接受了并正在顺利进行海洋平台空间管接头应力分析。今年秋季，他将开始海洋平台结构程序的动力部分。这些都是国家急需解决的攻关项目中的课题，同时也都是目前国际上在开展研究的课题。他在力学所六年的工作中，既在学科上有创新，又能运用他论文中提出的方法，有效地解决实际任务。梁乃刚同志是1978年考取研究生的125名考生的成绩明显的突出的前三名

北京市电车公司印刷厂出品 八二·七

(1540) 20×20=400

写给中国科学院领导的信

第 五 页共 页

之一（其余两名由科学院学术派送到日本和美国攻读博士生）。但是，宋乃刚目前面临着两地分居的困难，特别因由于他们孩子年龄较大，更迫切需要尽早解决他们两地的问题。特此提出申请，希望院领导大力支持，尽快予以解决。（如能一同尽快解决那更是最好）其他两位也希望继续解决。此致

敬礼

国家劳动人事部

进京指标

(1549) 20×20=400

北京市电车公司印刷厂出品 八二·七

写给中国科学院领导的信

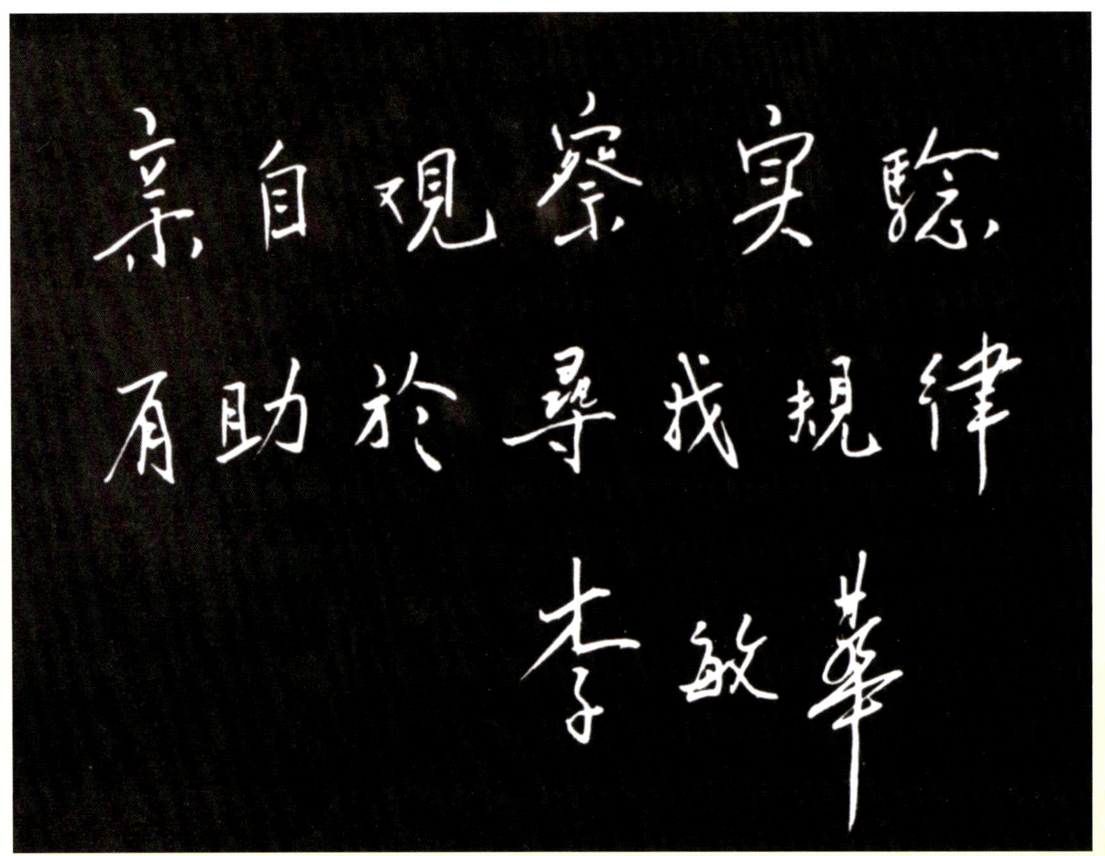
亲自观察实验
有助於寻找规律
李敏华

开展一项科学研究工作，先要在调查基础上把关键性问题提清楚，然后要有解决问题的特别途径和方法，做好这两项准备才可立项开展工作。

——林同骥

林同骥

(1918.12.12—1993.07.29)

空气动力学家。福建福州人。1942 年毕业于中央大学。1948 年获英国伦敦大学航空工程博士学位。中国科学院力学研究所研究员。1955 年回国。1978 年—1984 年任力学研究所副所长。1980 年当选为中国科学院学部委员（院士）。

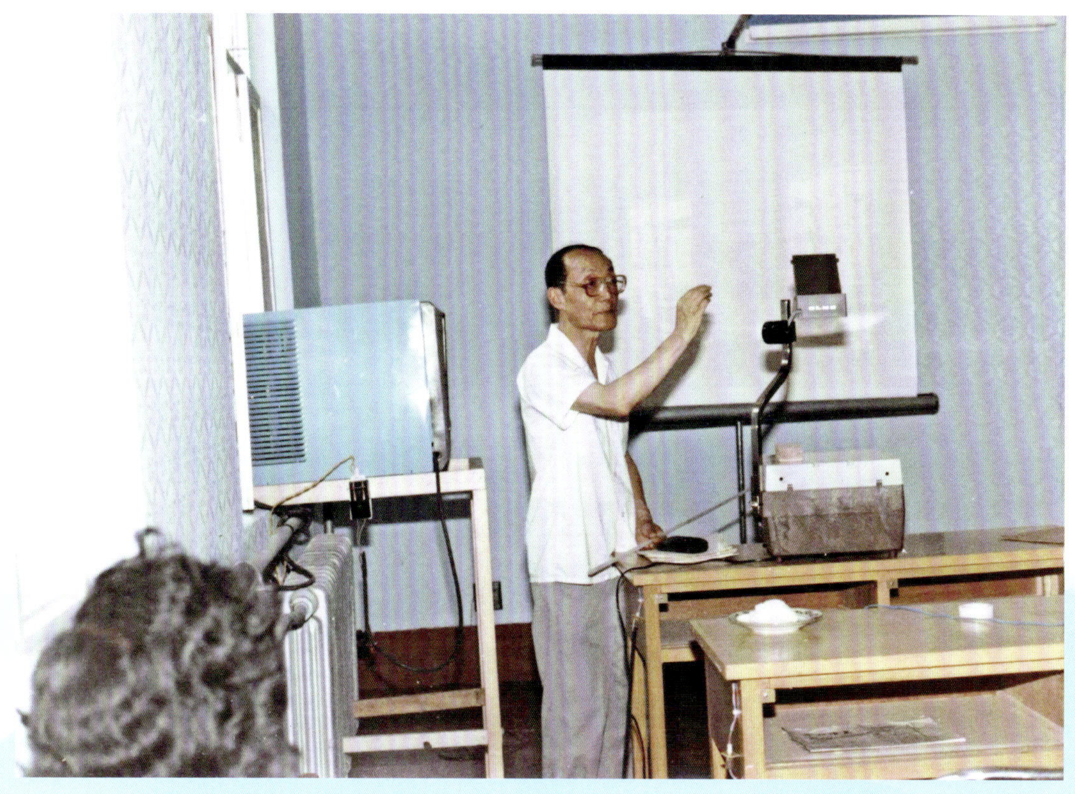

在 讲 课

赴丹麦参加 IUTAM 第 16 届大会（1984 年）

到昆仑山考察盐湖（1986 年）

接待 Sears 夫妇参观应用流体实验室（1991 年）

在 29 基地

入党材料

姓名	现名	林同骥	性别	男
	曾用名	——	民族	汉
出生年月		1918 年 12 月 12 日		
籍贯		福建福州		
家庭出身		官僚	文化程度	博士学位
本人成份		学生	现任职务	中国科学院力学研究所副所长

入党志愿书

我是1918年出生於北京的一個官僚家庭。父親是旧社会的法官，母親从事家务劳动。我小时候接受的是资产阶级教育，幻想走超政治的科学救国道路。

1932年在北京汇文中学上学。当时日本侵略军在我国华北横行霸道，常在北京街头上堆起沙袋作军事演习，以枪瞄准行人，我感受到帝国主义压迫的痛苦，但自己当时不知道如何解决这一问题。

1933年随家庭到南京金陵中學上学。1936年在高中二年级时学校教员来怂恿学生参加复兴社，我当时不知道那是什么组织，有疑虑，不愿参加，回家后和父親商量，託词自己未到法定成年年龄，谢绝参加。

1937年抗日战争爆发，我随家庭到四川重庆沙坪坝南开中学上学，在学校礼堂里听到周恩来同志做的关于抗日战争的报告，给我以深刻的印象。

1938年我考入伪中央大学航空工程系上学。1942年毕业后到四川南川国民党伪第二飞机制造厂做检验员和修配发动机股代理股长。在印象上当时在该厂工作的都算作集体参加国民党，但自己没有参加任何国民党活动。

1945年我考取伪教育部公费留英研究生，出国前伪教育部在四川青木关召集全体出国学生百餘人办训练班约四星期，给学生灌输反动思想，由伪教部司长俞某主持给学生发下申请入国民党的表格，我託词自己对国民党没有任何贡献，不能无功受禄，将表格退回，谢绝参加。

1945年我到英国伦敦大学研究院上学，1948年得航空工程博士学位后从英国到美国华盛顿大学、加州大学和布朗大学教课並从事科研工作。在国外受到过外国人对中国人的歧视，新中国成立后，外国人对我们的态度从歧视转而为重视，给了我以中国人民从此站起来了的深切感受。当时我怀着一种爱国心情，想用自己的知识和经验为祖国社会主义建设服务。在祖国关怀下，

入党志愿书

冲破美帝阻挠，终于在1955年夏天和爱人张斌及当时尚未满月的女儿林川离开美国，回到祖国。

1955年回国之后经过多次大革命运动的实践，深感到自己过去政治上处于无知状态，而世界观基本上是资产阶级的。在整风反右、红专辩论和大跃进中我看到党领导和群众的力量，看到许多党员在工作中起了模范带头作用，我写出了大字报表示自己决心努力争取加入中国共产党。

1959年在全国先进生产者代表大会上我得到了毛选前三卷，通过学习我初步认识到为什么人的问题是一个根本的问题。过去自己自命清高回国来能用自己的知识为人民服务，政治上不错了。仔细一想，我过去是想在为人民服务的口号下为自己搞点名誉。认识到自己为什么人的问题还没有完全解决，而这问题不解决，自己就不能轻装前进，不能更好地为社会主义服务，从而为自己世界观改造指出了方向。

无产阶级文化大革命给我以深刻的教育和锻炼。在那暴风骤雨式的群众运动中，我深感到自己需要很好地学习马列主义，从而抓紧时间，比较系统地学习了马克思、恩格斯、列宁和毛主席的一些著作，提高了自己对科学社会主义和共产主义的认识。在这同时自己也做了一些有用的科研工作，理论学习和科研实践坚定了自己为社会主义服务、为共产主义奋斗的信心和决心。

作为一個从旧社会过来的知识分子，我为粉碎"四人帮"后出现的大好形势而欢欣鼓舞。我认识到科学技术是生产力，明确了实践是检验真理的唯一标准。党的十一届三中全会公报号召从今年起全党工作重点要转移到社会主义四個现代化建设上来。以华主席为首的党中央拨乱反正，从各方面揭露了"四人帮"的反动实质，另一方面指明了我国社会主义现代化的前进方向，给我以极大的鼓舞和力量。为了更好地接受党的教育，更好地为社会主义服务，为共产主义奋斗，我恳切请求党组织考虑批准我加入中国共产党，使自己在新长征道路上贡献自己应尽的一份力量。

林同骥

1979年9月6日

入党志愿书

研究工作

建议印20份.(所资料室留4份).
因其中公式数字甚多,是否请
140部设法打印,

8/20

内部

绝密

92.6.29

同位素分离筹备工作

有关理论部分的报告

力学研究所

林同骥 赵国民.邓振瀛
温功碧.范椿.

1959.6.18.

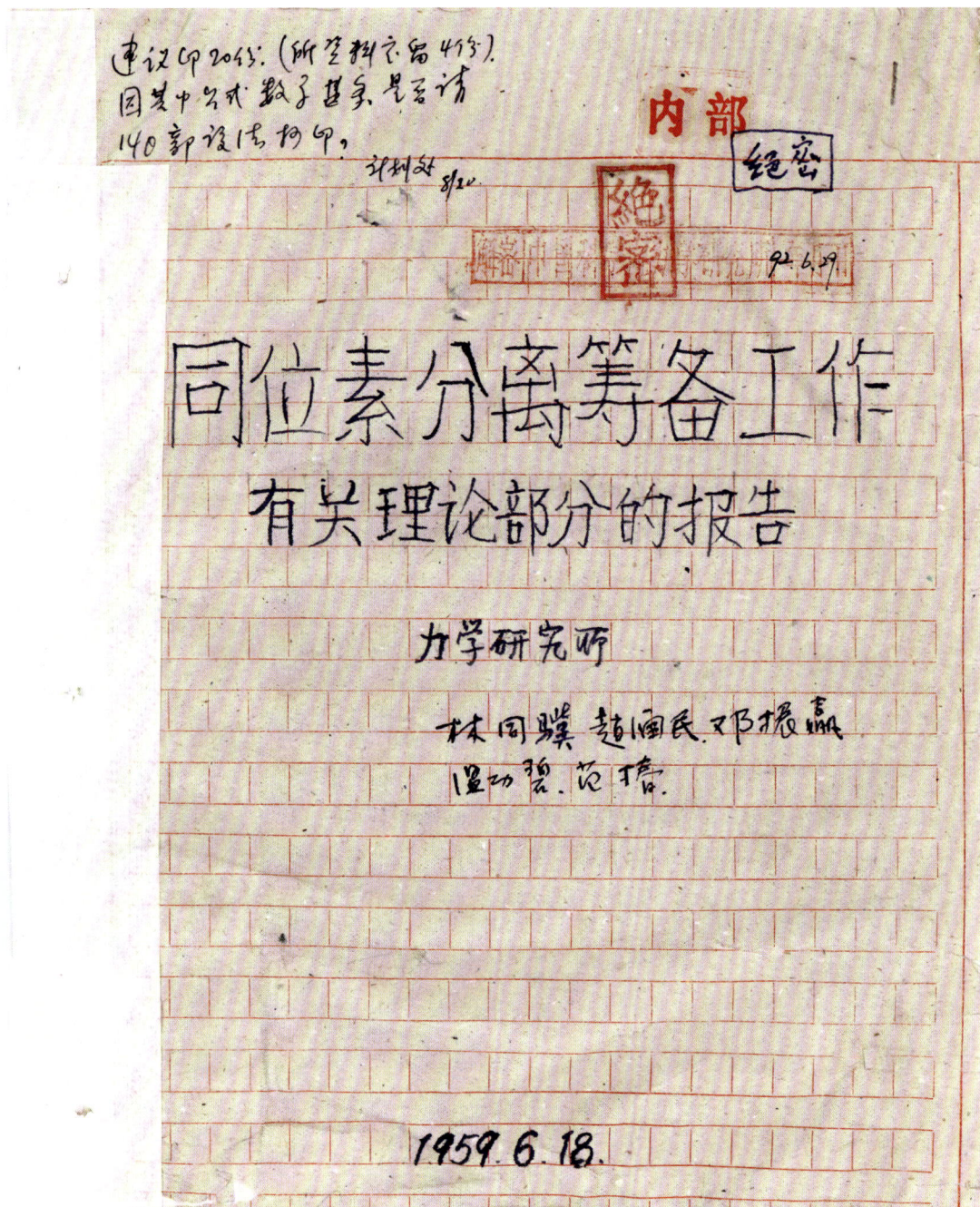

《同位素分离筹备工作有关理论部分的报告》(1959年)(节选)

同位素分离筹备工作有关理论部份的

报告

目录

引言

第一部分：喷咀

一.通过喷咀的铀同位素分离的介绍

二."加浓因素"，"分离因素"与相似准则

三.一些实际介质的计标数据及初步选择；

特徵长度 d_0 和流量的初步确定.

四.一些值得讨论的问题.

五.决定分离装置形状的微分方程组

附图及附表

附表1. ε_α、α、ε_A、A 之参考值

附表2. UF_6 分离实际参数的参考数据

附表3. 各种气体分离实际参数依据表

《同位素分离筹备工作有关理论部分的报告》（1959年）（节选）

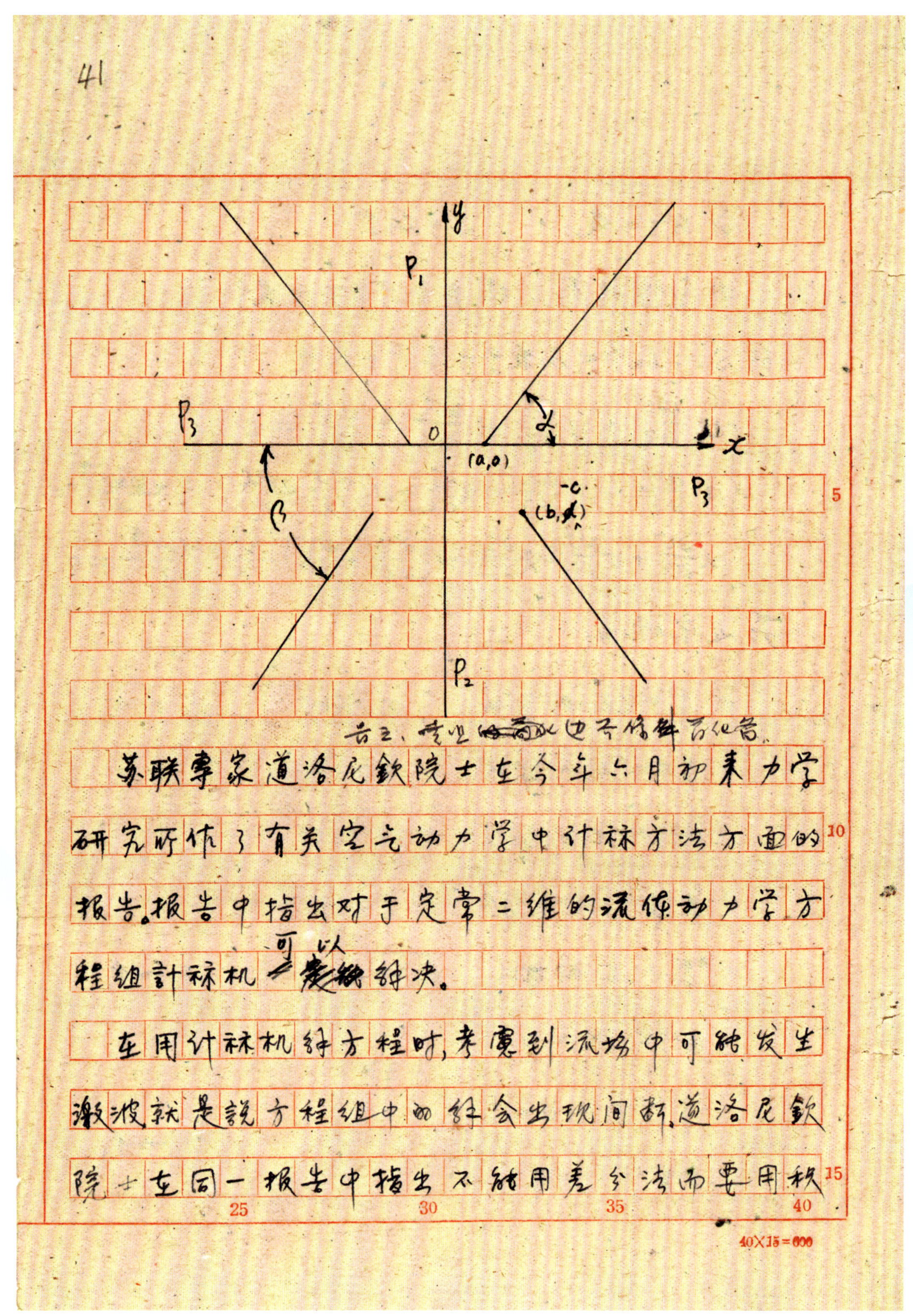

41

苏联专家道洛尼欽院士在今年六月初来力学研究所作了有关空气动力学中计算方法方面的报告。报告中指出对于定常二维的流体动力学方程组计算机可以解决。

在用计算机解方程时，考虑到流场中可能发生激波就是説方程组中的解会出现间断，道洛尼欽院士在同一报告中指出不能用差分法而要用积

《同位素分离筹备工作有关理论部分的报告》（1959年）（节选）

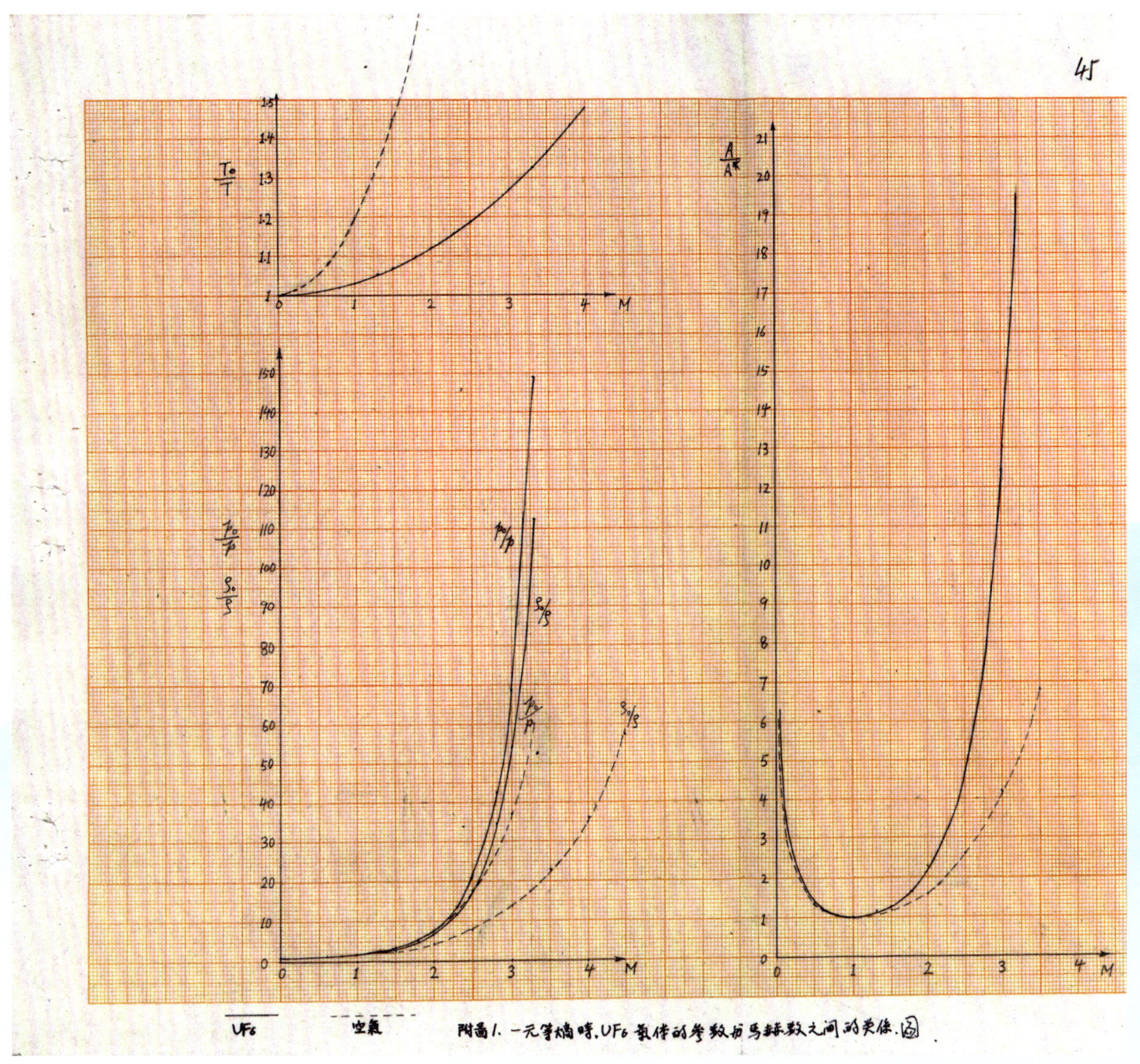

《同位素分离筹备工作有关理论部分的报告》(1959 年) (节选)

收缩段流动

内容 页数

装 订 线

《喷管收缩段设计》(节选)

第 2.1 页

2. 速度面代型

$$\left.\begin{aligned} z &= x+iy \\ w &= qe^{-i\theta} \\ \Omega &= \phi+i\psi \\ \zeta &= \xi+i\eta \end{aligned}\right\} \qquad (1)$$

$$z = \int \frac{d\Omega}{w} \qquad (2)$$

$$\Omega = \frac{2}{\pi} U \zeta \qquad (3)$$

$$\frac{w}{U} = \frac{\cosh\zeta + \cosh\lambda}{\cosh\zeta + \sigma\cosh\lambda} \qquad (4)$$

$$z(\zeta,\lambda,\sigma) = \frac{2}{\pi}\zeta - (1-\sigma)\frac{2}{\pi}\coth\lambda\,\ln\left[\frac{\cosh\frac{1}{2}(\lambda+\zeta)}{\cosh\frac{1}{2}(\lambda-\zeta)}\right] \qquad (5)$$

(1229)

北京大栅栏印刷厂出品 七二·七

装 订 线

3. 壁面曲线和收缩角

$$
\left.
\begin{aligned}
x(\xi,\lambda,\sigma) &= \frac{2}{\pi}\xi-(1-\sigma)\frac{1}{\pi}\coth\lambda\,\ln\left[\frac{\cosh(\lambda+\xi)}{\cosh(\lambda-\xi)}\right]\\
y(\xi,\lambda,\sigma) &= 1-(1-\sigma)\frac{2}{\pi}\coth\lambda\left[tg^{-1}\left(\tanh\frac{\lambda+\xi}{2}\right)+tg^{-1}\left(\tanh\frac{\lambda-\xi}{2}\right)\right]
\end{aligned}
\right\}\quad(6)
$$

$$tg^{-1}\left[\frac{\sinh\lambda}{\cosh\xi}\right]$$

$$
\left.
\begin{aligned}
x(\xi,\lambda,\sigma) &= \frac{2}{\pi}\left[\sigma-(1-\sigma)e^{-\lambda}\operatorname{csch}\lambda\right]\xi\\
&\quad+(1-\sigma)\frac{1}{\pi}\coth\lambda\,\ln\left[\frac{1+e^{-2(\lambda-\xi)}}{1+e^{-2(\lambda+\xi)}}\right]\\
y(\xi,\lambda,\sigma) &= \left[\sigma-(1-\sigma)e^{-\lambda}\operatorname{csch}\lambda\right]\\
&\quad+(1-\sigma)\frac{2}{\pi}\coth\lambda\left[tg^{-1}e^{-(\lambda-\xi)}+tg^{-1}e^{-(\lambda+\xi)}\right]\\
&\qquad tg^{-1}\left[\frac{\cosh\xi}{\sinh\lambda}\right]\\
\xi &< \lambda
\end{aligned}
\right\}\quad(6A)
$$

北京大栅栏印刷厂出品 七二·七

装 订 线

《喷管收缩段设计》（节选）

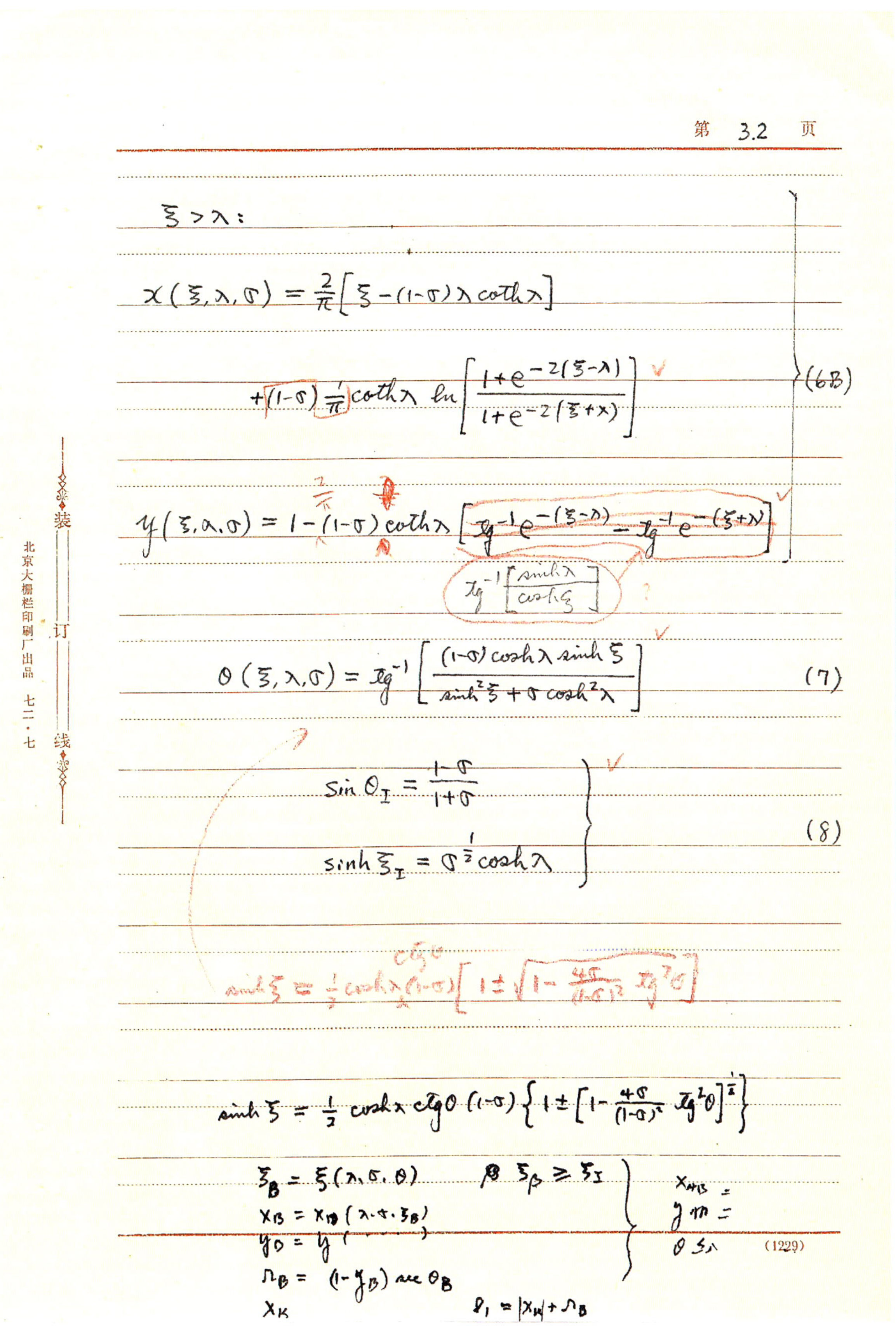

《喷管收缩段设计》(节选)

第 4.1 页

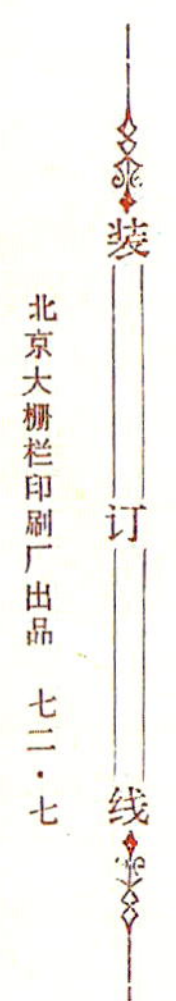

4. 收缩段和曲率

$$\left.\begin{aligned} H &= 2y(\infty, \lambda, \sigma) \\ h &= 2y(0, \lambda, \sigma) \\ R &= \frac{(1+y'^2)^{\frac{3}{2}}}{y''} \\ n &= \frac{H}{h} \\ \lambda &= \frac{R}{h} \end{aligned}\right\} \quad (9)$$

$$\left.\begin{aligned} \frac{1}{n} &= 1-(1-\sigma)\frac{4}{\pi}\coth\lambda\, tg^{-1}\left(\tanh\frac{\lambda}{2}\right) \\ \lambda &= \frac{n}{\pi}\frac{\sigma^2}{1-\sigma}\cosh\lambda \end{aligned}\right\} \quad (10)$$

$(1-\sigma)\frac{2}{\pi}\coth\lambda\, tg^{-1}(\sinh\lambda)$

定义

$\frac{2}{\pi}(tg^{-1}\sinh\lambda)\coth\lambda$

$$\left.\begin{aligned} f(\lambda) &= 1-\frac{4}{\pi}\left(tg^{-1}\tanh\frac{\lambda}{2}\right)\coth\lambda \\ &= \frac{4}{\pi}\left(tg^{-1}e^{-\lambda}\right)\coth\lambda - e^{-\lambda}\operatorname{csch}\lambda \\ g(\lambda, \lambda) &= \left[\frac{1}{\pi\lambda}\cosh\lambda\, f(\lambda)+\frac{1}{4}\right]^{\frac{1}{2}}+\frac{1}{2} \end{aligned}\right\} \quad (11)$$

(1229)

式(10.1)(10.2)给出

$$
\left.\begin{aligned}
\sigma(n,\lambda) &= \frac{\frac{1}{n}-f(\lambda)}{1-f(\lambda)} \\
\sigma(\tilde{n},\lambda) &= \frac{g(\tilde{n},\lambda)-f(\lambda)}{\frac{1}{\pi\tilde{n}}\cosh\lambda+1-f(\lambda)} \\
\frac{1}{\sigma n} &= g(\tilde{n},\lambda)
\end{aligned}\right\} \qquad (12)
$$

当 $\sigma=0$ 时，式(12.1)(12.2)给出

$$
\left.\begin{aligned}
n &= \frac{1}{f(\lambda)} \\
\tilde{n} &= 0
\end{aligned}\right\} \qquad (12A)
$$

当 $\lambda=0$ 时，$f(\lambda)=1-\frac{2}{\pi}$，式(12.1)(12.2)给出

$$
\left.\begin{aligned}
\sigma^{(n)} &= 1-\frac{\pi}{2}\left(1-\frac{1}{n}\right) \\
\sigma^{(\tilde{n})} &= \frac{\left[\left(\frac{\pi}{2}-1\right)\frac{1}{\tilde{n}}+\frac{\pi^2}{16}\right]^{\frac{1}{2}}+1-\frac{\pi}{4}}{1+\frac{1}{2\tilde{n}}}
\end{aligned}\right\} \qquad (12B)
$$

北京大栅栏印刷厂出品 七二·七

装 订 线

第　　页共　　页

中国海洋石油现况概述（1989年11月30日人民日报海外版）

中国北起渤海，南到南海的珠江口，东黄海和北部湾，海域辽阔，包括有近海大陆架约130万平方公里。从1979年至1989年的十年间，外国公司在中国海域找油气投资达24.4亿美元，有12个国家的45家公司加入了这个合作，与中国海洋石油总公司签订了53个合同和协议。发现油气构造55个：预测石油地质储量8亿吨，天然气地质储量1200亿立方米，已投产油田3个，正在开发建设的油气田8个。

今年海上可望产原油90万吨，到1992年可望达五百万吨。1996年崖13－1气田投产以后，天然气年产能力将达30多亿方。这些充分说明开放十年来我国海洋石油勘探开发的成果。

更重要的是，还锻炼了队伍，这支队伍掌握先进技术，能够在各种自然条件下安全地进行海上作业。已拥有包括一万多名专业技术人员在内的三万多名职工的综合队伍，全年营业25亿元，并在17家合资公司中拥有股份。十年中承包外汇收入10亿美元，共向国家交税1.33亿美元。

北京市电车公司印刷厂出品 八四·三

（1551）20×20＝400

《中国海洋石油现况概述》（1989年）

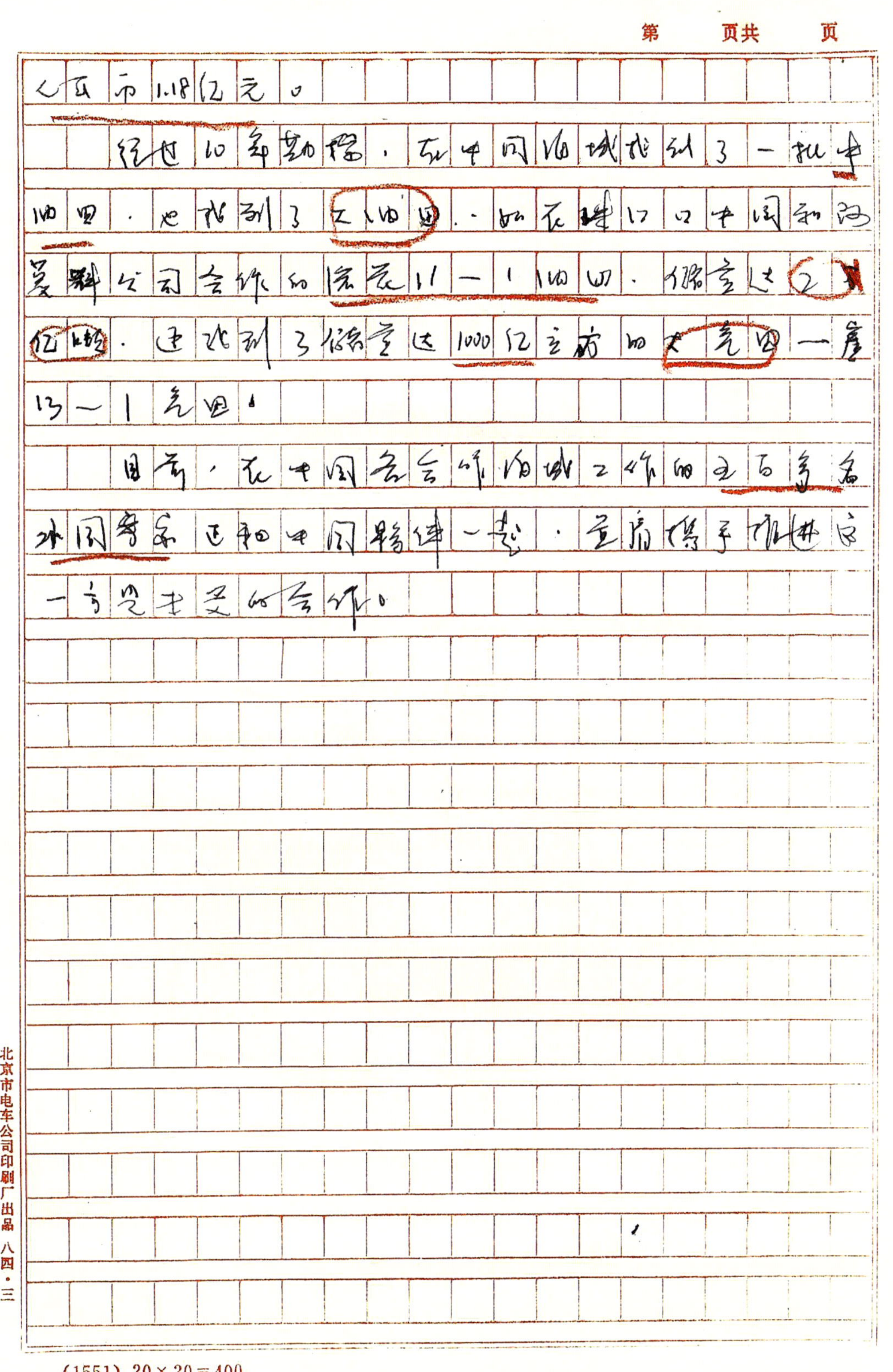
第　　页共　　页

人民币1.18亿元。

经过10年勘探，在中国海域找到了一批中油田，也找到了大油田。如在珠江口中国和阿莫科公司合作的流花11－1油田，储量达2亿吨。还找到了储量达1000亿立方的大气田——崖13－1气田。

目前，在中国合作海域工作的主要是各外国专家正和中国职工一起，并肩携手推进这一项完美[illegible]的合作。

北京市电车公司印刷厂出品 八四·三

(1551) 20×20＝400

《中国海洋石油现况概述》(1989年)

科学家精神

23

在國外對新中國的認識及回國動機？

解放後，由国内兄弟父母及朋友信中得悉，新中国無論在精神或物质建設上，均突飛猛進。美国一般反動報紙雖然故意一味污蔑誹謗新中国之進步，但有时亦可由其字裏行间無意中流露出新中国之進步。有時亦可讀得美国以外出版之較進步之報章雜誌，藉可增加對新中国之認識。抗美援朝及幾次国際会議中，更可間接由報紙上看出新中国得絶大多数人民之擁護。留学目的，原在學他人之長，準備回国服務，何况我们祖国現在有這樣好的社会基礎，一切努力都将直接间接增進人民的幸福，使最大多数人得其利，而不是為少数资本家服務。所以我们留美同学都不顧美帝之阻撓和迫害，想盡各種方法，希望能回国参加這建国大業，為人民服務。大家都认為能有這個机会是幸福的。

回国登记表（节选）

24

你在回國後有何感想？

在国外的時候已經间接聽到看到新中国的突飛猛進，那可说是大体上的鳥瞰，如同由望遠鏡看東西，大的地方不会差，可是還不夠親切，同时也有些模糊，自從八月一号由廣東深圳入国境，和我們偉大的人民接觸以來，更深深地感覺到新中国之偉大可愛，前途無量，一個多月來由深圳經廣州上海青島到北京，各地停留了幾天或十多天不等，雖然時间無多，可是所走的里程已不少，所看到感到的更是千頭萬緒，不知從何说起，可是一切都給人一個印象，就是新中国的興起，是全国人民的願望，所谓眾志成城，諒焉莫之能禦，同時這個願望已經是有領導有計劃地在逐步實現，當然一切還有待於我們大家的努力，困難不是沒有，可是這些困難將早晚被克服，回国以來所聽到看到無數或大或小的事實，歸納起來，大略可分為下列數点，

(1) 全国絕大多數人民都積極樂觀，興奮自發，有力量有方向，可说是一種新人生觀之建立，
(2) 人民政治知识水平之普遍提高，
(3) 全国經濟建设之有計劃的在進行，
(4) 人民生活水平之普遍提高，
(5) 慶幸能有机会参加這偉大的社会建设，要努力工作，
(6) 深感學習之功效，要自己虛心學習。

回国登记表（节选）

已复 9.6

中国科学院力学研究所

INSTITUTE OF MECHANICS, CHINESE ACADEMY OF SCIENCES

Beijing, People's Republic of China

家翘兄：

我们非常高兴您已接受第二届亚洲流体力学学术会议的邀请，将在会上作题为"流体力学、等离子体动力学和螺旋形银河系"的特邀学术报告。

为开好这次国际性学术会议，我们决定出版一本会议论文详细摘要文集，希望在明年10月开会时，人手一册。为此必需于1983年1月份将稿交出版社。因此希望您能于今年12月31日以前将您的论文详细摘要寄给我们。格式及打印要求见附件。对您所作的特邀报告的详细摘要，我们希望尽可能详细些，篇幅不受上述附件中所规定的不超过6页的限制。

会议论文详细摘要文集将由中国科学出版社出版，版权亦归该社。但论文全文的版权仍属作者所有，作者可将全文在会议之后投其他刊物。第一届亚洲流体力学学术会议基本上也是相似的安排。

您对亚洲流体力学学术会议的开法希望多提意见，以便把会开好。周培源先生现在上海，不久还可能去英国国际科协会议。专此奉告，敬问

好

弟林同骥

1982年9月3日

写给林家翘的信（1982年）

爱国的心情是科学研究的唯一动机。富国强民一直是我们时代的主旋律。这些流淌在我们血液里的东西，躲也躲不开，否则会受到良心的谴责。

——郑哲敏

郑哲敏

(1924.10.02—2021.08.25)

著名力学家、爆炸力学专家。浙江鄞县（现宁波市鄞州区）人。1947 年，郑哲敏毕业于清华大学机械系；1949 年，在美国加州理工学院获硕士学位；1952 年，获加州理工学院博士学位；1955 年起，在中国科学院力学研究所工作，历任弹性力学组组长、室主任、副所长、所长等职。1980 年当选为中国科学院学部委员（院士），1993 年被选为美国国家工程科学院外籍院士，1994 年被选聘为中国工程院院士。

在石景山爆破厂

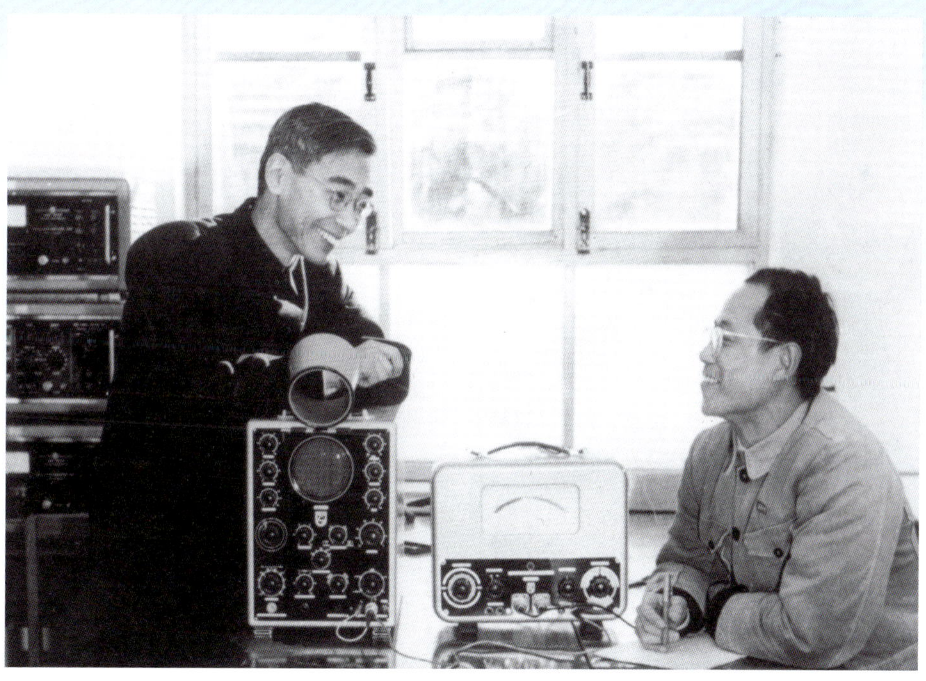

和郭永怀在办公室（1957 年）

访问美国国家标准局（1979 年）

在全国材料和结构不稳定性研讨会上（1980 年）

在全国周培源大学生力学竞赛颁奖大会上（1996 年）

中国科学院力学研究所首届开放日（1984 年）

视察华侨大厦爆破拆除工程现场（1988 年）

美国国家工程科学院年会与 Acrovos 教授合影（1993 年）

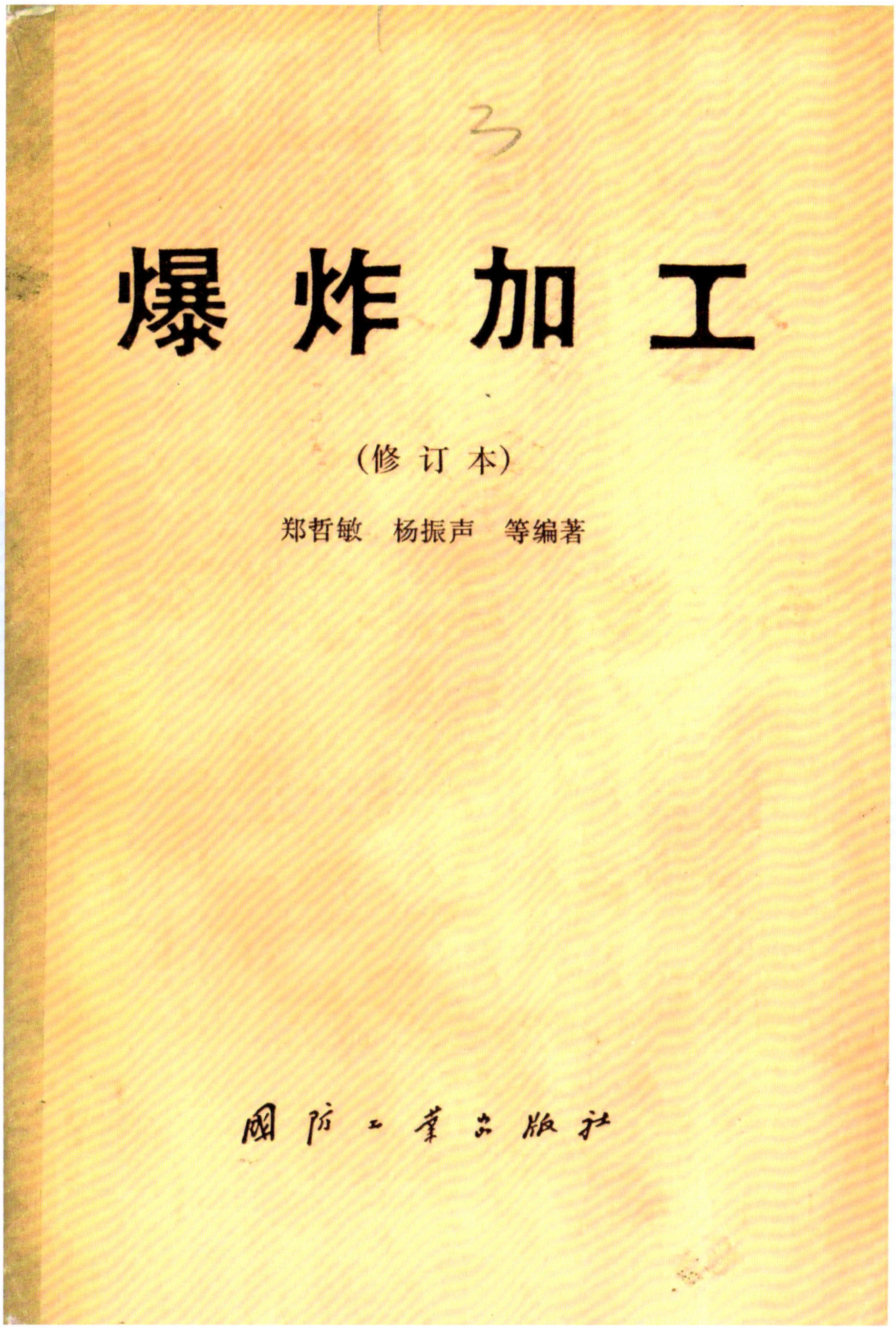

爆炸加工

（修订本）

郑哲敏　杨振声　等编著

国防工业出版社

《爆炸加工》封面

国家最高科学技术奖

证书

郑哲敏 荣获国家最高科学技术奖，特颁发此证书。

中华人民共和国主席 胡锦涛

2013年1月18日

证书号：2012-ZG-01

国家最高科学技术奖证书

自傳內容

我幼年時在山东濟南居住，直到抗日战争爆发前数日。在那裡讀完了小學和初中一年级。這一階段中弟妹们先後出世，家庭生活是很温暖的。日本連续侵略中国的事件，以五三惨案开始，给我难忘的印像，並造成了些单纯的仇日心理。

抗日战争爆发前数日，在原籍寧波的祖父母相继去世。全家南返处理丧事。八月父親返濟南整理店務（濟南享得利表行），於濟南淪陷前轉入成都。母親則帶着孩子们在寧波及鄉下樟水鎮親戚家裡居住。在這一段時间内，因無適当中學，便停了學。父親在成都安定下之後帶信来要我同哥哥（郑維敏）去成都就學。便於1938舊曆年初由叔父帶着經南昌，過長江到重慶，再抵成都。當時想不到這次一離家竟达八年之久。

到成都後住在父親新設的店裡（大光明鐘表行）。隨即同哥哥一道進了建国中学初中二下學期。由于荒学过久，再加跳升了半年和学制与语言的差别，工作过於緊张，不久便病了。頭痛症久治不愈，又停了学。在停学期间父親鼓勵着锻鍊身体，並曾帶我去灌县一帶游玩。

一九三九年夏考入成都華陽县中二年级下學期。同年父親返上海，将全家從寧波接了出来，並在上海设店。哥哥轉入重慶南开中学。华陽县中原設城内，後来为了躲空袭遷移到城南约六七華里的廟裡。從那時起便開始住校。华陽县中是一個極其普通的學校，所给的訓練雖不好也不坏於当時成都一般的公立学校。程度和設備是不能同較好的中学相比的。就国文一課来說不但全部用古文，而且每換一位先生便拿一些舊材料重複講二次，並無课本。到初中畢業時三学期间有几课書竟重複了三遍之多。新文學是似毫没有介紹过的。學生中间混雜了不少舊社会的坏份子，如哥老會会员等。學校裡有軍訓，过着形式上較為整齊的生活。政治上的訓練只限於聽到孙中山先生和蒋介石的名字時須要立正而已。

由於父親一向对我们教育的重視，和嚴格的监督，同時父母親自己幼年時不能受满

8

自传（节选）

是求学的願望對我們有很深刻的印像，所以入学校，主要的是為了完成父母对我的願望便積極地用功讀書。当時讀書的方法是極其死板地，不論那门課都以能熟背為標準。這可能是在当時就不能理解的国文課的唯一的辦法。在功课方面实在感兴趣的是物理和英文，生活方面在住宿上由叔父照顾，極单纯的接受了能从吃苦耐勞为美德的看法，而且嚴格的遵守着。至到初中畢業為止，思想上是很狭隘的，对時局的看法也不过限於接受报纸上一般的宣传。

1940年夏在华陽县中畢業後，由于感觉到該校程度过差，決定另考其他學校。本来计劃去南開投考，後来經一位以前曾任我的家庭教师的介绍，據说銘贤中学经费充足，設備和程度都好，便先在成都投考銘贤，本意考过後再去重慶。不料僅有的一份畢業文件在考銘贤時被收去了。於是就去了銘贤。

銘贤中学原設山西太原，抗战時数次遷移，最後設在四川金堂，因此在我進的那班，同学十之八九是隨校遷移從太谷逃难出来的。這個学校与孔祥熙，和美国教会及美国Oberlin大学有密切的联繫。孔祥熙在名義上是校長。銘贤之命名也就是為纪念義和团起義時被打死的几個美国传教师，這也是校歌中所谓“銘我前贤”的来意。每两年美国Oberlin大学選派畢業生到学校来任“代表”两年。另一方面学校也曾派教员去Oberlin留学。

學校的行政人員主要的是孔祥熙的学生。他们用處理孔家家務的態度来辦理校務，和管教学生。而且他們之間也常常鬧爭黨，也盤弄把戲。这也是同学们所知道的。學校裡有牧师，作礼拜，纪念聖誕，举行聖尝会等宗教活动。同学中有忠实的宗教徒，也有些冒充的，行动刺目的洋派人物。

在政治面貌上，学校当局是保守的和擁護当時的统治階级的，有着濃厚的親美、崇美色彩，表扬着美国的政治制度，社会制度，生產方式。在處理同学的课外活動時採用了基于美国学生课外活动的方式，如组織团契、聖乐团、英文会等。这些活动無形中模糊了

自传（节选）

同学们的政治见解.

与一般学校相比，在经费和教员的业务水平上，铭贤有着有利的条件.

到铭贤后最初的感觉是满意的. 这里主要的原因是同学间存在着互相帮助的精神，其次是较好的设备和较为认真及关心的师长. 三年间课业方面的努力是肯定的，体育锻炼上也作了很大的努力. 除此以外管理过膳团，参加了英文社、剧团等课外活动. 英文社的工作主要的是出报和开讨论会，目的在训练英文的写作能力. 参加后一年变为主要社员之一. 社的活动经常需要同英文教师，尤其美国籍的教师发生关系，因此受到了所谓美国政治自由的影响，造成了一定程度的崇美心理. 常以能与美国人会话而沾沾自喜. 英文报的流通量是很小的，每周一期，每期印三四十份. 对象主要的是社员和已毕业的少数社员. 内容主要是报导谁去，谁来和学校中的文娱活动.

在剧团里担任过事务和一部份演员的工作. 剧团的导演是学校的教师. 演的剧全是当时流行的抗日剧. 剧团里最不体面的一回事是有一次孔祥熙"返校"，学校当局大事铺张，我们的剧团没有原则地为他上演了一场戏.

总结在铭贤三年的经过，可以说思想上受了很多崇美观念的毒. 觉得我们样样不如人. 政治上则觉得自由主义很不错，反正你说你有理，我说我有理，大家都一样. 政治上谈不到谁有理，更没有真理. 从这个观点出发便觉得最好学理工，可以不与政治发生关系. 对人接物一般说是实事求是，没有什么特殊的地方. 是顺乎潮流，一般所谓的好学生.

1943年毕业后去重庆投考西南联大和中大. 投考后者是因为本来预备考的交大，考期与联大冲突. 九月去昆明，入联大电机系. 到昆明后一年，觉得最好同我哥哥分读两门课，便转入了机械系. 由于中学的训练比较实在，经济条件比一般同学好，在学校里保持了较好的成绩，对理论课的努力较大，兴趣也较高. 学校实验设备的缺乏，"智者用脑"的思想，学校中出"洋"学理论的先生之受尊重，而相反地对没有出过洋的先生们之冷淡，

自传（节选）

决定了我在大学理学習的方向。同時培養了要求到外国，尤其是美国留學的願望。

由四川金堂轉到昆明联大，對我説是一個很大的改變。進了联大之後，第一次聽到了反对国民黨政權的言論，第一次聽到了，读到了些關於辯证唯物主義的書籍，第一次與學生運動發生接觸。這在最初是很令我感到不安的。後来接觸得多了，尤其是經过了几次大的運動，如一二一惨案，事实迫使我認識到蒋介石政權的法西斯性，和學生運動的富有正義。然而在大學的階段裡，始終没有将自己完全從舊知識份子"潔身自好"的個人主義影响下解放出来。因而雖然当時為自治会班代表，並且一度担任过工学院自治会副主席，在歷次的學生運動中却没有發揮積極的作用。尤其認为遺憾的是在一次發宣言要求美軍撤出中国時，在全工学院讨论会上我附議了同時要求蘇軍撤出东北的主張。对於社会主義国家與資本主義国家本质不同的不了解是造成這次錯误的最大原因。

1946年學校復員遷回北京，我於四月離昆明（聞一多先生被刺殺前一日）十月抵北京，六月十月之間在上海與全家團聚。

復員後入清華机械系四年级。由於錢偉長先生的影响決定以應用力学作學術工作的重点，從事這方面的工作。当時以學校的環境最為適宜，同時留在学校裡可以有机会出国學習，所以畢業後便在清華任助教，負責一部份力学习题和金工廠实習。

约在1947年底北京扶輪社委託各大学挑選一個較年青的教师，参加申請扶輪社總社的国際獎学金（Rotary Foundation Fellowships for Post Graduate Studies, Rotary International, Chicago, U.S.A.）当時清華有十餘位同事在学校裡参加了一次英文考試，主持人是外语系的陈福田和Winter教授。最後學校将我推薦給北京分社。據我所知燕大，北大等校也各推薦一人。经过几次谈话之後，我成为北京分社所推薦的獎学金申请人。当時扶輪社的組織在中国分為三区，即華北区，華中区，與華南区。華北区包括北京、天津、瀋陽、西安、蘭州各城市。依照奖学金的章程，每区只能保薦一人为候選人，然後由在美国芝加哥的總社決定最後人選。因此經过北京分社推選後，我的申請書便被送到華北区負責人凌其峻先生那裡。據我了解華北区奖学金審查人員除凌先生外，被邀請的有当時清華、北大、燕大校長及美国副領事Freeman，在審查期间，曾被邀午餐，在座的有凌其峻、胡適、陸志韋及Freeman。

申請書的主要内容是関於学習的课目和目的。我提出了应用力学为專修的学科，并强调了這門科学对中国工業建設的重要性。同時将美国加州理工学院和英国的倫敦大学列为拟入的学校。申請書外並附有梅貽琦、陈福田、钱偉長、李輯祥和当時清華教務長的推薦書。约于1948年7月得知申请已经獲准。加州理工学院的入学手续也差不多在同時辦妥。於是便於八月十八日乘美琪将軍号離上海去美。

抵美後即入加州理工学院机械系，一九四九年得硕士学位，一九五二年七八月间结束博士论文，次年六月得学位。在求学期间，自一九四九年起兼任助教，先後担任理论力学、材料力学、应用数学的教学工作。作论文時的指導教授是錢学森先生。

初到美国的第一年，为了履行扶輪社奖学金的義務，曾在南加州一帶的几個扶輪社裡作过报告，一方面代表了1948年度的奖学金獲得者向各社致谢，另一方面介绍当時中国的情况，谈到了些蒋介石政府的腐败，解放区土改的成就，和帝国主义者对中国的侵略。然而都是很不成熟的。

1954年結束学業後，回国受了阻碍。於是便在加州理工学院做些短期的工作，除係教学之外，做些研究工作，先後任研究助教、研究工程师等職務。1950年前曾参加中国留美科学工作者協会，開过科学讨论会和新中国情况的报告會，會裡收集了一些關于新中国的資料。1950年後该会自動解散，此後便无活動。

所谓美国民主，美国生活方式，經親身接觸後，從許多事实如人种歧视，社会生活混乱，這樣

自传（节选）

入党材料

姓名	现名	郑哲敏	性别	男	贴照片处
	曾用名		民族	汉	
出生年月		1924 年(农历) 9 月 4 日			
籍贯		浙江鄞县			
家庭出身		资本家	现有文化程度	大学	
本人成份		学生	有何专长	力学研究	
现任职务		中国科学院力学研究所研究员,付所长			

入　党　志　愿

我申请参加中国共产党是因为我愿意为实现党的纲领,为建设社会主义和最终实现共产主义做为自己的理想而奋斗终身.

回顾起来,我对党的认识是有个发展过程的:

小时受的是科学救国,工业救国思想的薰陶,不关心政治,有正统思想.

正统思想之动摇,始自抗战后期,特别是复员回北京之后.人为什么要活着的问题被提了出来而且想得比较多.当时形成一个人要为别人做点好事而活的朴素想法.国民党反动派的贪污腐化,通货膨胀人民生活极端贫困,加之学生运动的兴起,逐步使我意识到国民党反动派需要推翻.当时已经看到,共产党领导的革命将会成功,但负当时我对党的认识是很有限的.

在美留学期间,接触到一些进步人士,特别是钱学森,罗沛霖等同志对我的影响较大。在他们的影响下,我对共产党开始有些认识.

50年代初期许多学术界老前辈、同学相继争着回国参加祖国的社会主义建设。我父母50年由香港回国,哥哥不久也从美国回国,而且回来后情况都不错.这些对我都是有影响的.

入党志愿书

到美国后，亲身感受到中国人受歧视，更增加了对祖国人民的热爱，觉得在那里是寄人篱下。另外，看到了资本主义的腐朽面。在这种情况下，看了些马列主义的书籍，人生要为人民服务这一点是与自己樸素状态下的想法相通的。就是在这种情况下，开始对美反动分子等我们的话公开唱反调，认为是为中国人民争气。

回国后感到自己是国家的主人，是在为自己的人民工作。对消灭剥削制度我是赞成的。对肃反和反右派运动中某些情况想不通。但总的说，回国后心情是舒畅的。

我看到，解放后在中国共产党的领导下，清除了旧中国的污泥浊水，工农业发展了，许多过去靠进口的东西，现在自己能够生产了。这一切使共产党在自己的心目中威信大增，并深深感到党说话是算数的，是真心为人民的利益奋斗的。

回国后我在学习方面是比较认真思索的，对大的政策是努力跟的。跟不上时，不是责备政策或党，而总是想，自己做为个人，了解情况不全面容易有问题。在这种情况下，思想觉悟有所提高。大跃进时，为了实现赶超，自己的心情是很激动的，那时口头不会上表达过入党的愿望。

但也出现(1)一些问题上的偶像化，盲目性，(2)不大愿意提出问题，以至在思想认识上没有真正搞通。一个时期，我把入党看做是很高很高的目标，认为自己不够条件，既然不够，也就不必提出正式申请。

文化大革命是一场真正的浩劫，然而我觉得还是学到了一些东西。那就是，看问题不能绝对化，不能脱离历史。自己虽然觉悟不够高，离开一个真正共产党员的标准还很远，但只要有为共产主义远大目标奋斗的精神，只要深信全世界总有一天要实现共产主义，并且根据自己的实际情况，脚踏实地地坚定地向前走，那末自己就应当正式提出加入中国共产党的申请，把自己无保留地交给党，并在这个过程中得到改造和提高。

我对十一届三中全会以来党的各项方针政策是感到高兴的，我对于实践是检验真理的唯一标准是完全拥护的。79年中央组织部发文为我们50年代中国留美学生同美国政府进行争取回国斗争做了正式的调查结论，充分肯定了这一爱国的革命行动。79年以后又多次派我出国访问。今年三月为我做了政治结论。历年来在工作中我感到党对我一直是十分信任的。对此我十分感激。

正如毛主席在一篇文章中所写的，一切办法都试过了，中国唯一的出路是走社会主义道路。我对这一点已是深信不疑了。

这就是我为什么提出申请加入中国共产党的原因和形成这种决心的思想发展过程。

我是积极地愿为祖国的科研事业服务的，在工作中努力贯彻社会主义的科研路线和党的有关方针政策，与协作单位和同志间的关系一般说是好的。自参与所的业务领导工作以来，努力从全局出发，积极提出自己的见解和主张。

突出的缺点是常常过于急躁，甚至主观片面，有时表现出对共同工作同志不够尊重。另一方面也有回避矛盾，不能果断行事和态度不明朗等情况。不愿意化时间与精力去做自己和别人的思想工作，结果是团结同志的面不够广。

在政治觉悟，理论修养，政策水平等方面也都待于提高。

因此我应当着重在以下几个方面做出努力：

一、学习马列主义、毛泽东思想的基本理论，以提高和深化对社会主义的认识，改造世界观，逐步树立共产主义的世界观。学习邓小平文选和整党文件，接受党组织对我的考验。

二、做好党交给我的业务工作，在工作中认真贯彻党的各项方针政策，并以普通一员的身份做好团结工作。

我希望得到党组织的教育与监督，使自己成为一名光荣的中国共产党党员。

入党志愿书

研究工作

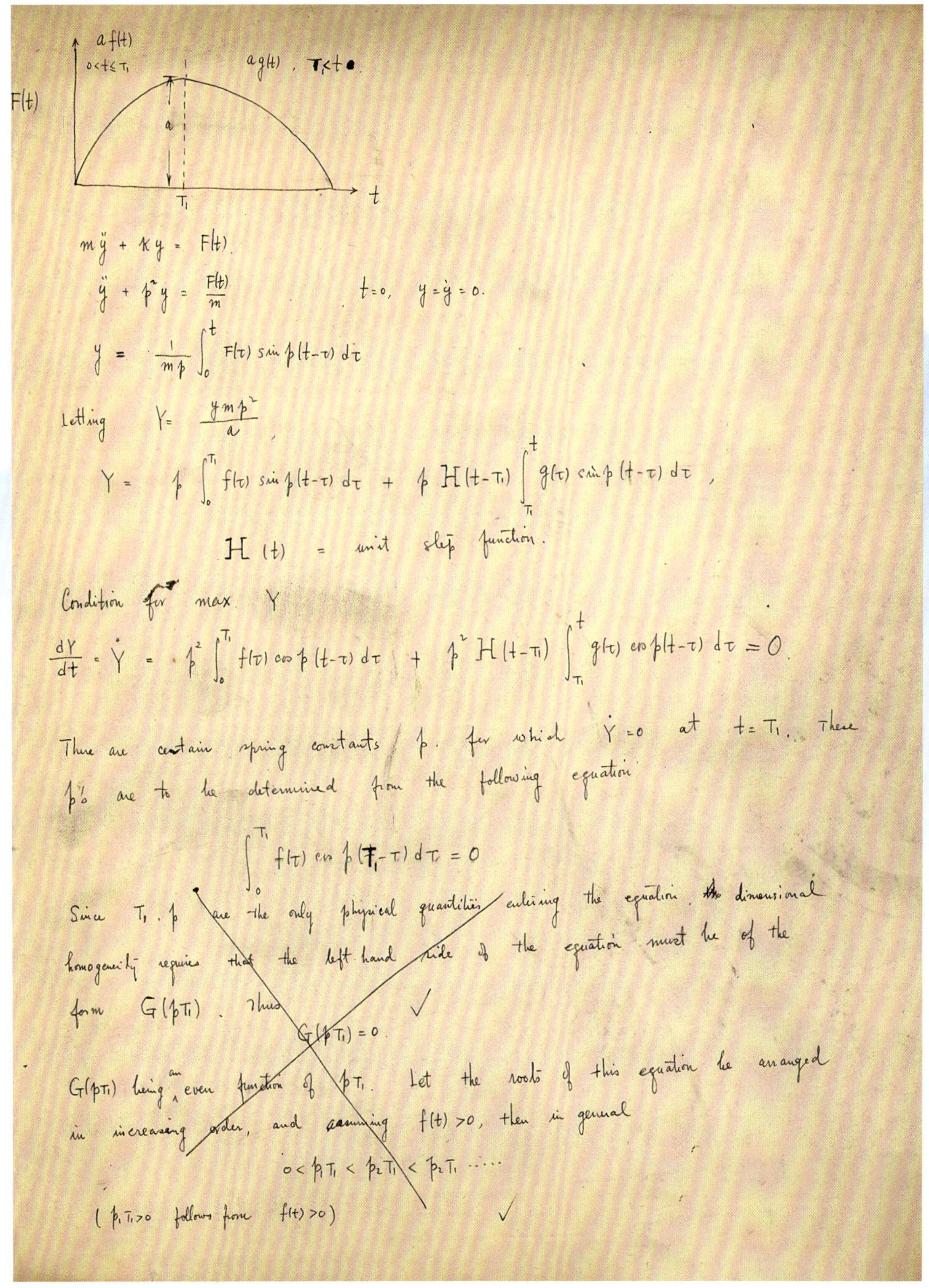

$$m\ddot{y} + ky = F(t)$$

$$\ddot{y} + p^2 y = \frac{F(t)}{m} \qquad t=0,\quad y=\dot{y}=0.$$

$$y = \frac{1}{mp}\int_0^t F(\tau)\sin p(t-\tau)\,d\tau$$

Letting $Y = \frac{y m p^2}{a}$,

$$Y = p\int_0^{T_1} f(\tau)\sin p(t-\tau)\,d\tau + p\,H(t-T_1)\int_{T_1}^{t} g(\tau)\sin p(t-\tau)\,d\tau,$$

$H(t)$ = unit step function.

Condition for max Y

$$\frac{dY}{dt} = \dot{Y} = p^2\int_0^{T_1} f(\tau)\cos p(t-\tau)\,d\tau + p^2 H(t-T_1)\int_{T_1}^{t} g(\tau)\cos p(t-\tau)\,d\tau = 0.$$

There are certain spring constants p for which $\dot{Y}=0$ at $t=T_1$. These p's are to be determined from the following equation

$$\int_0^{T_1} f(\tau)\cos p(T_1-\tau)\,d\tau = 0$$

Since T_1, p are the only physical quantities entering the equation, the dimensional homogeneity requires that the left hand side of the equation must be of the form $G(pT_1)$. Thus

$$G(pT_1) = 0$$

$G(pT_1)$ being an even function of pT_1. Let the roots of this equation be arranged in increasing order, and assuming $f(t)>0$, then in general

$$0 < p_1T_1 < p_2T_1 < p_3T_1 \cdots\cdots$$

($p_1T_1>0$ follows from $f(t)>0$)

博士论文手稿（1951年）（节选）

$$\frac{mp^2x}{a} = p\int_0^t \sin\frac{\pi}{2}\frac{\tau}{T_1}\sin p(t-\tau)\,d\tau$$

t T_1

$$= \sin\frac{\pi}{2}\frac{\tau}{T_1}\cos p(t-\tau)\Big|_0^t - \frac{\pi}{2T_1}\int_0^t \cos\frac{\pi}{2}\frac{\tau}{T_1}\cos p(t-\tau)\,d\tau$$

$$= \sin\frac{\pi}{2}\frac{t}{T_1} + \frac{\pi}{2T_1p}\cos\frac{\pi}{2}\frac{\tau}{T_1}\sin p(t-\tau)\Big|_0^t + \frac{\pi^2}{4T_1^2p}\int_0^t \sin\frac{\pi}{2}\frac{\tau}{T_1}\sin p(t-\tau)\,d\tau$$

$$\therefore\quad p\int_0^t \sin\frac{\pi\tau}{2T_1}\sin p(t-\tau)\,d\tau = \frac{1}{1-\frac{\pi^2}{4T_1^2p^2}}\left\{\sin\frac{\pi t}{2T_1} - \frac{\pi}{2T_1p}\sin pt\right\}$$

$$\frac{d(xp^2m)/a}{dt} = \frac{\frac{\pi}{2T_1}}{1-\frac{\pi^2}{4T_1^2p^2}}\left\{\cos\frac{\pi t}{2T_1} - \cos pt\right\}$$

$\frac{1}{3} < \frac{\pi}{2T_1p} < 1 \longrightarrow\ >0$

$\frac{\pi}{2T_1p} > 1 \longrightarrow\ >0$ $\Big\}\ t<T$

$$pT_1 = \frac{\pi}{2}$$

$$\frac{xp^2m}{a} = \lim_{T_1p\to\pi/2} \frac{1}{1-\frac{\pi^2}{4T_1^2p^2}}\left\{\sin\left[pt-\left(p-\frac{\pi}{2T_1}\right)t\right] - \frac{\pi}{2T_1p}\sin pt\right\}$$

$$= \lim \frac{1}{1-\frac{\pi^2}{4T_1^2p^2}}\left\{\sin pt - \cos pt\left(p-\frac{\pi}{2T_1}\right)t - \frac{\pi}{2T_1p}\sin pt\right\}$$

$$= -\frac{pt}{2}\cos pt + \frac{1}{2}\sin pt = \frac{1}{2}\left\{\sin pt - pt\cos pt\right\}$$

$$\frac{d}{dt}\left(\frac{xp^2m}{a}\right)_{pT_1=\frac{\pi}{2}} = \frac{1}{2}p^2t\sin pt \quad \underline{\geq 0} \quad \underline{pt<\frac{\pi}{2}}$$

$\dot{x} = 0$

$\frac{mp^2x}{a} = \sin\frac{\pi}{2}\frac{t}{T_1}$

$$\cos\frac{\pi t_0}{2T_1} - \cos pt_0 = 0 \quad \left(\frac{1}{2}pt\sin pt = 0\right)$$

$$\frac{1}{1-\frac{\pi^2}{4T_1^2p^2}}\left\{\sin\frac{\pi t_0}{2T_1} - \frac{\pi}{2T_1p}\cos pt_0\right\} = \sin\frac{\pi t_0}{2T_1}$$

$$\text{or}\quad \left\{\frac{1}{1-\frac{\pi^2}{4T_1^2p^2}} - 1\right\}\sin\frac{\pi t_0}{2T_1} = \frac{\frac{\pi}{2T_1p}}{1-\frac{\pi^2}{4T_1^2p^2}}\cos\frac{\pi t_0}{2T_1}$$

博士论文手稿（1951 年）（节选）

Thus

$$\tan\frac{\pi t_0}{2T} = \frac{2T_1 p}{\pi}$$

$\cos A - \cos B = \cos\left(\frac{A+B}{2} + \frac{A-B}{2}\right) - \cos\left(\frac{A+B}{2} - \frac{A-B}{2}\right) = -2\sin\frac{A+B}{2}\sin\left(\frac{A-B}{2}\right)$

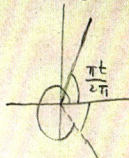

$$\frac{d}{p\,dt}\frac{x p^2 m}{a} = \frac{\frac{\pi}{2T_1 p}}{1-\left(\frac{\pi}{2T_1 p}\right)^2}\left\{\cos\frac{\pi t}{2T_1} - \cos pt\right\} \qquad t<T_1$$

>0 if $\frac{pT_1}{\pi} < \frac{1}{2}$

>0 if $\frac{pT_1}{\pi} < \frac{3}{2}$, ✓

$$= \frac{\frac{\pi}{2T_1 p}}{1-\left(\frac{\pi}{2T_1 p}\right)^2}\, 2\sin\left\{\left(p+\frac{\pi}{2T_1}\right)\frac{t}{2}\right\}\sin\left[\left(p-\frac{\pi}{2T_1}\right)\frac{t}{2}\right]$$

$\frac{\pi t}{2T_1}$

$pt < 2\pi - \frac{\pi t}{2T_1}$

$\left(p+\frac{\pi}{2T_1}\right)t < 2\pi$

$t>T_1$

$$\frac{mp^2x}{a} = \left\{\cos p(t-T_1) - \frac{\pi}{2pT_1}\sin pt\right\}\frac{1}{1-\frac{\pi^2}{4T_1^2p^2}}$$

$$\left|\frac{mp^2x}{a}\right|_{max} = \frac{\sqrt{(\cos pT_1)^2 + \left(\sin pT_1 - \frac{\pi}{2pT_1}\right)^2}}{\left|1-\frac{\pi^2}{4T_1^2p^2}\right|}$$

$\frac{\pi}{2pT_1} = \frac{1}{1+2\Delta} = 1-2\Delta$

$\frac{pT_1}{\pi} = \frac{1}{2}+\Delta$

$\frac{\sqrt{\pi^2\Delta^2 + 4\Delta^2}}{2(2\Delta)} = 0.932$

$pT_1 = 2\pi + \frac{\pi}{2} = \frac{5}{2}\pi$

$$\frac{1-\frac{1}{5}}{1-\frac{1}{25}} = \frac{1}{1.2} = 0.834$$

1.293

$\frac{pT_1}{\pi} = \frac{1}{4}$

$\frac{\sqrt{\frac{1}{2} + \left(\frac{1}{\sqrt{2}}-2\right)^2}}{3} = \frac{\sqrt{2.17}}{3} = 0.4$

$\frac{pT}{\pi} = 2$ $\qquad \frac{\sqrt{1+\frac{1}{16}}}{1-\frac{1}{16}} = \frac{16}{15}\sqrt{1.0625} = 1.1$

$\frac{pT}{\pi} = 1.5$, $\quad pT_1 = \frac{3\pi}{2}$ $\qquad \frac{1+\frac{1}{3}}{1-\frac{1}{9}} = \frac{9}{8}\,\frac{4}{3} = 1.5$

$\frac{pT_1}{\pi} = 1$ $\qquad \frac{\sqrt{1+\frac{1}{4}}}{1-\frac{1}{4}} = \frac{4}{3}\,\frac{\sqrt{5}}{2} = 1.49$

博士论文手稿（1951年）（节选）

Tangent at $\frac{pT_1}{\pi} = \frac{3}{2}$, $x = \frac{pT_1}{\pi}$

$$\frac{d}{dx}\left[\frac{-\sqrt{\cos^2 x\pi + \left(\sin x\pi - \frac{1}{2x}\right)^2}}{\frac{1}{4x^2} - 1}\right]$$

$$= \frac{-\sqrt{}}{\left(\frac{1}{4x^2} - 1\right)^2} \frac{1}{2x^3} - \frac{-\pi \sin x\pi \cos x\pi + \left(\sin x\pi - \frac{1}{2x}\right)\left(\pi \cos x\pi + \frac{1}{2x^2}\right)}{\left(\frac{1}{4x^2} - 1\right)\sqrt{}}$$

$x = \frac{3}{2}$,

$$\text{slope} = \left[\frac{1+\frac{1}{3}}{\left(1-\frac{1}{9}\right)^2} \frac{1}{2\cdot\frac{27}{8}} + \frac{-\left(1+\frac{1}{3}\right)\frac{2}{9}}{\left(1-\frac{1}{9}\right)\left(1+\frac{1}{3}\right)}\right]$$

$$= -\frac{9}{8}\left[\frac{\frac{4}{3}\cdot 4}{3\,27\,\frac{8}{9}} + \frac{2}{9}\right]$$

$$= -\frac{9}{8}\cdot\frac{4}{9} = -2$$

$$\frac{d}{dx}[\ \ ]\bigg|_{x=\frac{3}{2}} = -\frac{1+\frac{1}{3}}{\left(1-\frac{1}{9}\right)^2}\frac{4}{27} - \frac{\frac{2}{9}}{1-\frac{1}{9}}$$

$$= -\frac{\frac{4}{3}}{\frac{64}{81}}\frac{4}{27} - \frac{2}{8}$$

$$= -\frac{1}{4} - \frac{1}{4} = -\frac{1}{2}$$

博士论文手稿（1951年）（节选）

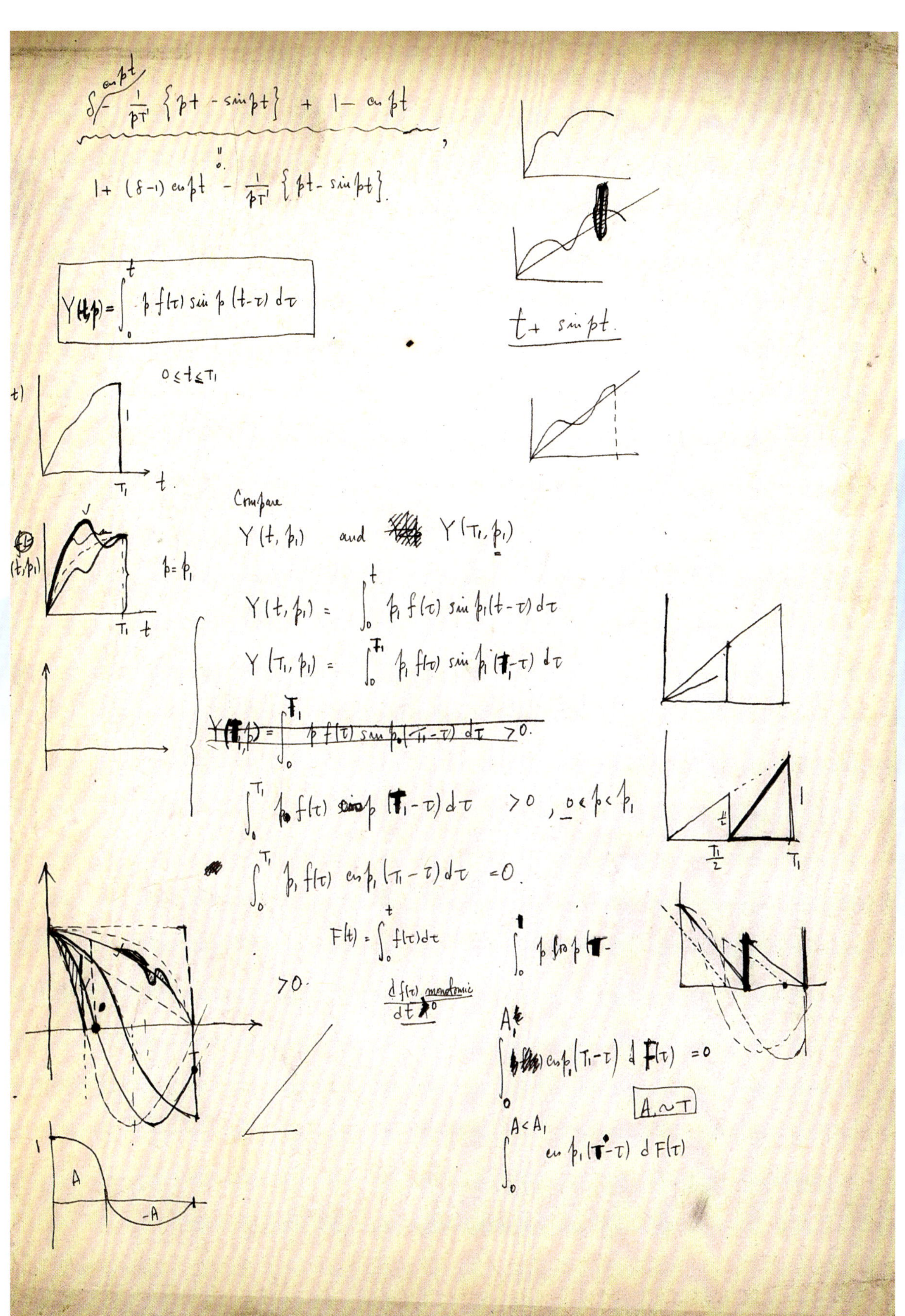

博士论文手稿（1951年）（节选）

目录

1957年工程力学班《分析力学与非线性振动讲义》(节选)

1

理论力学. 1957.2.27

目的.

理论力学是力学的基础. 其他课必用.

根据工程力学实质为理论力学的. 为振动所(力学也学振动)...

和化在实践密切联系. 将能为技学用的. 但只是次要的.

内容.

1). 分析力学. 该前 常用的. 不讲 逻辑上的系统.

2). 线性 微小振动

3). 非线性 振动

稳定的问题 2). 3) 中

4). 刚体的运动.

结合课程介绍些 数学方法. (理论根据与证明 不详细考究)

从而为理论力学 开头. 作为复习.

参考书: 各部分给.

有关理论力学参考文献

1. Th. Von Kármán 及 M. Biot
   Mathematical Methods in Engineering
   第 III IV V VI 章.
2. 布赫哥尔茨 合著. 理论力学 教程 (下)
3. Николаи .. (下二)
4. 洛强斯基 .. (下一)
5. 斯特列尔可夫 振动理论 (上)
6. Т. Карман и. М. Био: Математические методы в инженерном деле. огиз. гостехиздат. 1948
    перевод с английского М.Т. Шестопал.

1957 年工程力学班《分析力学与非线性振动讲义》(节选)

32

第一部分. 质点系统运动学复习

§1-1. 运动学:

1. 物体运动的表示法.

A. 物体的位置: 由一座标来确定

空间一点之相对位置由 $\bar{r}$ 表示.

直角坐标中.

$$\bar{r} = x\bar{i} + y\bar{j} + z\bar{k}$$

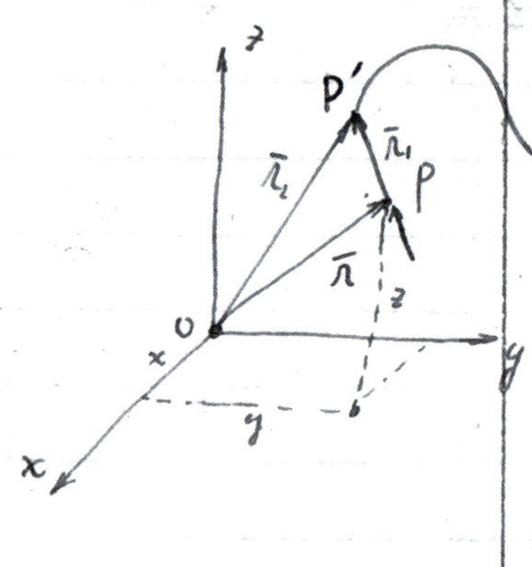

从 P 出发. 走 $\bar{r}_1$. 至 P′

其向量为 $\bar{r}_2$.

则 $\bar{r}_2 = \bar{r} + \bar{r}_1$.

"加"的先后是没有关系的. ——交换律.

交换律: $\bar{r}_2 = \bar{r} + \bar{r}_1 = \bar{r}_1 + \bar{r}$

反过来. 试定义"减"

$$\bar{r} = \bar{r}_2 - \bar{r}_1 = \bar{r}_2 + (-\bar{r}_1).$$

二向量之和及差 的方向 是...

结合律: $(\bar{r}_1 + \bar{r}_2) + \bar{r}_3 = \bar{r}_1 + (\bar{r}_2 + \bar{r}_3) = (\bar{r}_1 + \bar{r}_2) + \bar{r}_3$

B. 运动的描述

如质点在运动 则 $\bar{r} = f(t)$.

速度: $t \to t + \Delta t$.

$\bar{r} \to \bar{r} + \Delta\bar{r}$.

$$v_{cp} = \frac{\Delta \bar{r}}{\Delta t}.$$

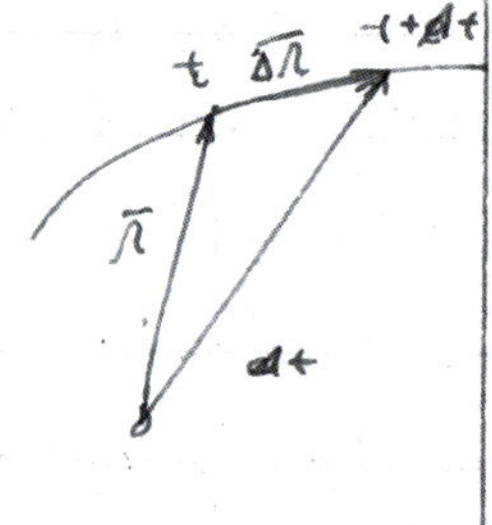

$$\lim_{\Delta t \to 0} \frac{\Delta \bar{r}}{\Delta t} = \dot{\bar{r}}(t) \text{ 速度}.$$

速度是一个向量, ∵ 它是二向量之和或差.

加速度. 根据同理

$$\lim_{\Delta t \to 0} \frac{\Delta \dot{\bar{r}}}{\Delta t} = \ddot{\bar{r}}(t). \quad \text{也是向量.}$$

1957 年工程力学班《分析力学与非线性振动讲义》(节选)

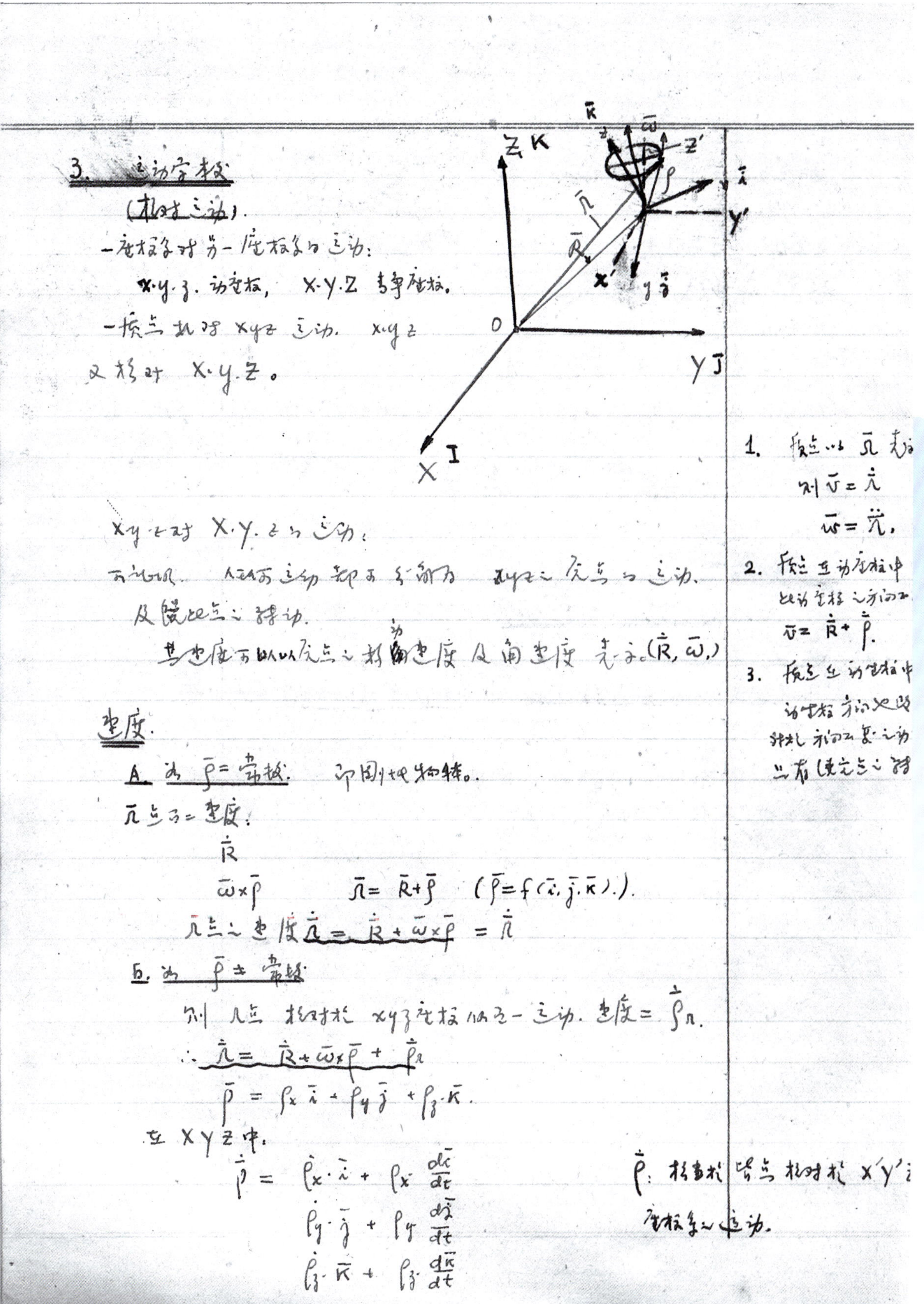

3. 运动学概

(相对运动)

一座标系对另一座标系的运动:

x·y·z. 动座标, X·Y·Z 静座标.

一质点相对 xyz 运动. x·y·z 又相对 X·Y·Z。

xyz 对 X·Y·Z 的运动:

可证明. 任何运动都可分解为 xyz 之原点的运动. 及绕此点之转动.

其速度可以以原点之移动速度及角速度表示。($\dot{\bar{R}}, \bar{\omega}$)

速度.

A. 设 $\bar{\rho}$ = 常数. 即刚体物体。

$\bar{r}$ 点的速度:

$\dot{\bar{R}}$

$\bar{\omega}\times\bar{\rho}$ $\quad \bar{r} = \bar{R}+\bar{\rho}$ $\quad (\bar{\rho}=f(\bar{i},\bar{j},\bar{k}))$.

$\bar{r}$ 点之速度 $\dot{\bar{r}} = \dot{\bar{R}} + \bar{\omega}\times\bar{\rho} = \dot{\bar{r}}$

B. 设 $\bar{\rho} \neq$ 常数

则 r 点相对于 xyz 座标的一运动. 速度 $= \dot{\rho}_r$.

$\therefore \dot{\bar{r}} = \dot{\bar{R}} + \bar{\omega}\times\bar{\rho} + \dot{\bar{\rho}}_r$

$\bar{\rho} = \rho_x \bar{i} + \rho_y \bar{j} + \rho_z \bar{k}$.

在 XYZ 中:

$$\dot{\bar{\rho}} = \dot{\rho}_x\cdot\bar{i} + \rho_x \frac{d\bar{i}}{dt}$$
$$\dot{\rho}_y\cdot\bar{j} + \rho_y \frac{d\bar{j}}{dt}$$
$$\dot{\rho}_z\cdot\bar{k} + \rho_z \frac{d\bar{k}}{dt}$$

$\dot{\bar{\rho}}$: 相当于质点相对于 x'y'z' 座标系之运动.

1. 质点以 $\bar{r}$ 表示

则 $\bar{v} = \dot{\bar{r}}$

$\bar{a} = \ddot{\bar{r}}$,

2. 质点在动座标中 …… 之方向……

$\bar{v} = \dot{\bar{R}} + \dot{\bar{\rho}}$.

3. 质点在动座标中 ……

1957 年工程力学班《分析力学与非线性振动讲义》(节选)

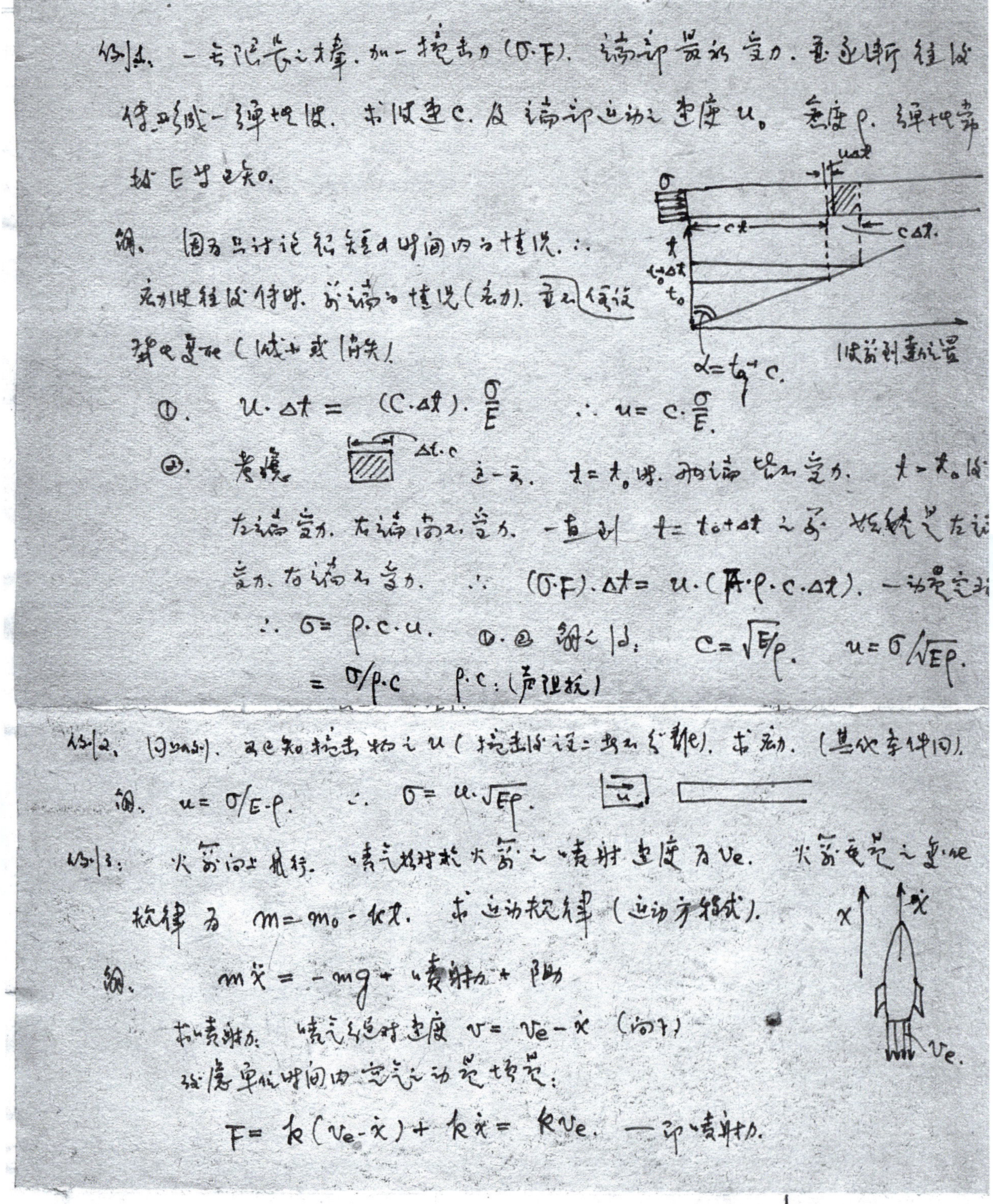

例1、一无限长之棒，加一拉应力$(\sigma\cdot F)$，端部最初受力，并迅速往后传播成一弹性波，求波速c，及端部运动之速度u。密度ρ，弹性系数E等已知。

解、因为只讨论很短的时间内之情况∴无须波往后传时，前端之情况（应力），并不随传播而变化（减小或消失）。

①、$u\cdot\Delta t = (c\cdot\Delta t)\cdot\frac{\sigma}{E}$　∴ $u = c\cdot\frac{\sigma}{E}$

②、考虑这一元，$t=t_0$时，两端皆不受力，$t=t_0$后，左端受力，右端尚未受力，一直到$t=t_0+\Delta t$之后，始终是左端受力，右端不受力。∴ $(\sigma\cdot F)\cdot\Delta t = u\cdot(F\cdot\rho\cdot c\cdot\Delta t)$，一动量定理

∴ $\sigma=\rho\cdot c\cdot u$　①·②解之得：$c=\sqrt{E/\rho}$，$u=\sigma/\sqrt{E\rho}$ $=\sigma/\rho\cdot c$　$\rho\cdot c$：（声阻抗）

例2、同上例，但已知撞击物之u（撞击时设之为不变），求应力。（其他条件同）

解、$u=\sigma/\sqrt{E\cdot\rho}$　∴ $\sigma=u\cdot\sqrt{E\rho}$

例3：火箭向上飞行，喷气相对于火箭之喷射速度为v_e，火箭质量之变化规律为$m=m_0-kt$，求运动规律（运动方程式）。

解、$m\ddot{x} = -mg +$ 喷射力 + 阻力

求喷射力：喷气绝对速度 $v = v_e-\dot{x}$（向下）

考虑单位时间内空气之动量增量：

$F = k(v_e-\dot{x}) + k\dot{x} = kv_e$，——即喷射力。

1957年工程力学班《分析力学与非线性振动讲义》（节选）

19

$$\therefore m\ddot{x} = -mg + \dot{p}v_e - f(x^2).$$

牛顿力学中 $m = \text{const}.$

§1-4. 刚体力学

刚体：特殊质点系，即各质点间相对位置不改变之质点系。

∴所有一般结果当然都可以用，但仍可以进一步简化。

$$\begin{cases} \bar{F} = m\ddot{\bar{r}}_c \\ \bar{M} = \frac{d}{dt}H = \dot{H};\ \bar{M}_c = \dot{H}_c \\ \bar{W} = \Delta T = \Delta(T_1 + T_2). \end{cases}$$

结果的简化主要在一些观念与写法上。

动量矩. $\bar{H}_c = \sum \bar{\rho}_i \times m_i \dot{\bar{r}}_i$

$$\dot{\bar{r}}_i = \dot{\bar{r}}_c + \bar{\omega} \times \bar{\rho}_i$$

$$\bar{H}_c = \sum \bar{\rho}_i \times [m_i(\dot{\bar{r}}_c + \bar{\omega} \times \bar{\rho}_i)]$$

$$\sum \bar{\rho}_i \times m_i \dot{\bar{r}}_c = 0.$$

$$\therefore \bar{H}_c = \sum m_i (\bar{\rho}_i \times (\bar{\omega} \times \bar{\rho}_i)).$$

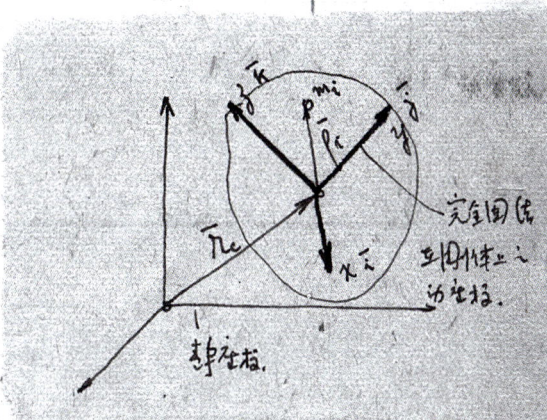

如果是连续体，

$$\bar{H}_c = \int \bar{\rho}_i \times (\bar{\omega} \times \bar{\rho}_i)\, dm.$$

$$= \int [(\bar{\rho}\cdot\bar{\rho})\bar{\omega} - (\bar{\rho}\cdot\bar{\omega})\bar{\rho}_i]\, dm.$$

$$= \int \{ \bar{i}[(x^2+y^2+z^2)\omega_x - (x\omega_x + y\omega_y + z\omega_z)x]$$
$$\bar{j}[(x^2+y^2+z^2)\omega_y - (x\omega_x + y\omega_y + z\omega_z)y]$$
$$\bar{k}[(x^2+y^2+z^2)\omega_z - (x\omega_x + y\omega_y + z\omega_z)z] \}\, dm.$$

$$= \bar{i}\{ I_{xx}\omega_x + I_{xy}\omega_y + I_{xz}\omega_z \}$$
$$+ \bar{j}\{ I_{xy}\omega_x + I_{yy}\omega_y + I_{yz}\omega_z \}$$
$$+ \bar{k}\{ I_{xz}\omega_x + I_{yz}\omega_y + I_{zz}\omega_z \}.$$

$$= H_{cx}\bar{i} + H_{cy}\bar{j} + H_{cz}\bar{k}.$$

$$H_{cx} = I_{xx}\omega_x + I_{xy}\omega_y + I_{xz}\omega_z$$
$$H_{cy} = I_{xy}\omega_x + I_{yy}\omega_y + I_{zy}\omega_z$$
$$H_{cz} = I_{xz}\omega_x + I_{yz}\omega_y + I_{zz}\omega_z.$$

$$\bar{\omega} = \omega_x\bar{i} + \omega_y\bar{j} + \omega_z\bar{k}.$$

$\bar{i}, \bar{j}, \bar{k}$ 都是固结于刚体之坐标。即 $\bar{\omega}$ 是投影在动坐标上。∴ 如 $\bar{\omega}$ = 常矢，$\omega_x, \omega_y, \omega_z$ 都不会变化的。

?

$\bar{k}$ $\bar{j}$ m_i $\bar{\rho}_i$ $\bar{r}_c$ x $\bar{i}$

完全固结于刚体上之动坐标。

静坐标。

1957 年工程力学班《分析力学与非线性振动讲义》(节选)

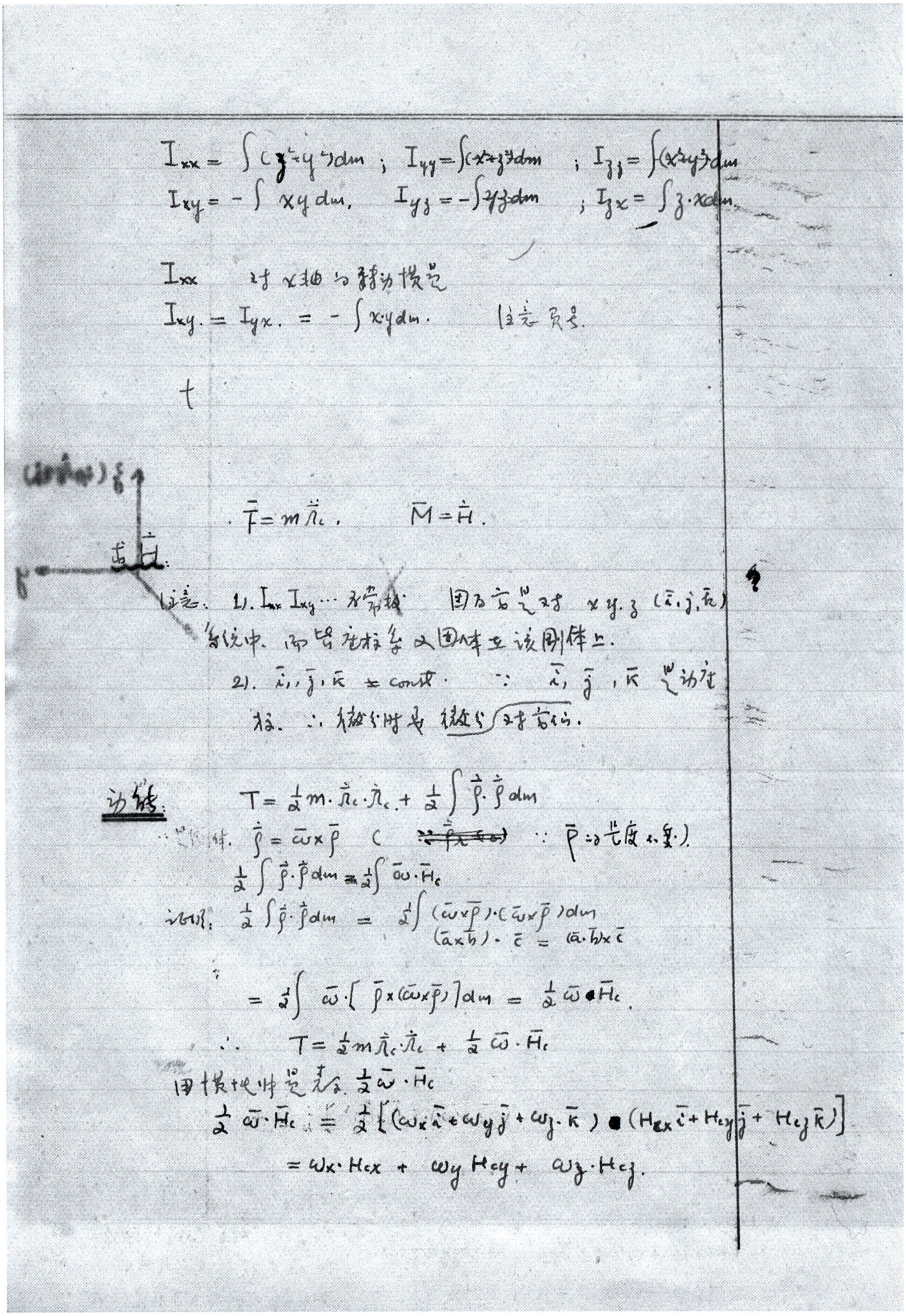

$$I_{xx} = \int (y^2+z^2)\,dm \;;\quad I_{yy} = \int (x^2+z^2)\,dm \;;\quad I_{zz} = \int (x^2+y^2)\,dm$$

$$I_{xy} = -\int xy\,dm,\quad I_{yz} = -\int yz\,dm \;;\quad I_{zx} = \int z\cdot x\,dm.$$

I_{xx} 对 x 轴的转动惯量

$I_{xy} = I_{yx} = -\int x\cdot y\,dm.$ 注意负号.

$$\bar{F} = m\ddot{\bar{r}}_c,\qquad \bar{M} = \dot{\bar{H}}.$$

注意: 1). $I_{xx}\ I_{xy}\cdots$ 不常数 因为它是对 $x.y.z$ $(\bar{i},\bar{j},\bar{k})$ 系统中, 而坐标系又固结在该刚体上.

2). $\bar{i},\bar{j},\bar{k} \neq \text{const}$. ∵ $\bar{i},\bar{j},\bar{k}$ 是动坐标. ∴ 微分时要微分(对方向).

动能: $T = \frac{1}{2}m\cdot\dot{\bar{r}}_c\cdot\dot{\bar{r}}_c + \frac{1}{2}\int \dot{\bar{\rho}}\cdot\dot{\bar{\rho}}\,dm$

∵ 刚体, $\dot{\bar{\rho}} = \bar{\omega}\times\bar{\rho}$ (∵ $\bar{\rho}$ 的长度不变.)

$\frac{1}{2}\int \dot{\bar{\rho}}\cdot\dot{\bar{\rho}}\,dm = \frac{1}{2}\bar{\omega}\cdot\bar{H}_c$

证明: $\frac{1}{2}\int \dot{\bar{\rho}}\cdot\dot{\bar{\rho}}\,dm = \frac{1}{2}\int (\bar{\omega}\times\bar{\rho})\cdot(\bar{\omega}\times\bar{\rho})\,dm$

$(\bar{a}\times\bar{b})\cdot\bar{c} = (\bar{a}\cdot\bar{b})\times\bar{c}$

$$= \frac{1}{2}\int \bar{\omega}\cdot[\bar{\rho}\times(\bar{\omega}\times\bar{\rho})]\,dm = \frac{1}{2}\bar{\omega}\cdot\bar{H}_c.$$

$$\therefore\quad T = \frac{1}{2}m\dot{\bar{r}}_c\cdot\dot{\bar{r}}_c + \frac{1}{2}\bar{\omega}\cdot\bar{H}_c$$

因惯性中心是零 $\frac{1}{2}\bar{\omega}\cdot\bar{H}_c$

$$\frac{1}{2}\bar{\omega}\cdot\bar{H}_c = \frac{1}{2}\left[(\omega_x\bar{i}+\omega_y\bar{j}+\omega_z\bar{k})\cdot(H_{cx}\bar{i}+H_{cy}\bar{j}+H_{cz}\bar{k})\right]$$

$$= \omega_x\cdot H_{cx} + \omega_y H_{cy} + \omega_z\cdot H_{cz}.$$

1957年工程力学班《分析力学与非线性振动讲义》(节选)

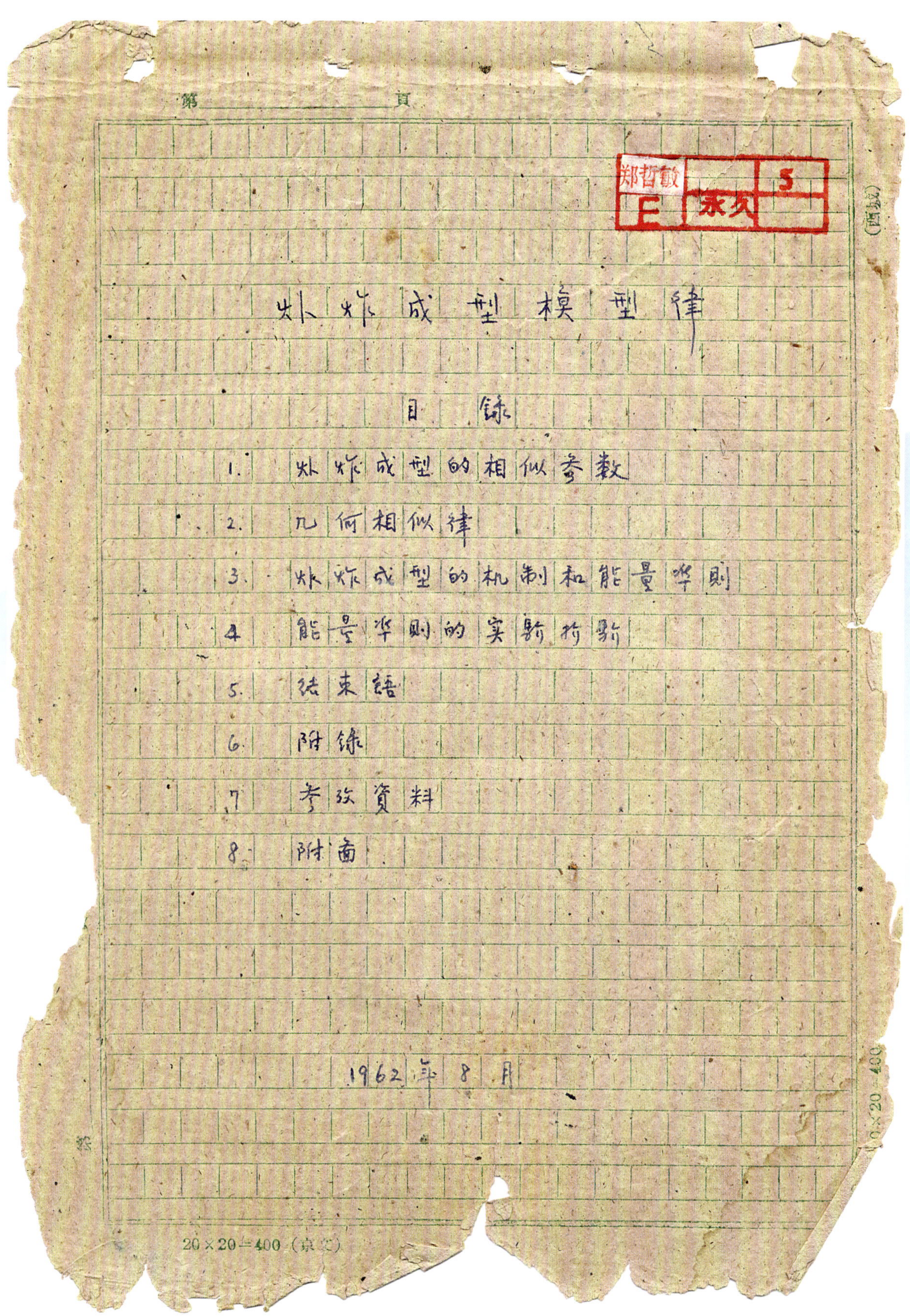

第　　頁

郑哲敏　E　系列　5

爆炸成型模型律

目錄

1. 爆炸成型的相似参数
2. 几何相似律
3. 爆炸成型的机制和能量准则
4. 能量准则的实验检验
5. 结束语
6. 附錄
7. 参考資料
8. 附图

1962年8月

20×20=400（京文）

《爆炸成型模型律》（1962年）（节选）

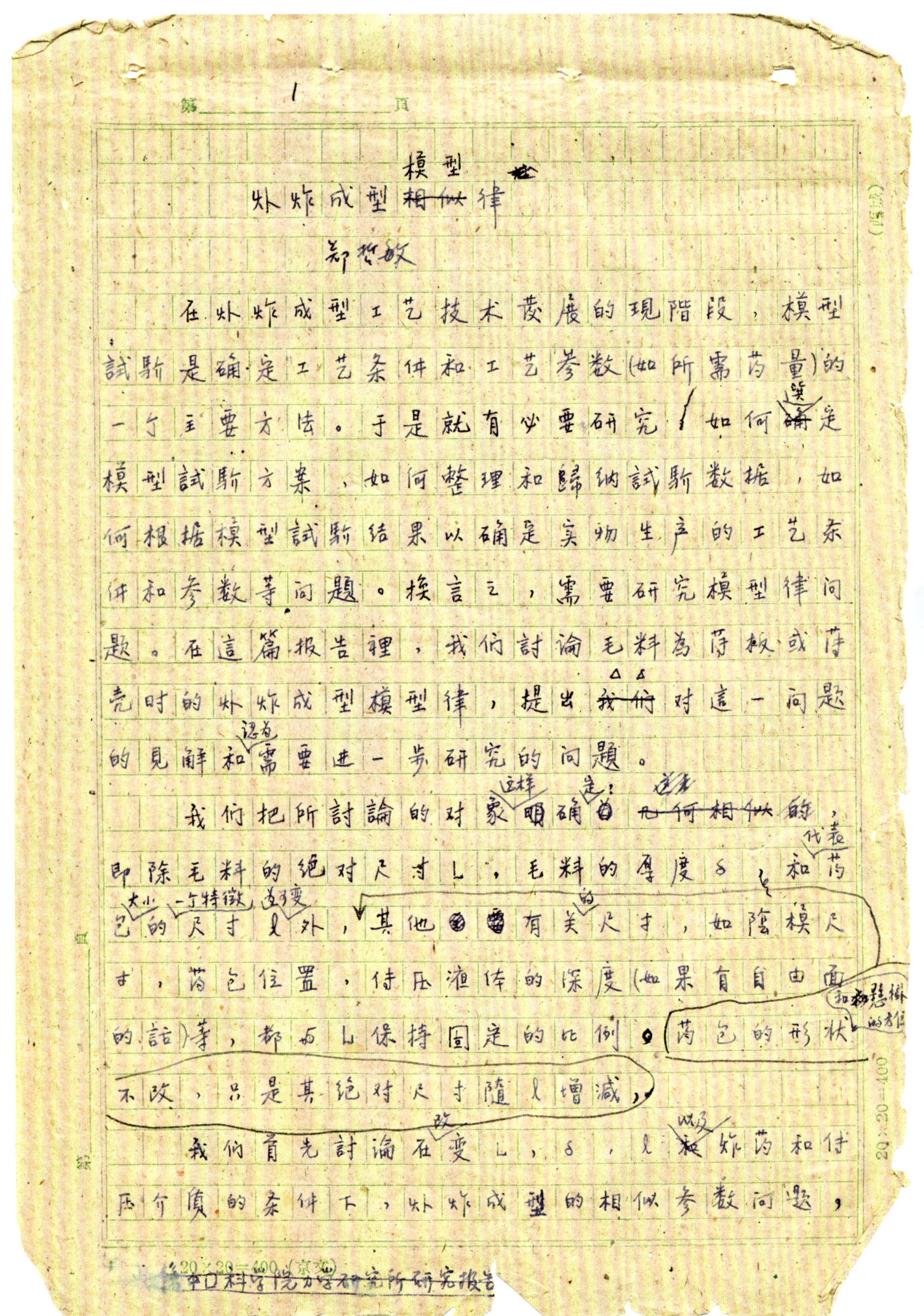

第 1 页

爆炸成型模型律

郑哲敏

在爆炸成型工艺技术发展的现阶段，模型試驗是确定工艺条件和工艺参数（如所需药量）的一个主要方法。于是就有必要研究：如何选定模型試驗方案，如何整理和歸納試驗数据，如何根据模型試驗结果以确定实物生产的工艺条件和参数等问题。换言之，需要研究模型律问题。在這篇报告裡，我们討论毛料為薄板或薄壳时的爆炸成型模型律，提出对這一问题的見解和還有需要进一步研究的问题。

我们把所討論的对象这样明确一下：即除毛料的绝对尺寸 L，毛料的厚度 δ 和代表药包大小的一个特徵尺寸 l 外，其他有关尺寸，如陰模尺寸，药包位置，传压介质的深度（如果有自由面的話）等，都与 L 保持固定的比例；药包的形状和悬掛的方位不改，只是其绝对尺寸隨 l 增减。

我们首先討論在改变 L，δ，l 以及炸药和传压介质的条件下，爆炸成型的相似参数问题，

20×20=400（京元）

中国科学院力学研究所研究报告

《爆炸成型模型律》（1962年）（节选）

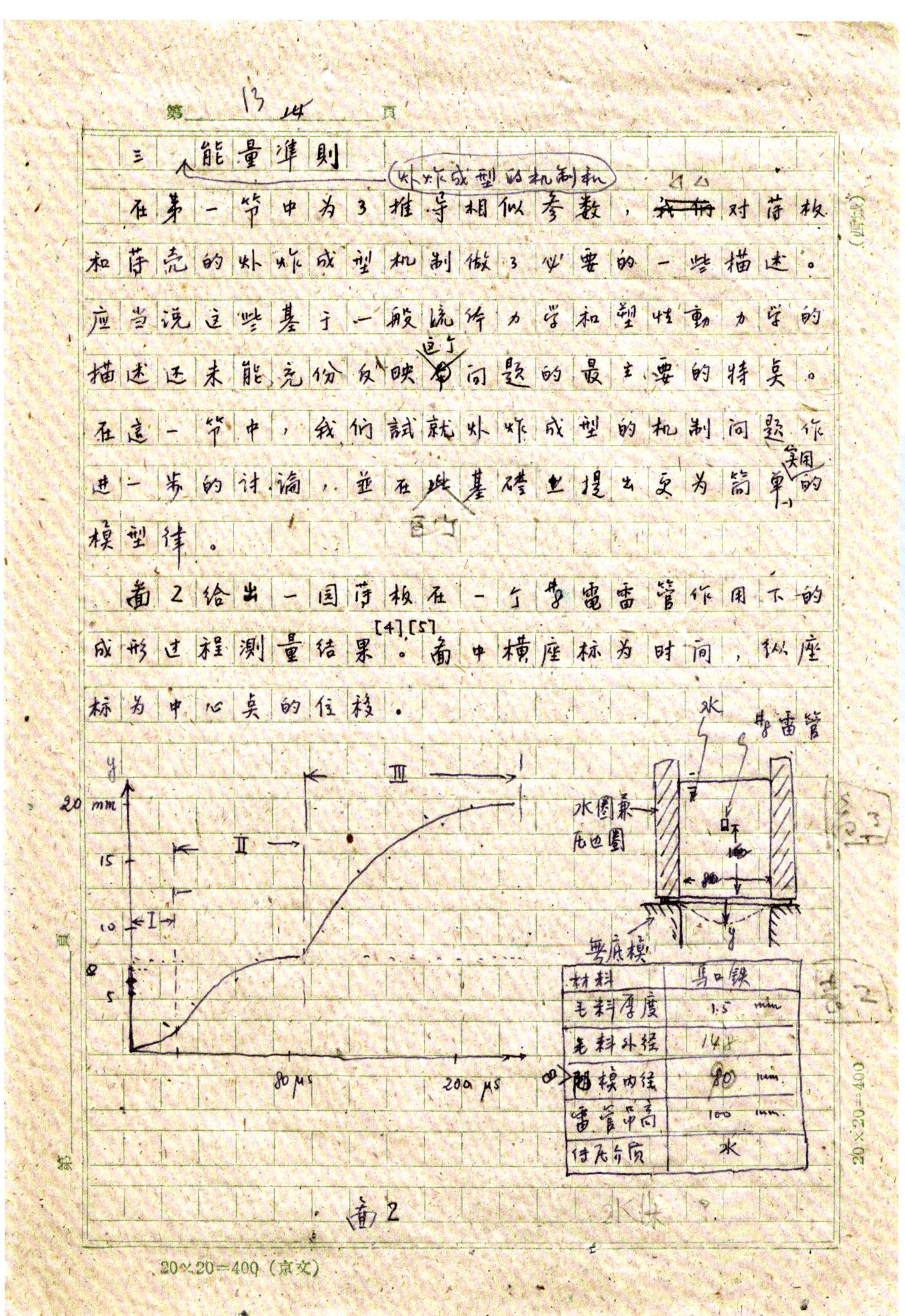

第 ~~13~~ 14 页

三 能量準則（爆炸成型的机制和）

在第一节中为了推导相似参数，对薄板和薄壳的爆炸成型机制做了必要的一些描述。应当说这些基于一般流体力学和塑性動力学的描述还未能充份反映这个问题的最主要的特点。在这一节中，我们試就爆炸成型的机制问题作进一步的讨论，並在此基礎上提出更为简单的模型律。

图2给出一圆薄板在一个8号雷管作用下的成形过程测量结果[4][5]。图中横座标为时间，纵座标为中心点的位移。

材料	马口铁
毛料厚度	1.5 mm
毛料外径	148
凹模内径	80 mm
雷管吊高	100 mm
传压介质	水

图2

20×20=400（京文）

《爆炸成型模型律》（1962年）（节选）

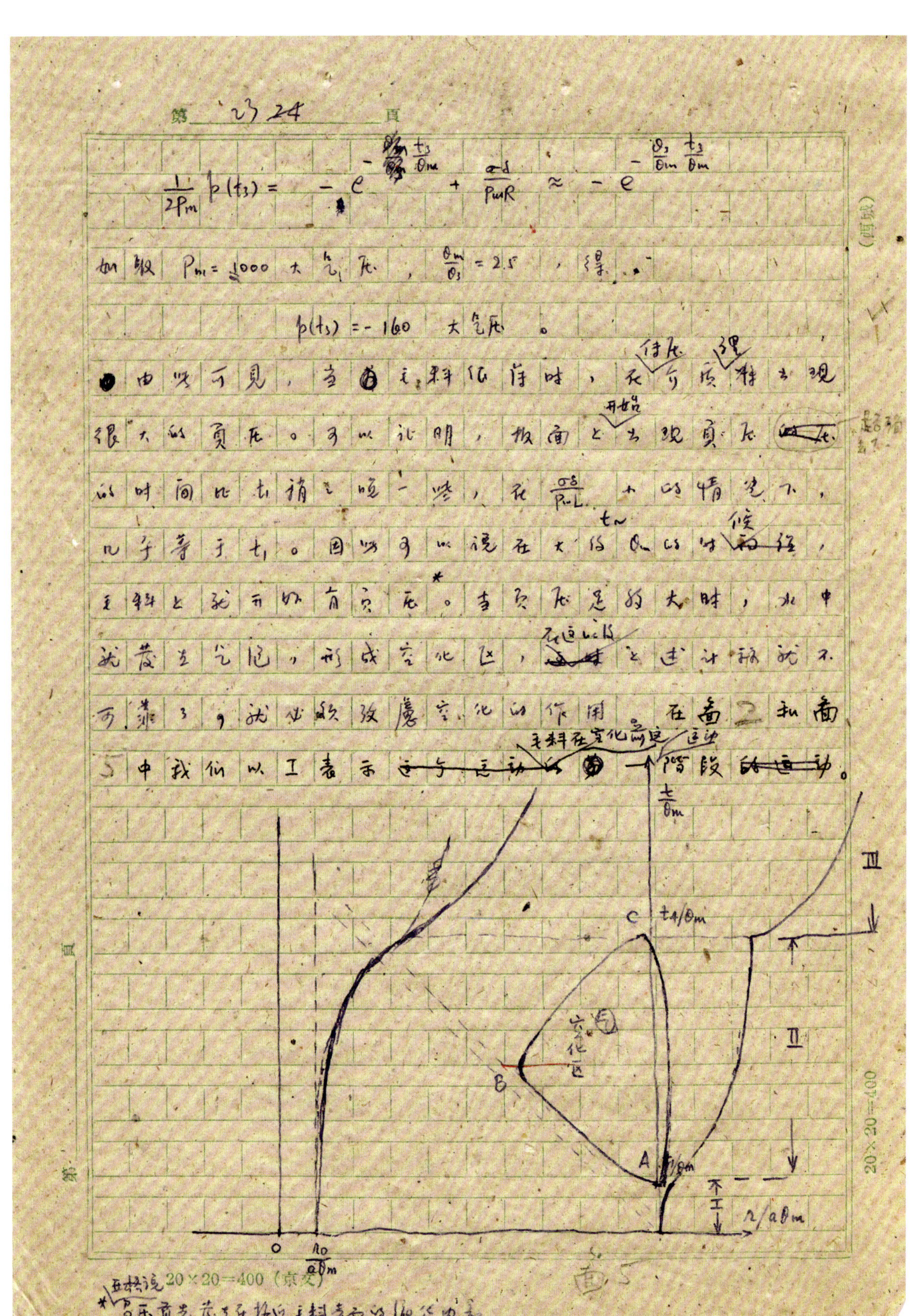

《爆炸成型模型律》(1962年)(节选)

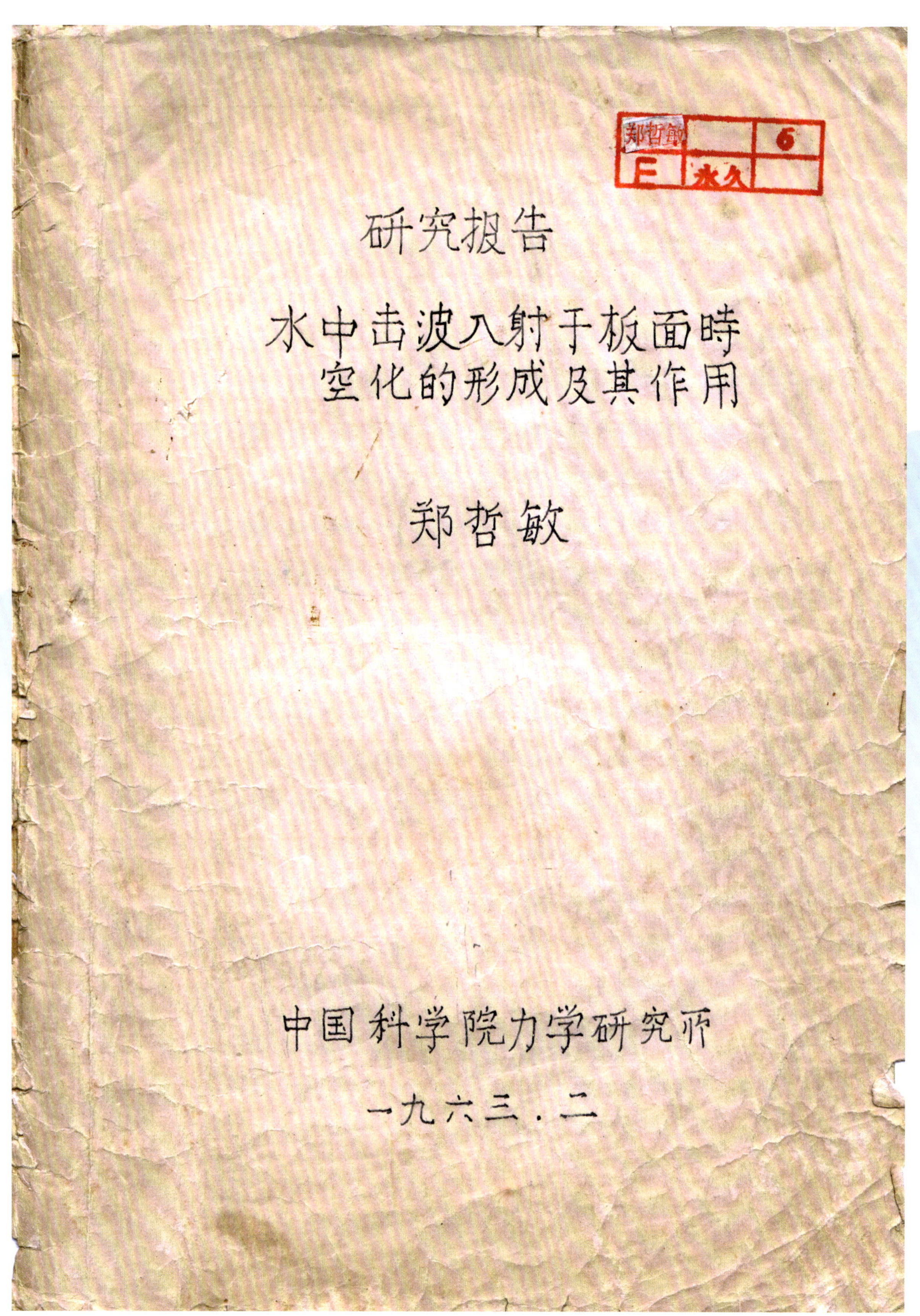

《水中击波入射于板面时空化的形成及其作用》(1963年)(节选)

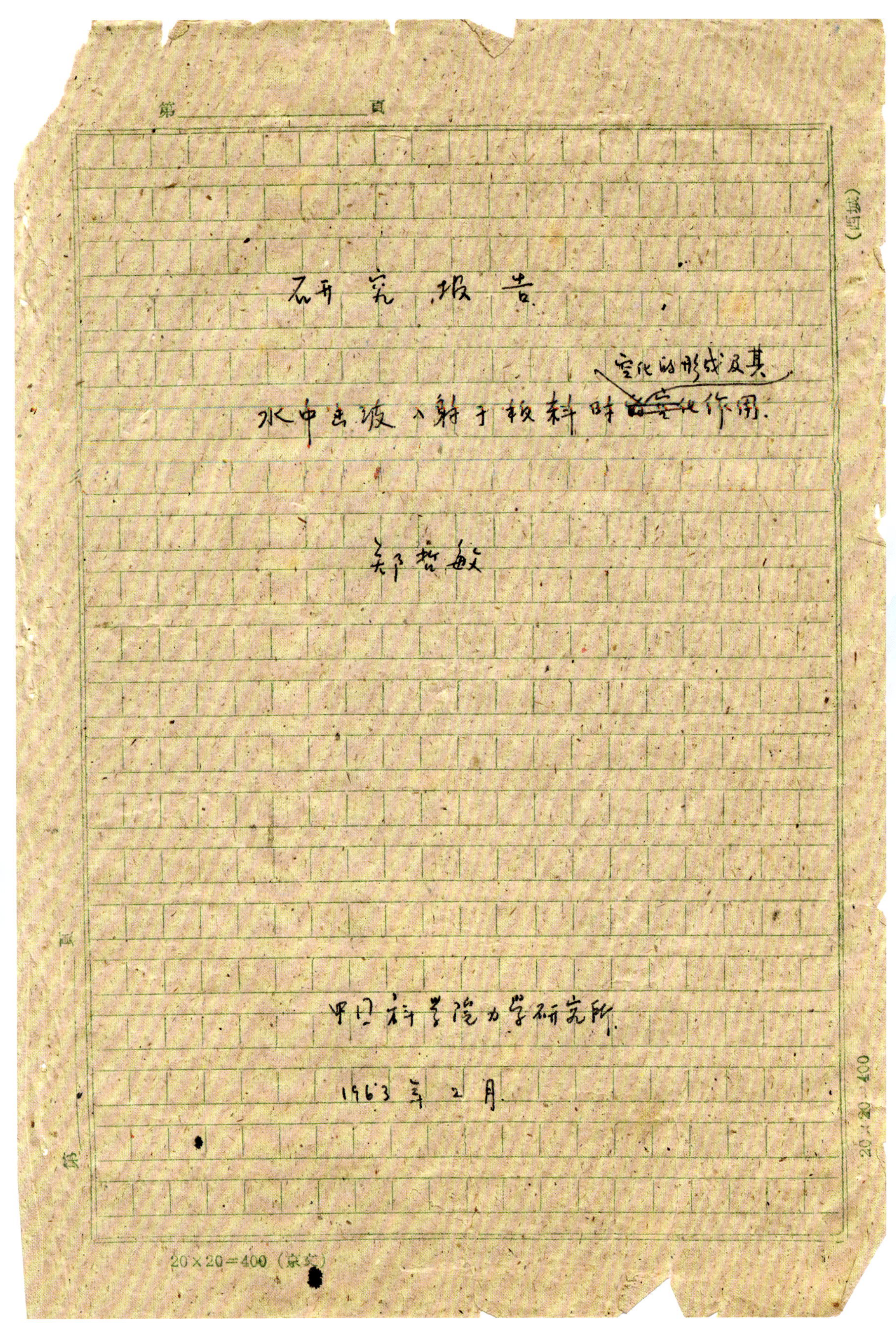
研究报告

水中击波入射于板料时空化的形成及其作用

郑哲敏

中国科学院力学研究所

1963年2月

《水中击波入射于板面时空化的形成及其作用》（1963年）（节选）

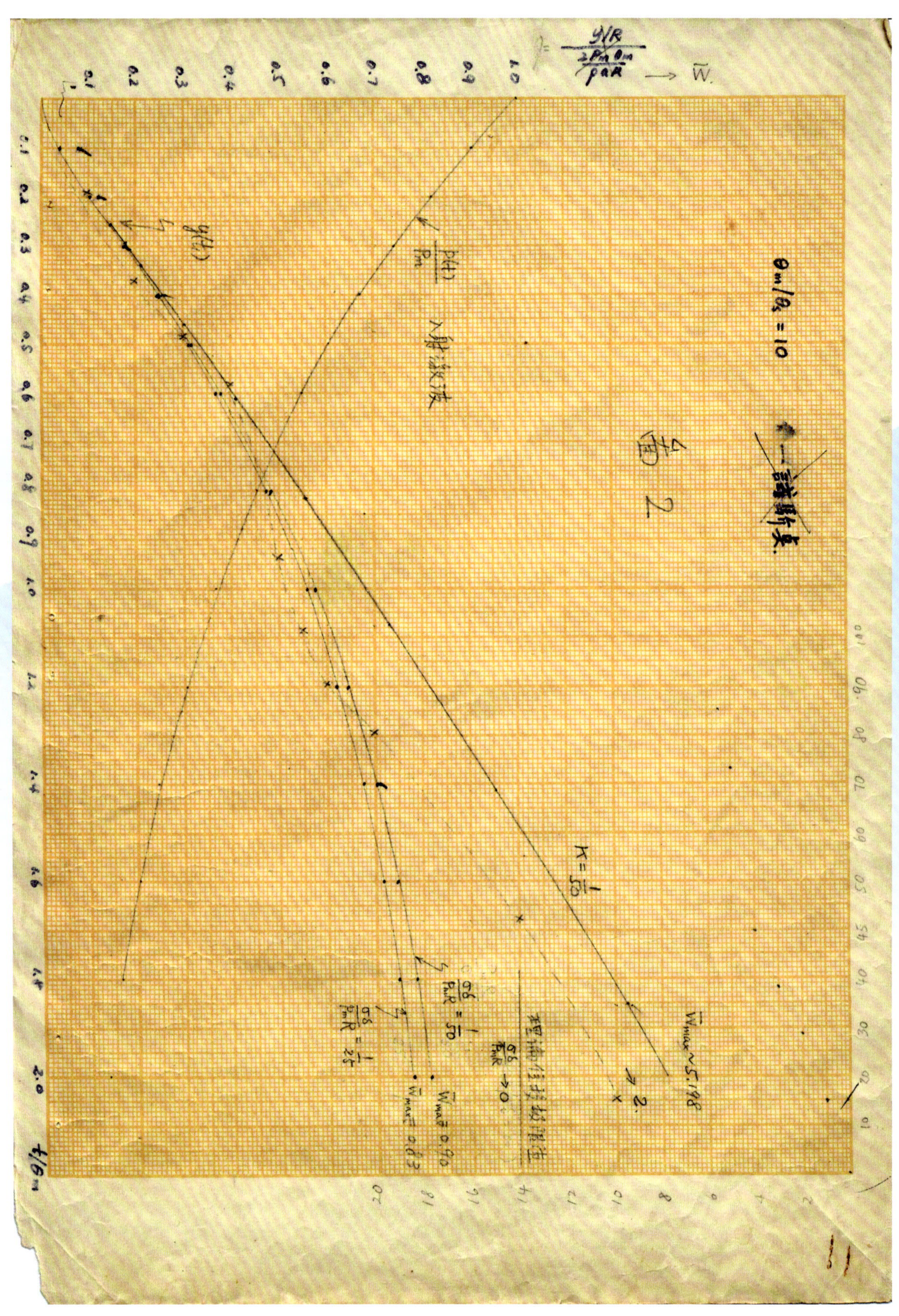

《水中击波入射于板面时空化的形成及其作用》(1963 年)(节选)

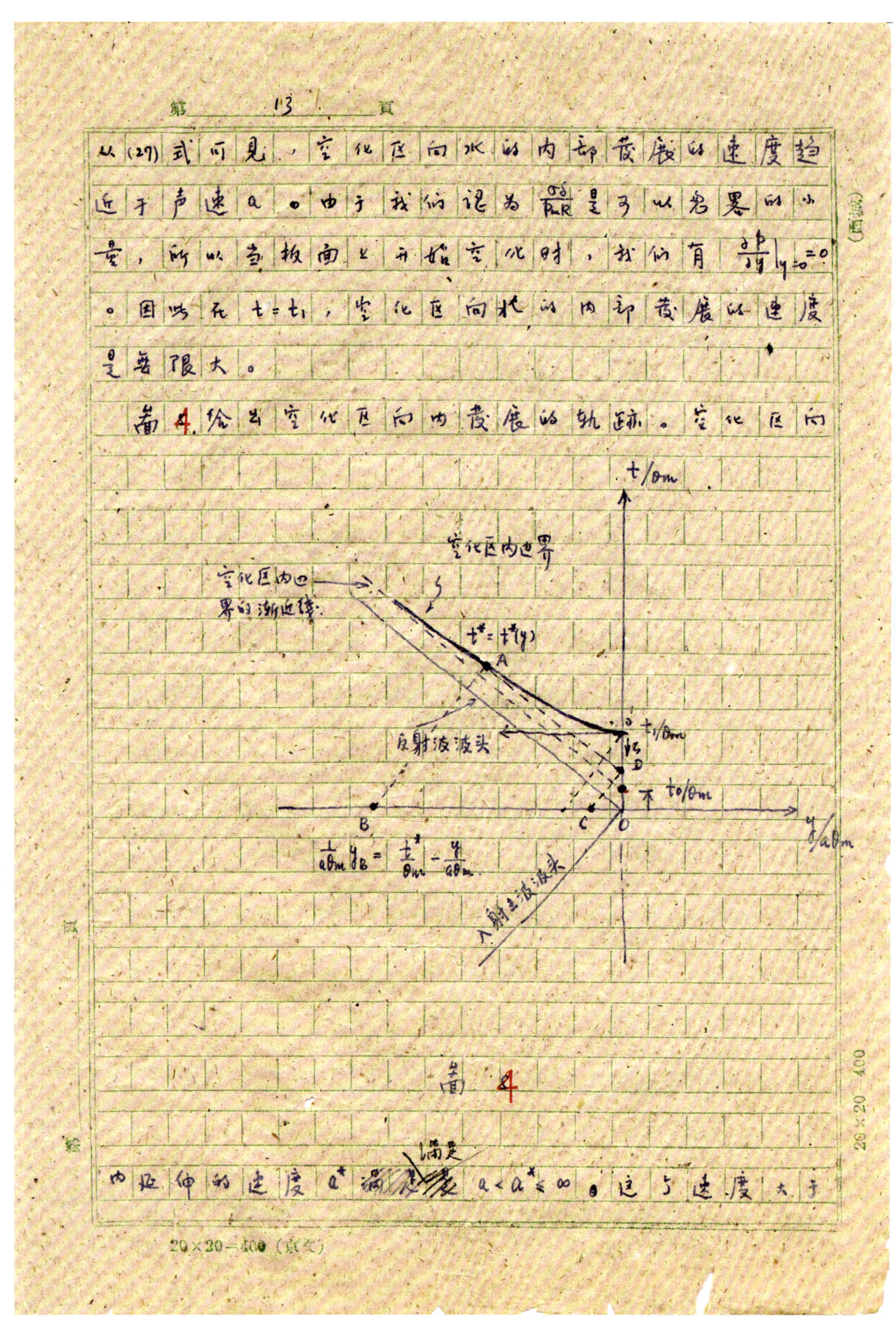

第 13 頁

从(27)式可见，空化区向水的内部发展的速度趋近于声速 a。由于我们认为 $\frac{\sigma\delta}{P_m R}$ 是可以忽略的小量，所以当板面上开始空化时，我们有 $\frac{\partial p}{\partial y}\Big|_{y=0}=0$。因此在 $t=t_1$，空化区向水的内部发展的速度是无限大。

图4给出空化区向内发展的轨迹。空化区向

图 4

内延伸的速度 a^* 满足 $a<a^*\leq\infty$。这个速度大于

20×20=400（京文）

《水中击波入射于板面时空化的形成及其作用》（1963 年）（节选）

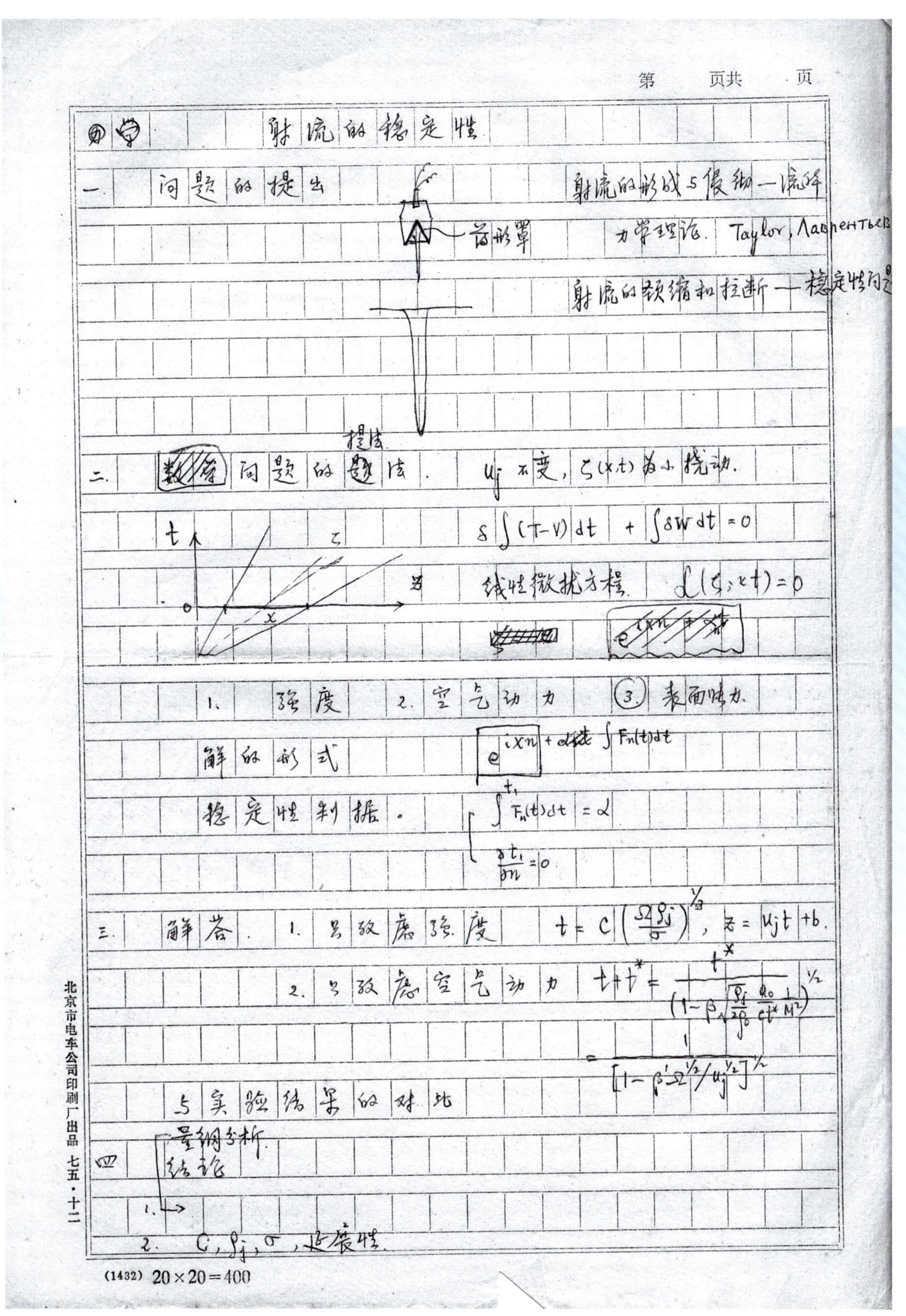

第 页共 页

四 射流的稳定性

一 问题的提出

射流的形成与侵彻——流体力学理论. Taylor, Лаврентьев

射流的颈缩和拉断——稳定性问题

二 ~~数学~~ 问题的提法. u_j 不变，$\zeta(x,t)$ 为小扰动.

$\delta\int(T-V)dt + \int\delta W dt = 0$

线性微扰方程 $\mathcal{L}(\zeta; x, t) = 0$

1. 强度 2. 空气动力 ③ 表面张力

解的形式 $e^{i\chi n + \alpha \int F_n(t)dt}$

稳定性判据. $\int^{t_1} F_n(t)dt = \alpha$，$\frac{\partial t_1}{\partial n} = 0$

三 解答 1. 只考虑强度 $t = C\left(\frac{\Omega\rho_j}{\sigma}\right)^{1/2}$，$z = u_j t + b$.

2. 只考虑空气动力 $t + t^* = \frac{t^*}{\left(1-\beta\sqrt{\frac{\rho_j}{2\rho_0}}\frac{a_0}{ct^*}\frac{1}{M^2}\right)^{1/2}}$

$= \frac{1}{[1-\beta'\Omega^{1/2}/u_j^{1/2}]^{1/2}}$

5 实验结果的对比

四 量纲分析
结论
1.
2. C, ρ_j, σ，适度性.

北京市电车公司印刷厂出品 七五·十二

(1432) 20×20=400

《射流的稳定性与平面射流的侵彻》(1978年)(节选)

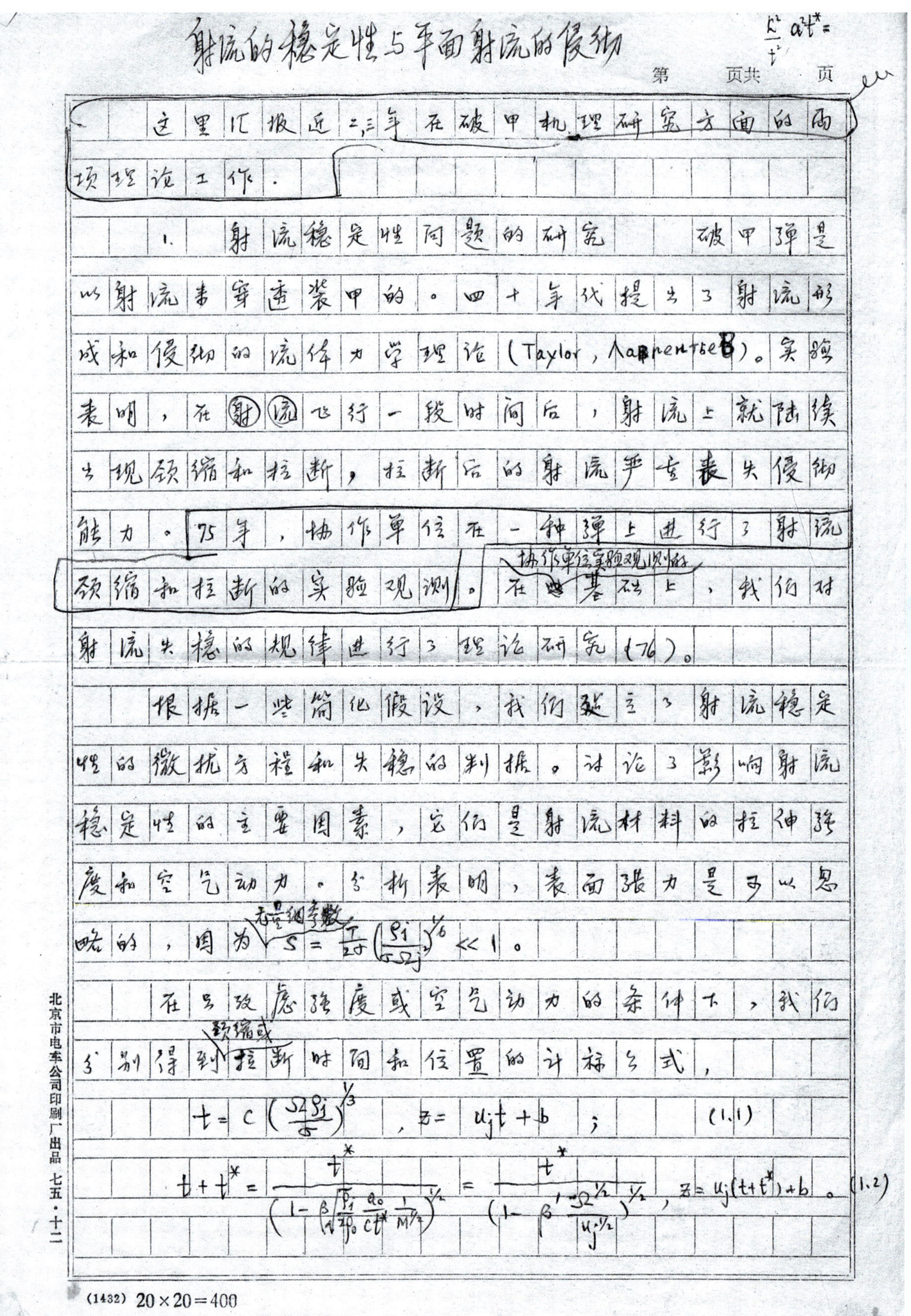

射流的稳定性与平面射流的侵彻

第　页共　页

这里汇报近二、三年在破甲机理研究方面的两项理论工作。

1. 射流稳定性问题的研究　破甲弹是以射流来穿透装甲的。四十年代提出了射流形成和侵彻的流体力学理论（Taylor, Лаврентьев）。实验表明，在射流飞行一段时间后，射流上就陆续出现颈缩和拉断，拉断后的射流逐渐丧失侵彻能力。75年，协作单位在一种弹上进行了射流颈缩和拉断的实验观测。在协作单位实验观测的基础上，我们对射流失稳的规律进行了理论研究（76）。

根据一些简化假设，我们建立了射流稳定性的微扰方程和失稳的判据。讨论了影响射流稳定性的主要因素，它们是射流材料的拉伸强度和空气动力。分析表明，表面张力是可以忽略的，因为表面张力参数 $S=\frac{T}{2\sigma}\left(\frac{\rho_j}{\sigma\Omega_j^2}\right)^{1/6}\ll 1$。

在只考虑强度或空气动力的条件下，我们分别得到颈缩或拉断时间和位置的计算公式，

$$t=C\left(\frac{\Omega\rho_j}{\sigma}\right)^{1/3},\quad z=u_jt+b;\qquad (1.1)$$

$$t+t^*=\frac{t^*}{\left(1-\beta\sqrt{\frac{\rho_1}{\rho_0}}\frac{a_0}{ct^*}\frac{1}{M^{1/2}}\right)^{1/2}}=\frac{t^*}{\left(1-\beta'\frac{\Omega^{1/2}}{u_j^{1/2}}\right)^{1/2}},\quad z=u_j(t+t^*)+b。\qquad (1.2)$$

北京市电车公司印刷厂出品　七五·十二

(1432) 20×20=400

《射流的稳定性与平面射流的侵彻》（1978年）（节选）

第　　页共　　页

其中 $\Omega=\frac{1}{m_j}\frac{dm}{du_j}$，$t^*$ 是射流参数，c, β 是经验常数。与实验结果相比，我们看到(1.1)适用于 $u_j<5$ Km/s，(1.2)适用于 $u_j>5$ Km/s。理论与实验基本相符。

(1.1)还可以从量纲分析直接得出，因而不受小扰动等各种简化假设的限制。分析还表明，为了提高破甲弹的威力，药形罩材料应当有足够高的声速，充分的延展性，高密度和低强度。这个认识也已为另一些实验所证实。

Rayleigh 最早研究过等速水射流的失稳问题(1879)，近来的工作大都是考虑非线性因素的影响。我们这个问题的新因素是(1)射流是具有速度梯度的，(2)必需考虑强度和空气动力。77年周培基(应用物理)发表了一篇强度对失稳影响的文章，他假设有给定的初始扰动，然后用数值法计算这个扰动的发展，发现不同扰动趋近于相同的临界波长。

射流的失稳具有孤立波的性质，这个非线性问题值得进一步研究。在实验上研究空气动力影响问题也是很必要的。

2. 平面射流的定常侵彻　为了考虑靶板强度对侵彻的影响，50年代曾将流体力学给

北京市电车公司印刷厂出品　七五·十二

(1432)　20×20=400

《射流的稳定性与平面射流的侵彻》(1978年)(节选)

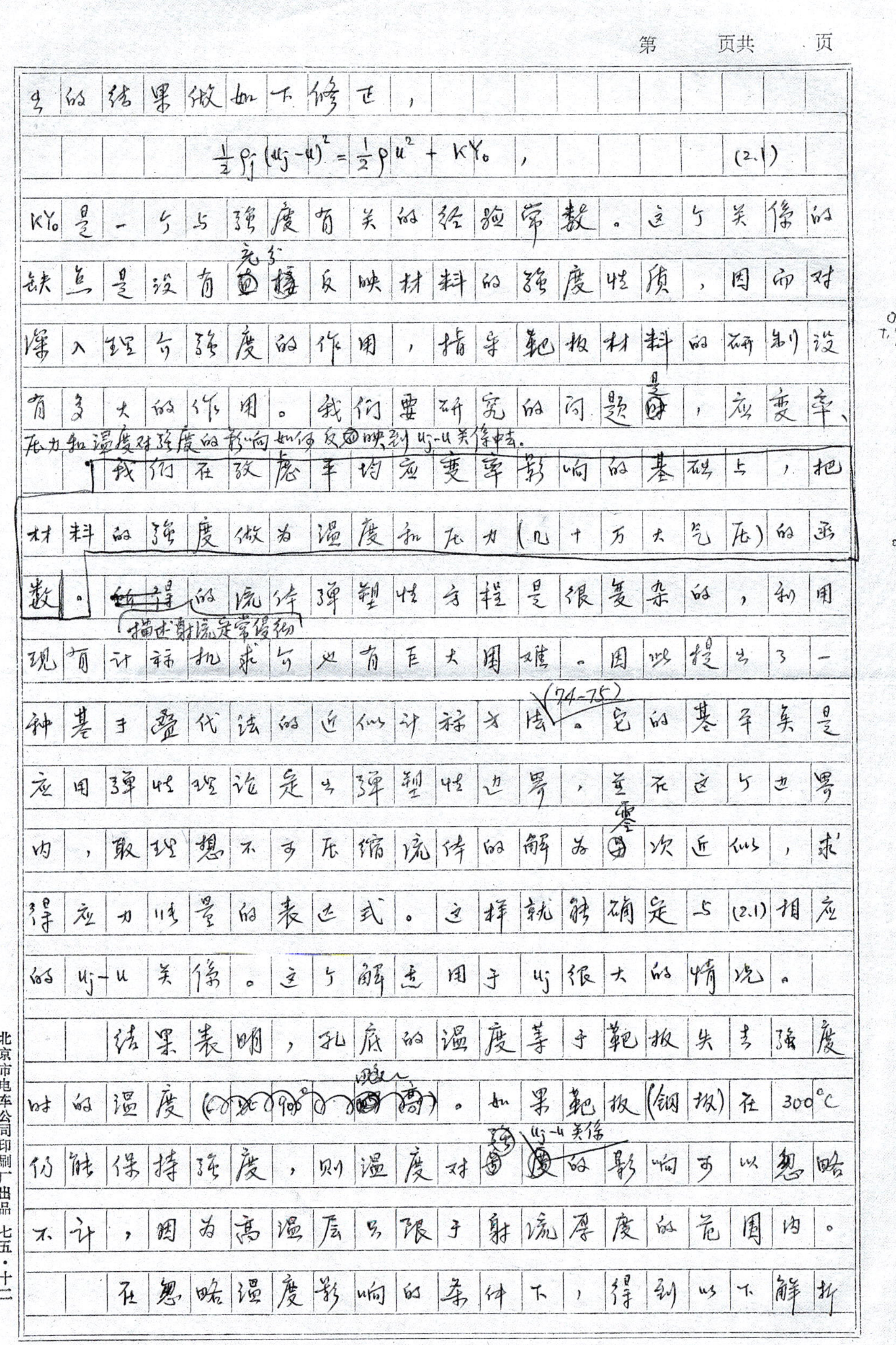

第　　页共　　页

出的结果做如下修正，

$$\frac{1}{2}\rho_j(u_j-u)^2=\frac{1}{2}\rho u^2+KY_0, \qquad (2.1)$$

KY_0是一个与强度有关的经验常数。这个关系的缺点是没有充分反映材料的强度性质，因而对深入理解强度的作用，指导靶板材料的研制没有多大的作用。我们要研究的问题是，应变率、压力和温度对强度的影响如何反映到u_j-u关系中去。

我们在考虑平均应变率影响的基础上，把材料的强度做为温度和压力（几十万大气压）的函数。描述射流定常侵彻的流体弹塑性方程是很复杂的，利用现有计算机求解也有巨大困难。因此提出了一种基于迭代法的近似计算方法(74-75)。它的基本点是应用弹性理论定出弹塑性边界，并在这个边界内，取理想不可压缩流体的解为零次近似，求得应力增量的表达式。这样就能确定与(2.1)相应的u_j-u关系。这个解适用于u_j很大的情况。

结果表明，孔底的温度等于靶板失去强度时的温度。如果靶板（钢板）在300°C仍能保持强度，则温度对u_j-u关系的影响可以忽略不计，因为高温层只限于射流厚度的范围内。

在忽略温度影响的条件下，得到以下解析

北京市电车公司印刷厂出品　七五·十二

(1432)　20×20=400

《射流的稳定性与平面射流的侵彻》(1978年)(节选)

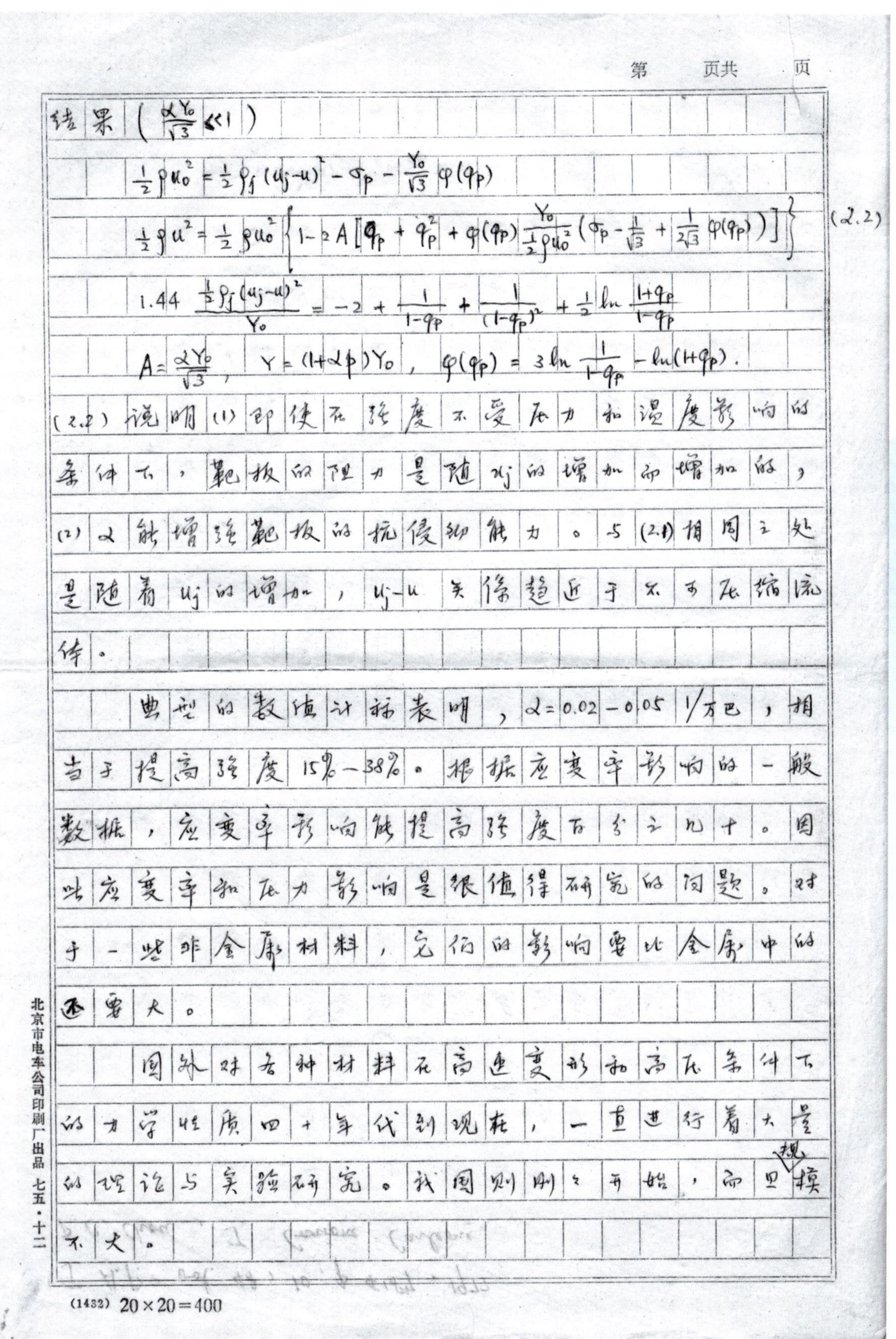

第　页共　页

结果 $\left(\frac{\alpha Y_0}{\sqrt{3}} \ll 1\right)$

$$\left.\begin{aligned}&\frac{1}{2}\rho u_0^2=\frac{1}{2}\rho_j(u_j-u)^2-\sigma_p-\frac{Y_0}{\sqrt{3}}\varphi(q_p)\\&\frac{1}{2}\rho u^2=\frac{1}{2}\rho u_0^2\left\{1-2A\left[q_p+q_p^2+\varphi(q_p)\frac{Y_0}{\frac{1}{2}\rho u_0^2}\left(\sigma_p-\frac{1}{\sqrt{3}}+\frac{1}{2\sqrt{3}}\varphi(q_p)\right)\right]\right.\end{aligned}\right\} \quad (2.2)$$

$$1.44\,\frac{\frac{1}{2}\rho_j(u_j-u)^2}{Y_0}=-2+\frac{1}{1-q_p}+\frac{1}{(1-q_p)^2}+\frac{1}{2}\ln\frac{1+q_p}{1-q_p}$$

$$A=\frac{\alpha Y_0}{\sqrt{3}},\quad Y=(1+\alpha p)Y_0,\quad \varphi(q_p)=3\ln\frac{1}{1-q_p}-\ln(1+q_p).$$

(2.2)说明(1)即使在强度不受压力和温度影响的条件下，靶板的阻力是随 u_j 的增加而增加的，(2) α 能增强靶板的抗侵彻能力。与(2.1)相同之处是随着 u_j 的增加，u_j-u 关系趋近于不可压缩流体。

典型的数值计算表明，$\alpha=0.02-0.05$ 1/万巴，相当于提高强度15%—38%。根据应变率影响的一般数据，应变率影响能提高强度百分之九十。因此应变率和压力影响是很值得研究的问题。对于一些非金属材料，它们的影响要比金属中的还要大。

国外对各种材料在高速变形和高压条件下的力学性质四十年代到现在，一直进行着大量的理论与实验研究。我国则刚刚开始，而且规模不大。

北京市电车公司印刷厂出品 七五·十二

(1432) 20×20=400

《射流的稳定性与平面射流的侵彻》(1978年)(节选)

书信

1

第 页共 13 页

Dear Prof. Fung:

Thank you for your letter of June 19, which was received at the end of last month. I am glad to know that I am invited by the University of California, San Diego, to be its 1983-84 Regents' Lecturer, following a nomination by the Department of Applied Mechanics and Engineering Science. I consider it a great personal honor, and am very happy to accept it and prepare to discharge the duties as requested by this appointment. On the technical side, I propose to give four seminars on recent results on high speed deformation, stability problems associated with the application of non-local theory of continuum mechanics to fracture problems, and one on rate (plasticity or coal bursts) or other subjects. For the general lecture, I thought it would be a good idea to center my talks around the theme of the application of mechanics in China, both in a general way and through specific examples. Aside from

北京市……印刷厂出品 八二·七 (1543) 20×20=400

写给冯元桢的书信一

2

第 页共 页

rock blasting and explosion mechanics as examples.

On both set of lectures, your advices will be most valued and helpful. I hope to finalize them after communicating with you.

If it is acceptable to you, I suggest that the period of my visit be the month prior to your departure for Japan, namely from Feb. 14 to March 17, or somewhat earlier. After March 17, I intend to spend some time with Tang-Tse at Caltech before returning to China.

Thank you again for the invitation. I am looking forward to meeting you and your colleagues at AMES.

With best regards to you and Mrs. Fung.

I am

[signature]

北京市电车公司印刷厂出品 八二·七

(1549) 20×20=400

写给冯元桢的书信一

Dear Prof. Fung:

Thank you for your letter of June 13. I am very glad to ~~hear~~ learn that I have been invited by the University of California, San Diego, to be its 1983-1984 Regents Lecturer, following a nomination by the Department of Applied Mechanics and Engineering Sciences. It is indeed a high honor and I am delighted to accept ~~it~~ the invitation. I shall be more than happy to discharge the duties as requested by this appointment.

Tentatively I propose to make four technical lectures at the departmental seminar. Two of the lectures would be on stability problems associated by high speed deformation, the third on the application ~~of~~ non-local theory of continuum mechanics to fracture, and the fourth on ~~coal~~ gas bursts in coal mines ~~another subject~~. For the ~~general~~ public lectures, it might be a good idea to center my talks around the ~~general~~ theme of the application and development of ~~the~~ applied mechanics in China, both in a general way and through specific examples ~~of which~~ For example, I could include

北京市电车公司印刷厂出品 八二·七

(1549) 20×20=400

写给冯元桢的书信二

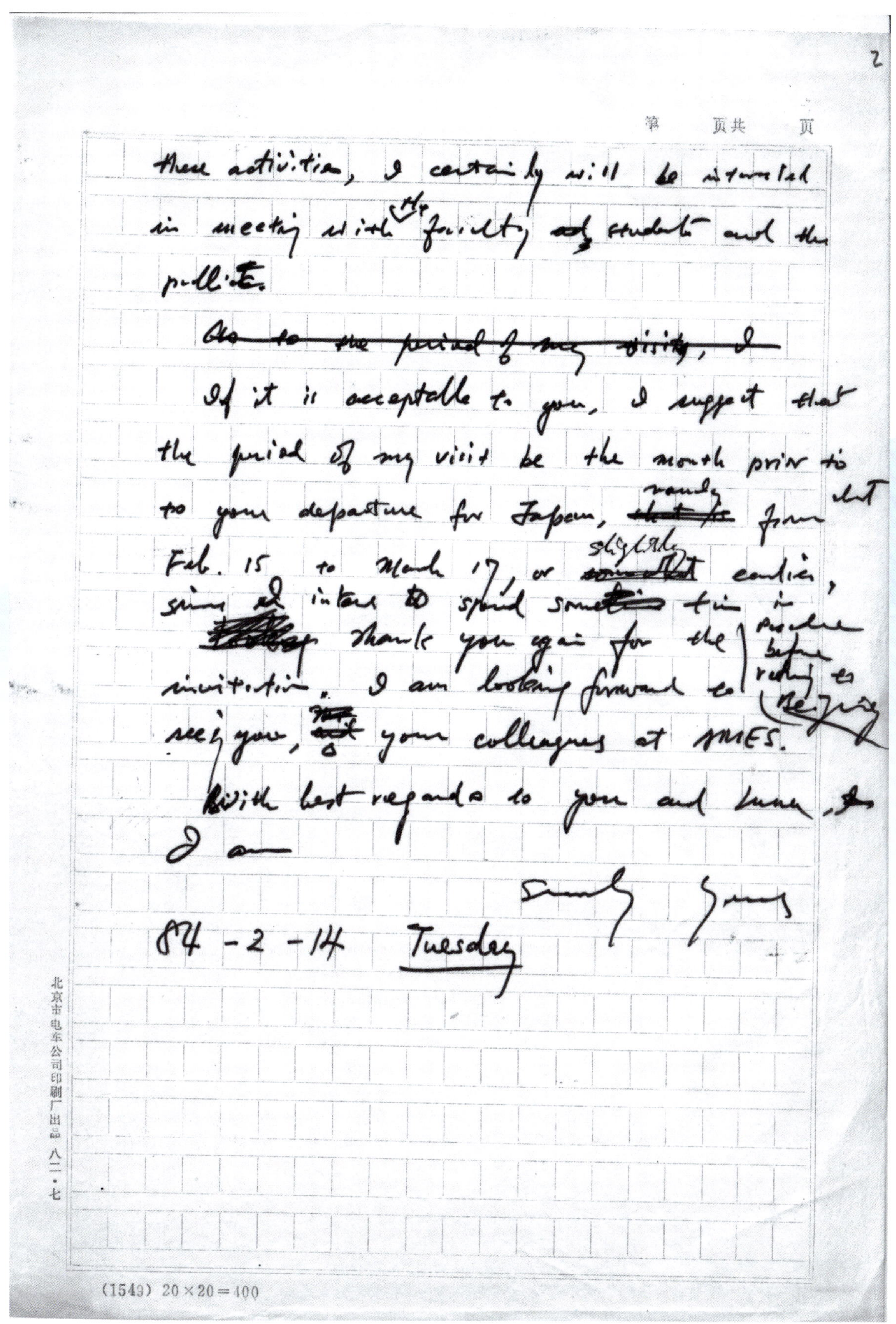

2

第 页共 页

these activities, I certainly will be interested in meeting with the faculty and students and the public.

~~As to the period of my visit, I~~

If it is acceptable to you, I suggest that the period of my visit be the month prior to your departure for Japan, namely from Feb. 15 to March 17, or slightly earlier, since I intend to spend some time in Pasadena before returning to Beijing. Thank you again for the invitation. I am looking forward to seeing you, and your colleagues at AMES.

With best regards to you and Luna, I am

Sincerely yours

84-2-14 Tuesday

北京市电车公司印刷厂出品 八二·七

(1543) 20×20=400

写给冯元桢的书信二

父親大人：

昨日傍午接大人來電，得知大人將于最近北返的消息。

據昨日電台廣播，美国政府下令禁止船公司（美国的）將船隻駛往上海，同時公開表示国民党可在美購買軍火，這不啻是為国民党作保的另一表示。這樣一來国内被封鎖的情形也許會更加嚴重，然而并沒有十分大不了的。英国集團最近有立刻承認新政府的趨向，因此国内對歐洲的貿易不近想可開放。新政府管理下，鐘表進口的情形不知如何，念念。

大人來信問及Marples（马波尔）家的情形。他們一家最先是經過扶輪社的關係認識的。Marples（马波尔）在Pasadena（帕萨迪纳）有單獨經營的小廠一家，專作精細的小齒輪的。因為小齒輪的製造是很專門化的，附近各大飛機廠多半都向他訂貨，因此生意也相當好。Marples（马波尔）對這方面很有心得，所以他的工廠在這邊很有些地位。Marples（马波尔）太太為人很和氣和體貼，在他們家裡住的時候，很受她的關照。他們有子女各一，剛入大學一二年之久。

今年的第一學期上星期結束，聖誕節和新年共放假二週。今年學校的成績，我不太滿意。數學分析（12學分）得A，另一門（6學分）得B。此者本來以為考的還好，結果得B，是很出乎意外的。論文方面的研究現在還無何進展。三

写给父亲的书信

月之后始才会有头绪。下学年期准继续教書，虽然多化点時期，所得的经验却很可宝贵。我觉得現在所学的東西都太理论，回国教書还可，入工厂则感實際经验缺乏。另一方面我觉得国内現在急需的是实作的工程师，就这方面讲，我的训练很不够，这是我很觉得不满的。教書的人国内固然也需要，然而究不如工程师的需要大。關於这方面不知大人有何意见，望示知。

三妹在校情形如何，念念。二妹因课外工作过忙，以致得多读一年，固然可惜，然而實際所得的经验也同樣值得宝貴，大人切不可重责。非常時期中，非常事件的发生是必然的，我们切不可以平常的態度和方法去对付。

母親近来身体如何，念念。北迁后望大人等保重。兄在此各方面当能照顾，请勿念。谨祝 大人

北迁顺利

儿

哲敏 上

十二月二十三日。

大人在香港轉信的地址，一时不知放在哪里了。以备一记忆，望大人来信时再告示知。

(1949年)

写给父亲的书信

音乐与人生相辅相成，音乐与科研相融相通。无论是做音乐还是搞科研，我们都需要勤学苦练、精益求精、全神贯注。

——吴承康

吴承康

(1929.11.14—2022.12.25)

高温气体力学家。河北滦县人。1951 年毕业于美国威斯康星大学机械工程系。1957 年获美国麻省理工学院机械工程博士学位。同年回国。历任第七机械工业部研究所副研究员、中国科学院力学研究所研究员、副所长等。1991 年当选为中国科学院学部委员（院士）。

在 MIT 实验室中在自行研制的激波管前工作

演奏小提琴

参加第二届日中等离子体化学会议

在中国科学院力学研究所自主研制的电弧风洞前留念

在中国科学院技术科学部常委会上发言

主持中日流动显示会议

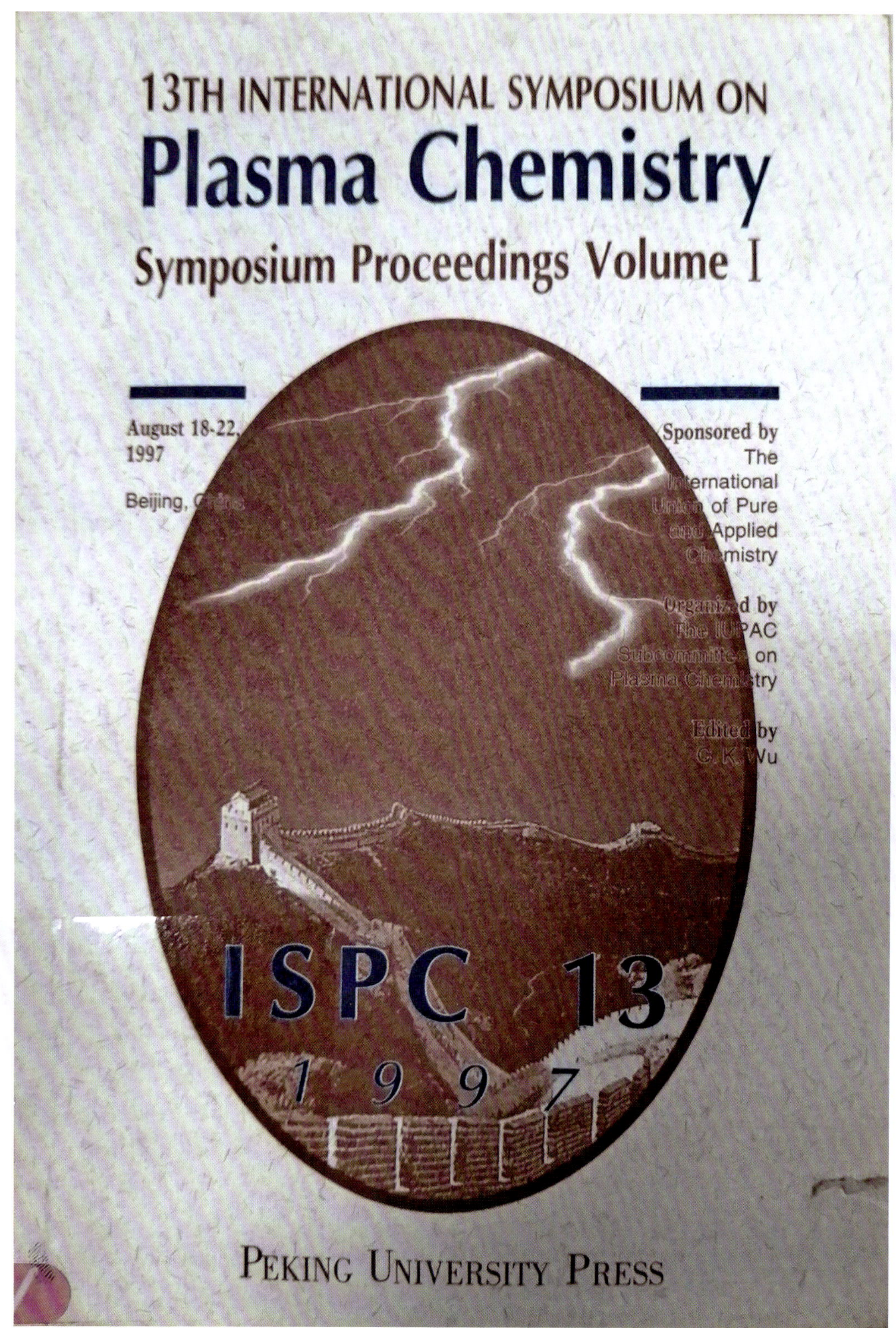
13TH INTERNATIONAL SYMPOSIUM ON
Plasma Chemistry
Symposium Proceedings Volume I
August 18-22, 1997
Beijing,
Sponsored by The International Union of Pure and Applied Chemistry
Organized by The IUPAC Subcommittee on Plasma Chemistry
Edited by G. K. Wu
ISPC 13
1997
PEKING UNIVERSITY PRESS

著作封面

研究工作

39

吴承康

第　　页

1. 按 $V=0.002927\dfrac{tGT_0}{p_i\left[1-\left(\frac{p_f}{p_i}\right)^{\frac{1}{n}}\right]}\ \mathrm{m}^3$ 计算容积是合适的。

2. p_i 取8或9 要看压气机铭牌，可能是9。

3. n 可能接近1.4（绝热），使算出的 V 更大些。

4. 试验时间 1～1½分应该可以了。

5. 压气15分钟不算长

6. $M=3.0$ 要求 V 最大，$p_0=4.1$ kgf/cm²

   $p_f=5$ kgf/cm² 可能差不多。

根据这些情况，可知：

1. 第一期近300 m³（3个罐子）是合适的

2. 各项经费需核实，找有关施工部门报价。

3. 进口电动阀不一定要Φ300，可用小些的。

4. Φ400 mm 管道可充分利用原有的（待核对）。

5. 罐子立装如不困难，费用不太大，也可考虑（可省地）。

6. 旧罐子（如不一定全用）（可省出地方）（应作方案比较）

1982/3/18

（京电01）8101

《重建F2、F3风洞气源储气罐的意见》（1982年）（节选）

中国科学院力学研究所

所长择优基金课题申请书

课题名称：万吨级钛白装置预研——
200 kW直流电弧纯氧等离子体发生器研

申请人：吴永康

室别：十一室

起止年限：1989—1991

一九八九年 三 月 十 日

《200kW 直流电弧纯氧等离子体发生器研究》(1989 年)

一、研究内容和目标（包括阶段性目标、最终目标）及主要技术关键

研究直流电弧氧等离子体发生器中的基本过程，包括氧电弧等离子体发生器的主要特性，电极在氧化性气体中的烧损规律及机理与减少烧损的方法，以及纯氧等离子体发生器的设计方法。主要目标：在2年内通过研究造出一台200-250 kW可供钛白试生产用的纯氧等离子体发生器，第三年到天化3000吨/年生产线上试用，其结果为万吨级生产装置的关键设备提供技术数据。同时完成对发生器主要特性及烧损机理研究，完成研究报告，提出发生器设计方法。

技术关键：解决发生器结构设计，使能达到预定参数，解决电极烧损问题，使烧损率达到预定指标。

二、预期取得的成果

1. 完成一台200-250 kW的纯氧直流电弧等离子体发生器，电极污染率折算到钛白产品中不大于20 ppm，电极工作寿命大于50小时，热效率大于75%。
2. 完成氧电弧特性及电极烧损机理的研究报告。
3. 提出纯氧直流电弧等离子体发生器的设计方法。

〇、申请项目的意义：

我所与天化合作的3000吨/年钛白生产線已进入调试生产，所用等离子体发生器为高频感应式。要扩大到万吨级装置，必须采用直流电弧加热器以解决单台大功率设备和电能利用效率这两个问题。此项课题为万吨级装置进行其中关键设备——电弧加热器的预研，所研制的200-250 kW纯氧直流电弧加热器用于3000吨/年装置，为万吨级装置加热器提供技术基础。

《200kW直流电弧纯氧等离子体发生器研究》（1989年）

三 计划进度（按年度和具体课题填写）

1989年度

1. 对实验室现有的发生器进行实验研究，测量各种参数下的伏安特性，出口气流温度场，发生器效率，电极烧损率。
2. 在实验研究基础上，对目前的200 kW氧等离子体发生器进行修改，提高工作稳定性、热效率及电极寿命。
3. 完成氧电弧特性及电极烧损的阶段研究报告。

1990年度

1. 重新设计、加工可用于实际生产的200-250 kW纯氧等离子体发生器，并进行调试，试验，使其达到设计要求，包括污染率、工作寿命及发生器效率。
2. 完成氧电弧特性及电极烧损机理的研究报告。
3. 筛选出能用于实际生产的1-2种电极材料。
4. 提出500 kW纯氧等离子体发生器（适用于万吨级钛白装置）的初步设计方案。

1991年度

1. 进行200-250 kW纯氧等离子体发生器在3000吨钛白生产线上的现场试验。
2. 完成最终的研究报告。
3. 确定500 kW直流电弧氧等离子体发生器的设计方案。

工作进展的一项必要保证是实验室用电，必须保证250 kW功率，每周平均使用3个单元。

《200kW直流电弧纯氧等离子体发生器研究》（1989年）

双射流等离子体发生器及反应器装置说明

一、引言

用电弧等离子体加热、蒸发、处理材料，通过物理或化学过程对材料进行气相、固相、液相的加工，制造各种特殊性能的陶瓷或金属材料，是材料制备工艺的一个新方向。要做到真正能生产的规模，需要解决高效率处理原料的等离子发生器和反应装置。一般的等离子射流中加入粉末原料的方法，不易做到均匀加入、高效率蒸发，其中一个原因是微细粉末在强温度梯度之下有"热泳"现象，进不到高温区。Pfender用三股射流对粉末起引射作用(ISPC-9 Vol.II)，但因是非转移弧，热效率很低，装置也复杂。苏联吉尔吉斯共和国科学院物理所研究的双射流等离子体发生装置(Plasma Jets in the Development of New Materials Technology, VSP, 1990)在两股等离子体射流间又通以电流，使射流成为转移弧，只是弧的阳极不在工件上，而是在另一股等离子射流发生器上，弧的阴极也是在第一股等离子射流的发生器壳体上。见图1：

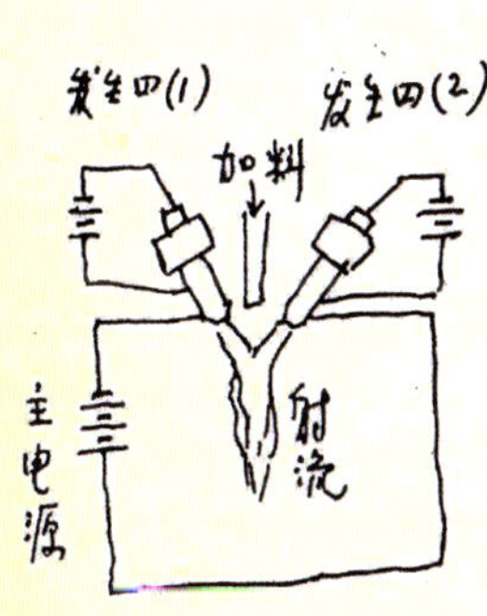

图1 双射流等离子体发生器示意图

原料由中间管子喷入射流，当射流夹角小于一定角度时，原料能顺利地进入射流而被加热。另外因主要电流由射流中通过，射流变为电弧的弧柱，温度和热效率都可能较高。文献报导热效率可达90%。

材料工艺力学实验室准备结合高性能陶瓷粉末和微细钨粉的制备，研制一套双射流等离子体发生器和反应器，目的是做到中试规模生产几种高性能陶瓷和金属微粉。装置有相当的灵活性，配以诊断仪器，作为材料工艺实验室等离子体制备粉体材料的一项基本设备，既用于研究，也能适应中试生产的需要。

《双射流等离子体发生器及反应器装置说明》

二、装置总方案：

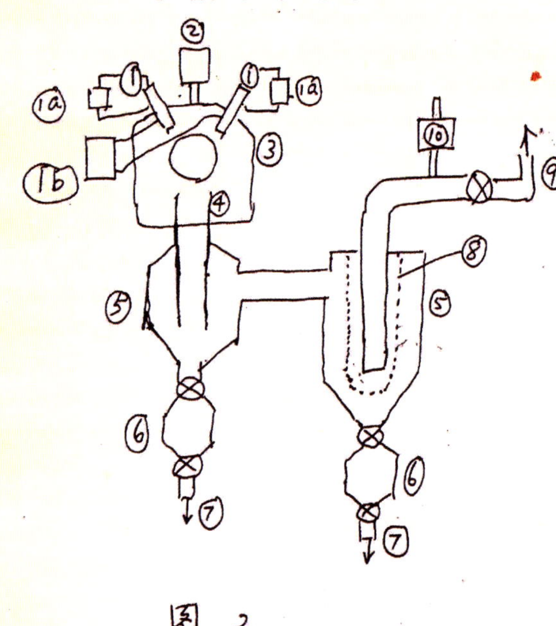

图 2

整套装置由下列部件组成：

①电弧加热器（喷枪，2套）

①a 小电源（2套）

①b 主电源（1套）

② 加料装置

③ 反应室

④ 冷凝管

⑤ 收集器

⑥ 存料斗

⑦ 出料口

⑧ 布袋过滤器

⑨ 排气口

⑩ 真空泵

三、各部件描述

①电弧加热器：

结构示意见图3。为使用方便，做成枪式，前部外径φ50 mm，长200 mm。阴极用镶入水冷铜的铈钨棒（φ3 mm），用惰性气（N_2, Ar）保护。主气可用各种气体。阳极用台阶式，以保持弧长固定。进水、进气结构为多层套，为了减少层数，进出水在一根管子上焊上铜丝，形成双头螺纹通道，二根通道，一进一出。加工采用适当厚度的黄铜管，先加工内管外径，焊上铜丝，银焊在法兰上，再将外管车好内径，套在内管外面，焊好。车内径，焊上前端部件。

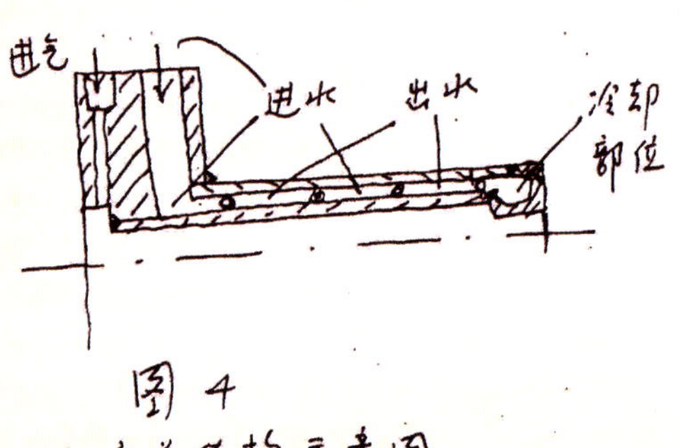

图 4
水通道结构示意图

加热器参数：电流200 A，电压50-100 V。保护气流量0.1 g/s（N_2）。主气流量0.5～1 g/s。

《双射流等离子体发生器及反应器装置说明》

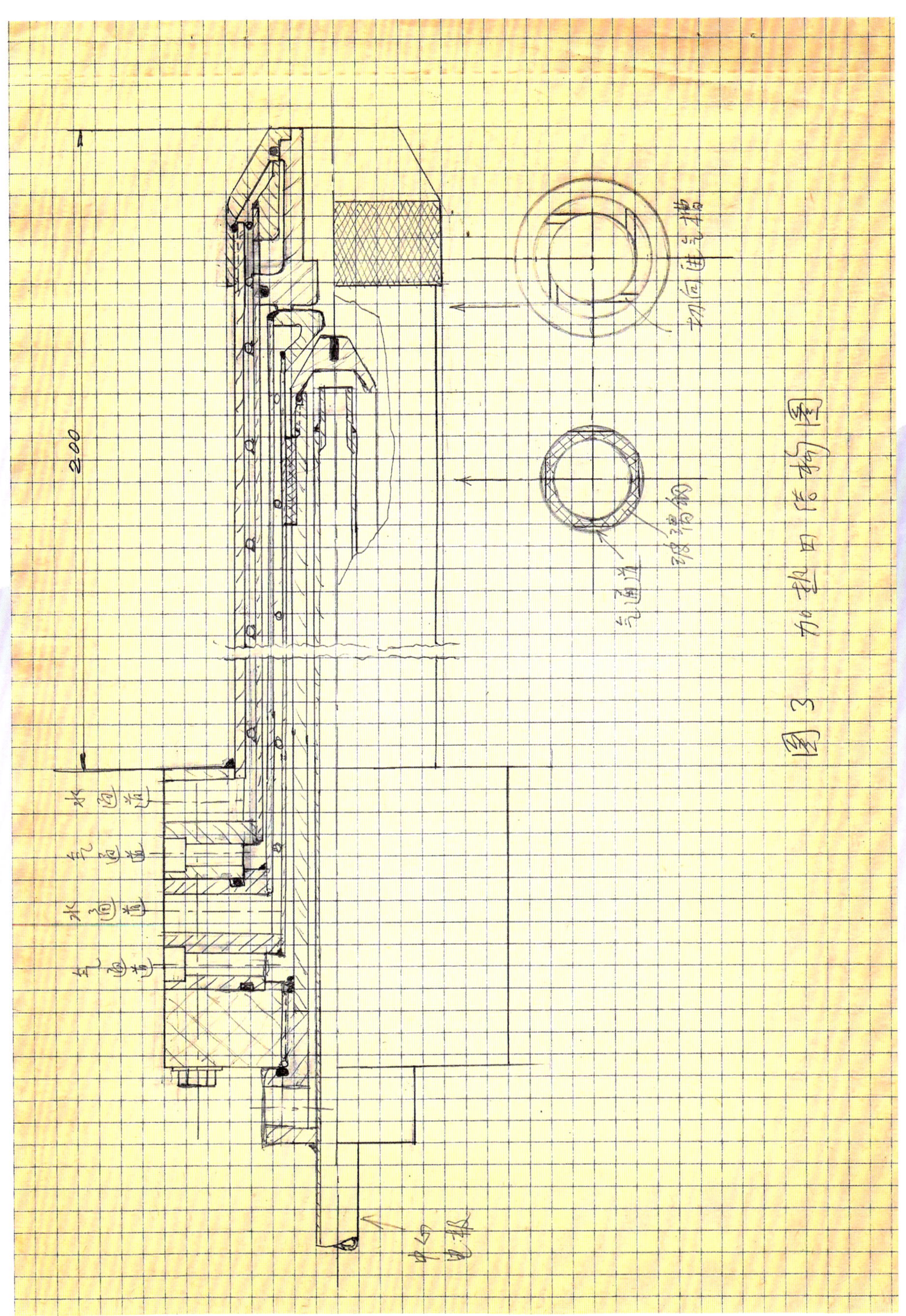

《双射流等离子体发生器及反应器装置说明》

(1a) 小电源，供加热器用，可选择喷涂用等离子设备电源或氩弧焊电源，功率20千W。实验室已有一套喷涂用等离子电源可借用或参考。对地悬浮（不接地）

(1b) 主电源，供射流通电用。可考虑採用在哈尔滨加工的一台150千W可控硅等离子电源，150千W，电流350A，电压430V。对地悬浮（不接地）

② 加料装置可先用现有倍县砂加料装置。以后根据需要和具体对象，设计专用的加料装置。

③ 反应室为一方形不锈钢容器，结构可参考电弧风洞（图5）试验段（原来陈昉等设计）。前面开门。上下前后左右开窗口、仪器口，冷却水管接口若干个。窗口用石英玻璃。整个结构要能承受抽真空压力。内部根据试验情况可加水冷隔热板，使壁温不太高。

④ 冷凝管为水冷管，中间有不锈钢（或紫铜）蛇形管，使产物冷凝成细粉。不需冷凝时可将蛇形管取出。

⑤ 收集器为不锈钢桶，第一级可用水套冷却。放料阀门用旋塞式（参考倍粉喷雾装置）

⑦ 布袋用吸尘器布袋材料，或用玻璃布，密一些的，内部用一骨架，布袋套在其上。

⑩ 真空泵，用小型机械泵，用于抽空设备中原有空气。运行时为常压，排气通出室外。

③ 加热器在反应室上安装正常位置与轴线成30°，可调节±10°。机构见图6。由于採用玻璃钢球面密封环，加热器与反应室为电绝缘。

《双射流等离子体发生器及反应器装置说明》

第　　页共　　页

工程热力学试题（$2\frac{1}{2}$小时，闭卷）1985/7/

1. 一气缸活塞装置经阀门连接于恒温、恒压的空气源。气源压力为 0.7 MPa，温度为 90°C。开始时缸内体积为 0.1 m^3，温度 30°C，压力 0.1 MPa。外界压力为 0.1 MPa。后慢慢打开阀门向缸内充气，过程中保持缸内气压力为 0.1 MPa，气缸活塞对外绝热，过程终了时（活塞向外移）缸内体积为 0.2 m^3。问此时缸内气体温度多少？过程中进入气缸的空气质量多少？（空气分子量 29，气体常数 8.315 J/mol K）比热比 1.4 适用

2. (a) 1 kg 氧气(O_2) 压力 0.1MPa，温度 15°C 环境压力 0.1MPa，环境温度 15°C 体积/温度不变 变大到原来的 2 倍、计算㶲的增加。

(b) 1 kg O_2，1 kg N_2，各自在 0.1MPa 和 15°C，在总容积不变和对外绝热条件下让它们混合。求㶲的变化量与过程的不可逆程度。

(c) 如需将上述混合物恢复到原来的分开状态，至少需作多少功。对外唯一的环境是大气（0.1 MPa 15°C）

~~3. 1 kg 甲烷(CH_4)与完全燃烧所需空气量进行燃烧。初始温度 25°C，压力 0.1 MPa，燃烧产物冷却至~~

北京市电车公司印刷厂出品 八四·五

(1213) 20×20=400

《工程热力学试题》（1985 年）

第　页共　页

~~25°C，0.1MPa，求过程中熵的增加。~~

~~CH_4 的标准生成热是~~

3\. ~~一股理想气体由高压流过~~

1 kg 冰（0°C）与 7 kg 水（30°C）混到一起，

整个系统对外绝热，（压力为 0.1 MPa.）冰融化时吸热 335 kJ/kg

计算系统在过程中熵的变化。

4\. 肼（N_2H_4）与氧燃烧反应的反应焓是 624,800 kJ/kmol　$N_2H_4(l)+O_2(g) \rightarrow N_2(g)+2H_2O(l)$

求肼（液态）在 25°C 的生成焓

（液态水的标准生成焓是 ~~−68.32 kcal/mol~~ −285.9 kJ/mol）

5\. van der Waals 状态方程是 $\left(p+\frac{a}{v^2}\right)(v-b)=RT$

式中 $\frac{a}{v^2}$ 和 b 两项有什么物理意义？

由 van der Waals 方程如何得出临界点的概念？

临界参数与常数 a, b 是什么关系？

北京市电车公司印刷厂出品　八四·五

(1216) 20×20=400

《工程热力学试题》（1985 年）

第　页共　页

燃烧学试题（$2\frac{1}{2}$小时，闭卷） 1985/7/[illegible]

1. C_mH_n的氧化过程可近似认为由两步组成：

$$C_mH_n + aO_2 \rightleftharpoons bCO + cH_2O \quad \cdots\cdots(1)$$

$$CO + \frac{1}{2}O_2 \rightleftharpoons CO_2 \quad \cdots\cdots(2)$$

15% 两个反应的平衡常数为K_{p_1}与K_{p_2}。

总的反应可写为 $C_mH_n + a'O_2 \rightleftharpoons b'CO_2 + c'H_2O$

试用K_{p_1}，K_{p_2}和m表达此反应的平衡常数。

2. 气体混合物中有一维层流火焰传播。

(1) 试画出火焰结构示意图（温度、流速、成份、反应率随距离的分布）

20% (2) 试列出一维层流火焰传播的基本方程式。

(3) 根据层流火焰传播速度的近似表达式，讨论未燃气体温度对传播速度的影响。

(4) 有人说："用本生灯火焰外锥面可测出层流火焰传播速度，因为在此表面上燃烧反应完成。"试讨论此观点的正确性。

3. 一颗大液滴，质量为M，有一定的蒸发时间。如将此滴分为N个同样大小的小滴，在同样环境条件下蒸发时间将是大液滴的多少？

10%

4. 火花点燃式内燃机燃烧室内燃料与空气予混

北京市电车公司印刷品 四·五

(1218) 20×20=400

《燃烧学试题》（1985年）

湍流火焰由火花塞向气体中传播。有时未燃气体会突然产生爆炸，使发动机产生尖锐的敲击声(敲缸)。有人说："这是因为湍流火焰使热量能更快地传入未燃气体，使之加速的缘故"试讨论这种说法的正确性。（10%）

5. 一恒壁搅动的燃烧室，容积为V，由绝热材料制成。给定成份和初温的可燃混合气注入燃烧室中，立即与燃烧产物均匀混合，以致整个燃烧室中成份与温度可视为均匀的，并等于混气的绝热火焰温度T_b。已燃气体流出燃烧室。当可燃气流量不断增加时，终将到某一时刻突然灭火。试分析在此灭火点时气体流量、反应活化能、反应速率常数等参数、气体性质之间的关系。（25%）

6. 设混合气体中一维燃烧波前后参数用下标u（未燃）和b（已燃）表示，假定气体为常比热的理想气体。

$$\tilde{p} \equiv \frac{p_b}{p_u}, \quad \tilde{\rho} = \frac{\rho_b}{\rho_u}$$

反应热q由下式定义 $(h_b - h_u) = -q + c_p(T_b - T_u)$

h为气体焓，$\tilde{q} \equiv \left(\frac{\rho_u}{p_u}\right) q$，气体比热比$k$。

试证明所有爆震波的解在$\left[(k-1)\tilde{q} \le \tilde{p} \le \infty, \frac{k-1}{k+1} \le \frac{1}{\tilde{\rho}} \le 1\right]$区域内，所有燃烧波的解在$\left[0 \le \tilde{p} \le 1, 1+(k-1)\tilde{q}/k \le \frac{1}{\tilde{\rho}} \le 2\tilde{q} + \frac{(k+1)}{(k-1)}\right]$区域内。（20%）

《燃烧学试题》(1985年)

项目类别	投送学科代码1
~~物理学(I)~~ A	A050310

科学部编号

国家自然科学基金

申　　请　　书

项目名称：新型双射流等离子体发生器电磁流体动力学过程的研究

申 请 者：吴承康

工作单位：中国科学院力学研究所

通讯地址：北京中关村力学所　(100080)

电　　话：256-4128

电报挂号：北京1101

申请日期：1991年3月10日

国家自然科学基金委员会

一九九一年制

"新型双射流等离子体发生器电磁流体动力学过程的研究"申请书（1991年）

一、本研究的立项依据和目标

1．本项目研究意义及同类研究工作国内外研究现状与存在问题并列出主要参考文献

等离子体法制备新材料是当前低温等离子体研究中迅速发展的一个领域。直流电弧等离子体射流能量集中，温度、气氛可控，广泛用于热喷涂、热解、合成等方面。但用于处理颗粒材料时，由于热泳现象，微细颗粒不易进入弧柱区域，颗粒由侧面加入时在射流中分布不易均匀。近年来有用三股射流的等离子体装置[1]，用三台等离子体发生器，使射流汇集而在中间加入颗粒原料。这样做虽然处理效果好，但设备复杂，热效率低。曾有在三股射流上再叠加三相交流电流的装置[2]，但设备更为复杂，未见更多发展。最近苏联吉尔吉斯共和国科学院物理研究所研究发展的双射流等离子体发生器[3]用两台电弧加热器的射流，成一定角度同向喷射，汇成一股主射流，并在两股射流之间通以较大的直流电流，构成对射流加热的主要能源，并使射流本身成为导电的通道。颗粒从中轴线上同向加入主射流，在适当的射流夹角范围内可使颗粒顺利地进入高温区，并且分布比较均匀，因此对处理颗粒材料、热喷涂等用途能得到较好的效果。这种结构的优点还有：电流主要在加热器外面，不与冷壁接触，热损失小，热效率可达90%[3]，结构和设备比三射流装置简单。在小流量时，整个流场处于层流状态，便于细致测量、分析、建立数学模型，对于高温气流诊断和理论研究是很有利的条件。

此种等离子体发生器在其他地方尚未见到报导，国内也无单位开展类似研究。作为一种新型且很有发展前途的等离子体发生器，我国也应开展研究，掌握其性能和运行规律，并应用到材料制备和工艺中去。由于出现的时间还不久，其基本过程尚未得到充分的研究，如稳定运行的机制和范围，放大的可能性和规律，颗粒加入射流的运动和加热等。这些都应得到更多的研究。在我国自行

"新型双射流等离子体发生器电磁流体动力学过程的研究"申请书（1991年）

研制的装置上更需要对其性能和特点进行标定和探讨优化设计的途径。

参考文献：

1. Lu, Z.P., Pfender, E., "Synthesis of AlN Powder in a Triple Torch Plasma Reactor", ISPC-9, Pugnochiuso, Italy, Sept. 4-8, 1989, p.675.

2. S.M.L. Hamblyn, "Plasma Technology and Its Application to Extractive Metallurgy", Mineral Sci. Engng., 9, 3 (July, 1977) p.151.

3. M.K. Asanaliev, et al., "Two-Jet Plasmotron Studying for Process of Material Thermal Treatment", Plasma Jets in the Development of New Materials Technology, O.P. Solonenko and Fedorchenko, eds., VSP, 1990, p.473.

3a

"新型双射流等离子体发生器电磁流体动力学过程的研究"申请书（1991年）

2．本项目的研究内容、研究目标和拟解决的关键问题。

研究内容：

①建立双射流等离子体发生器装置，②研究等离子体射流的温度场、速度场及电位分布等其他重要参数，③研究颗粒在等离子体射流中的运动和加热*。

研究目标：

①建成一套双射流等离子体发生器装置，②弄清此种发生器的流场特性和运行规律，③了解颗粒材料在此种等离子体射流中运动和加热的规律*，④对此种等离子体发生器用于材料制备的适用性作出评价，对其改进和放大提出看法。

拟解决的关键问题：

①选择合适的设计参数，使装置能顺利投入运行。由于此种等离子体发生器由两套喷枪、过渡段和反应器组成，阳极和阴极分置于不同喷枪内，这种新构思与常规的等离子体发生器有很大的差异。因此如何选定合适的设计参数，使各部分协调配置，实现稳定可靠的运行并达到最佳状态，需要在设计和调试过程中逐步解决。

②解决各项测量技术在该装置上的应用问题。除了进行发生器的常规测量外，还要实现高温非平衡等离子体流场的诊断，包括射流内电位分布，电子温度和重粒子（流场）温度及速度的测定等。如果加入颗粒，还需对流场内颗粒特征进行测试。因此需要解决各项测量技术的应用问题。

③建立恰当的数学模型，以便对流场和颗粒行为进行数值模拟。鉴于流场结构相当复杂，包括两股射流的撞击、汇合，还涉及许多电磁流体力学过程（包括带电粒子运动、电磁效应、焦耳加热、辐射过程等），而且具有显著的非平衡特性，对于这些过程必须进行细致分析，给予恰当的数学描述。

* 有"*"号的内容是经费许可时争取完成的部分。

— 4 —

"新型双射流等离子体发生器电磁流体动力学过程的研究"申请书（1991年）

3．本项目的特色和创新之处及立论根据（与国内外类似研究比较）

国外对此种等离子发生器只有一般的报导，对其具体结构并无详细介绍，国内尚无类似工作。因此需要根据我们自己的经验和设计思想造立试验装置。本项目的特色是以电磁流体动力学基本过程的研究为基础并採取装置研制、测试诊断和数值模拟相结合的途径进行工作。基于这种装置的双射流结构和电极分离配置的特点，等离子体流场应当划分为阴极射流区，阳极射流区，双射流汇合区和无电流流动区等不同区域。两股导电射流交会时有相互作用，电流在两股射流间有一定重新分布。这些对于运行机制与工作特性均为关键的因素。我们将以这些基本过程为研究重点，分析机制，搞清规律。

4．研究工作的预期结果或成果

①造成一套性能优良的新型双射流等离子体发生器装置。
②完成等离子体射流温度场、速度场及电位场的测定。
③实现此种新型装置的流场及其与颗粒相互作用的数值模拟。
造成的双射流装置，在适当范围内进行鉴定、评价。
写出研究论文3—4篇，研究成果参加ISPC-12交流。

“新型双射流等离子体发生器电磁流体动力学过程的研究”申请书（1991年）

二、研究方法和技术路线

1．拟采取的研究实验方法、步骤、技术路线及可行性、可靠性论证

A. 建立双射流电弧等离子体发生器，包括2台小型（30 kW）直流电弧等离子体射流装置，主电弧电源（90 kW），可调整支架，粉料（或液料、气料）添加装置，反应室（附有观察、探测窗口的密封容器），冷却系统，抽气系统。

①设计，②加工，③筹备，④安装，⑤分系统调试，⑥联合调试，⑦运行。

B. 流场参数测量

每台电弧射流流量、电功率、热损失测量，总功率测量。

流场温度分布测量（光谱，用OSA测量）。

流速测量（LDV）。

电位测量（电探针）。

C. 加固体颗粒试验*（锆英砂、石英粉、铝粉等）

固体速度测量（LDV）*

固体（或融熔颗粒）温度测量（用比色高温计）*。

D. 数值模拟

①电极区射流分析，汇合射流分析，反应区射流分析，两相流动分析

②射流中固体颗粒运动轨迹计算，加热计算，与实验对照*

E. 分析讨论

将实验与理论的结果分析对照，从而对双射流装置流场特点、处理材料能力等问题掌握其规律，作出评价。

有""号内容为经费许可时争取完成项目。

"新型双射流等离子体发生器电磁流体动力学过程的研究"申请书（1991年）

低温等离子体的研究 早期在电弧、气体放电等领域开展研究，五十年代航天事业促进，七十年代热等离子体工业应用，八十年代冷等离子体应用大发展，现在正处于向很多领域全面发展的阶段。

低温等离子体物理及应用

1. 重要性及学科发展趋势：

低温等离子体有极为广泛的应用前景，近期内有可能取得显著的经济效益。“热”和“冷”等离子体在化工、冶金、机械、微电子、半导体、航天、轻工、环保等各个领域都有很多应用。应用过程有刻蚀、聚合、有机与无机膜的沉积、表面改性、溅射、合成、喷涂、加热、焊接、切割、冶炼、有[illegible]等。

低温等离子体物理是理解和掌握这些应用过程内在规律的基础。不论是等离子体发生装置或是等离子体的应用过程，都离不开其中物理过程的研究。例如生产亚微米线宽的大规模集成电路，必须采用等离子刻蚀和镀膜装置，而这些设备的设计和运行，必须在等离子体物理研究的基础上才能得到实现和优化。等离子法生产高性能超细粉末，等离子喷涂和镀膜，也都必须在研究等离子体与材料表面相互作用的基础上进行。

研究低温等离子体物理，将能促使这些新技术早日达到实际应用的程度，在国民经济中起到重要作用。

国际上对低温等离子体物理及应用给予很大重视。在应用基础研究方面也进行大量工作，在美国Wisconsin大学与Minnesota大学成立Plasma-Aided-Manufacturing中心，在日本学术振兴会成立等离子体材料科学专业委员会。我国也……National Research Council 1991年的报告[1]较全面地说明了美国对低温等离子体研究的重视和投资程度。在

《低温等离子体物理及应用》（1994年）（节选）

有很多单位开展研究，以应用研究为主，也有一定的应用基础研究。

2、应开展的工作，结合应用，开展

3、科学院的优势：

科学院较早开展了低温等离子体的应用与应用基础研究，特别是对过程的研究较深入细致，因而能得到较好的设备性能和工艺效果。多年来开展低温等离子体的单位有：

力学所（热、冷等离子体发生、制粉、镀膜、诊断、数值模拟，理论分析）
物理所（冷等离子体发生、表面处理、诊断）
化冶所（制粉）
微电子中心（刻蚀沉积）
等离子所（冷等离子体发生、镀膜、切割、诊断）
科技大学（镀膜、冶金）
成都有机所（合成、镀膜、材料）
应化所（聚合、表面改性）
硅酸盐所（喷涂）

在国内外学术交流方面，组织多次全国等离子体（低温）科技会、中日、亚太等离子体（低温）交流会。争取1997年国际等离子体化学（低温等离子体科学方面最主要的国际会议）在北京召开。

《低温等离子体物理及应用》（1994年）（节选）

新型、高性能等离子体源
等离子体与材料和表面相互作用

3. 应开展的重点研究课题：

(一) 热等离子体：

① 大功率、长寿命、高效率、~~[illegible]~~电弧等离子体发生器物理过程的研究。（和新型电弧等离子体发生器）

~~② 高频等离子体发生器提高效率、放大规律的研究~~

③ 光谱和探针诊断方法的研究。

④ 等离子体反应器中基本过程~~的研究~~（制粉、喷涂）

~~⑤ 发生器和反应器过程的~~数值模拟、研究和实验

(二) 冷等离子体　② 微波等离子体发生器的研究

① 大面积、均匀、稳定、可控制~~、参数符合使用要求的~~新型等离子源的研究及其物理过程

③ 冷等离子体反应器中~~成份、温度的测量~~（物理参数诊断）

~~④ 冷等离子体反应器中~~过程的数值模拟

⑤ 刻蚀、镀膜过程的机理研究、及优化（进行参数的）

以及⑥ 新的等离子体加工过程~~的研究~~的开拓。（结合新型等离子体）

~~开拓~~研究工作可结合具体应用进行，也可作为共同性科学问题进行研究

4. 建议采取措施

集中力量、加强协作，形成一、二个中心，支持基础研究、加强应用研究，直至开发产品。前期工作属于本规划之内，后期工作应有适当安排。

抓国内、国际学术交流，形成国内低温等离子体的带头力量。

与有关部门结合问题，支持技术转移，一条龙

《低温等离子体物理及应用》（1994年）（节选）

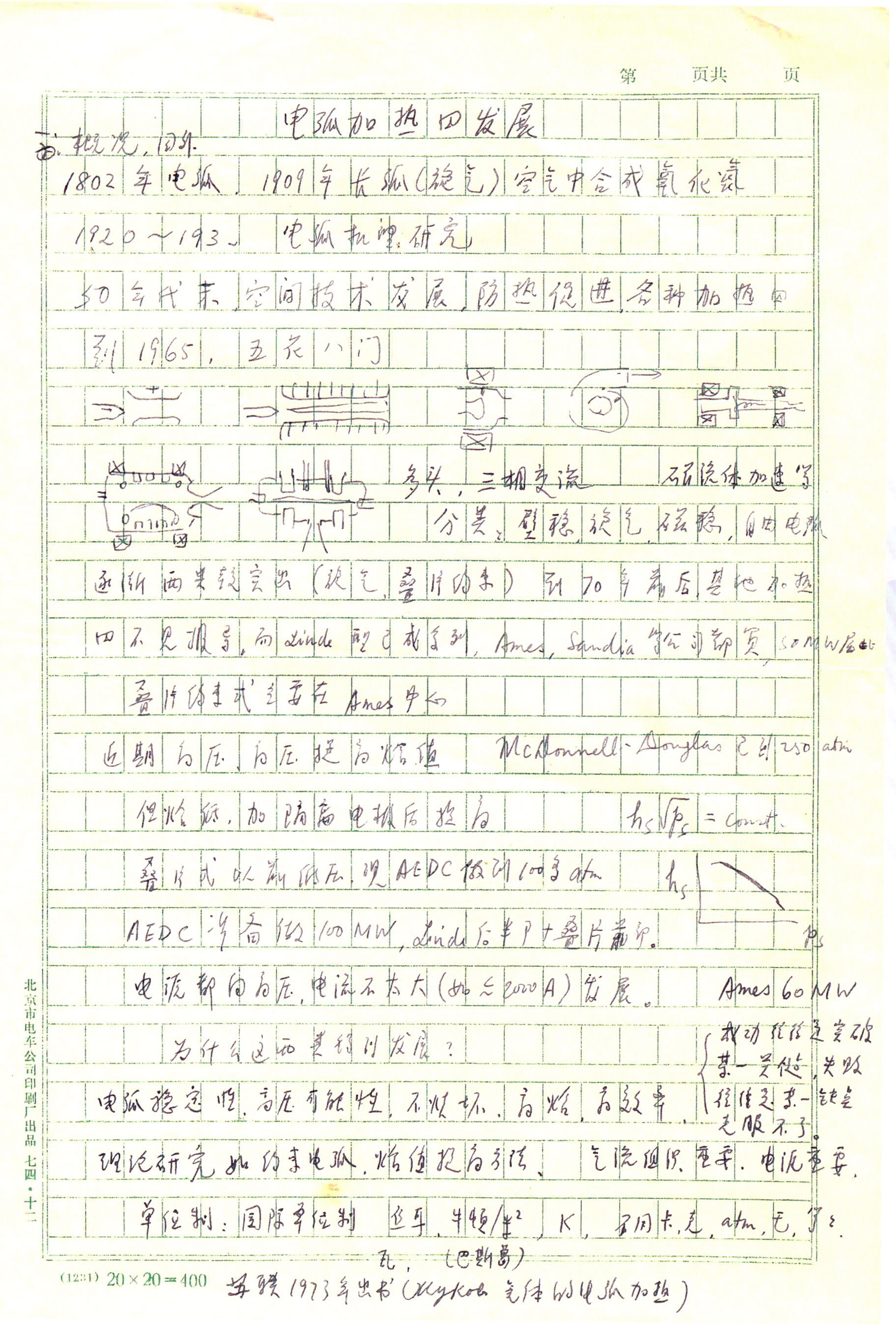

《电弧加热器发展》(节选)

第　　页共　　页

二、国内发展：　小型在60～61年做多，切割、喷涂、烧材料。

大型：701所电弧风洞（仿苏联过去有水平），电工所、力学所、703所等。当时主要研究是电工所、701，方式主要是磁旋。电工所做了长弧，认为不好，认为现在方式好。实际因气流组织未搞好。由此可见每个方向（多途径探索的重要）突破一点关键的重要。国外的情报重要）
工作面要广一些，要有多几个单位工作，允许走弯路。

电流方向上 高V低I / 高I低V 两条路未及早选准。林彪叫人的手段，工作受影响
66年体制变，大调整。

701所试验多种，5所试验叠片式的多电弧。207在70～71设计大风洞，加热器，按力学所的放大，设计者反映意见，调来5所。优缺点，信加热器，未经考验，有些想法不能实现。
电流太高，较好，能和电极配合不好

73年左右701所搞了管弧，效果较好，后面也设计管状，现5所管状。

三、研制工作的看法：

1. 方案选定要定　加强调研，不迷信洋人，不迷信某一家，百家争鸣；加强预研，允许多途径，允许走弯路，要总结

2. 研制工作中：　灵活性，及时修改，而且能打开想办法的门路，

最好要有加工能保证（如有多少工时），对试验及时分析，及早的判断（有用的）

气流组织要注意，　注意安全防护

四、对5所电加方向的看法：我认为方向明确。小功率的只①需维持，出些数据，目标是50MW如何达到？由现有做起，一步一脚印，要有②先找当前任务进行中，为50MW找寻经验和研究。重点电流、管弧、叠片（高电压）（不要搞）来研究。207加热器目前达到一定水平，用于一定设备，将来看发展。

如做到现在40水平但较便宜些。

北京市电车公司印刷厂出品　七四·十二

(1231) 20×20＝400

第　　页共　　页

二、电弧加热试验装置的发展

烧蚀：亚音速射流、超音速射流(50MW)、管流，辐射+对流

平板，风洞
(美国Ames 60MW)

一、电弧加热器的发展（失败、成绩……）、几类机理，电源，国外国内

二、电弧加热试验装置的发展　烧蚀、强度、水弹头，大气层

电子密度、气动力。

三、几点主要体会　① 工作上马慎重，上马后坚持到底　加强调研、试验、分析，与理论配合。② 与国外差距加大了，工业基础，但我们有条件赶上，管理。③ 形势大好，三线建设由困难走向顺利局面，根本条件是粉碎四人帮，华主席党中央路线。50兆瓦

发挥更大干劲，自觉加强思想改造，保个社会主义的[illegible]

一定能做出更大成绩，在四个现代化中做出更大贡献

AD A 014365　AFFDL TR 75-24

Transient Calorimeter Calibration System

AD 730273　AEDC-TR-71-172

Development of Calibration Instrumentation for Ablation Facilities, J.C. Pigott, et al (ARO)　Sept 1971

Transient total h probe, $\dot{q}_s$ probe, P_s probe, laser shadowgraph sweep vel. = 10 ~ 40"/sec

北京市电车公司印刷厂出品　七四·十二

(1231) 20×20=400

《电弧加热器发展》（节选）

第　　页

1. 各种加热器型式和特点

壁稳，旋气稳，磁稳，水稳，三相

2. 电弧参数，均匀放电在高气压下的不稳定性，弧柱

V-A特性，计算（长弧柱），经验公式，相似

电弧特性与电源特性的配合　　$\frac{Ud}{I}=f\left(\frac{I^2}{Gd},\frac{G}{d},pd\right)$

$\frac{Ud}{I}=A\left(\frac{I^2}{Gd}\right)^{-\alpha}\left(\frac{G}{d}\right)^{\beta}$　　上升V-A特性电弧

3. 气流，磁场，电场对电弧的作用

气动力：$\sim \frac{1}{2}\rho u^2 A$

磁场作用力 $\sim BIl$，旋转电弧在磁场中运动

电场作用　Steenbeck 效应

4. 电极寿命问题，污染

热阴极，冷阴极，阳极。空气，氮气

5. 引弧，起动

装　订　线

闽安县印刷厂印制 七八·三（1487）

《电弧加热器发展》（节选）